W0257977

Kane
der Nordpolfahrer

Arktische Fahrten und Entdeckungen

der zweiten Grinell=Expedition

zur Aufsuchung des Sir John Franklin

unter

Dr. Elisha Kent Kane

Beschrieben von ihm selbst

Zehnte Auflage

Mit 67 Textabbildungen und einer Karte

Springer-Verlag Berlin Heidelberg GmbH

1913

ISBN 978-3-662-23464-8   ISBN 978-3-662-25518-6 (eBook)
DOI 10.1007/978-3-662-25518-6

Inhalt.

Dr. E. K. Kanes nordische Entdeckungsfahrt.
(Von ihm selbst beschrieben.)

Kane

der Nordpolfahrer

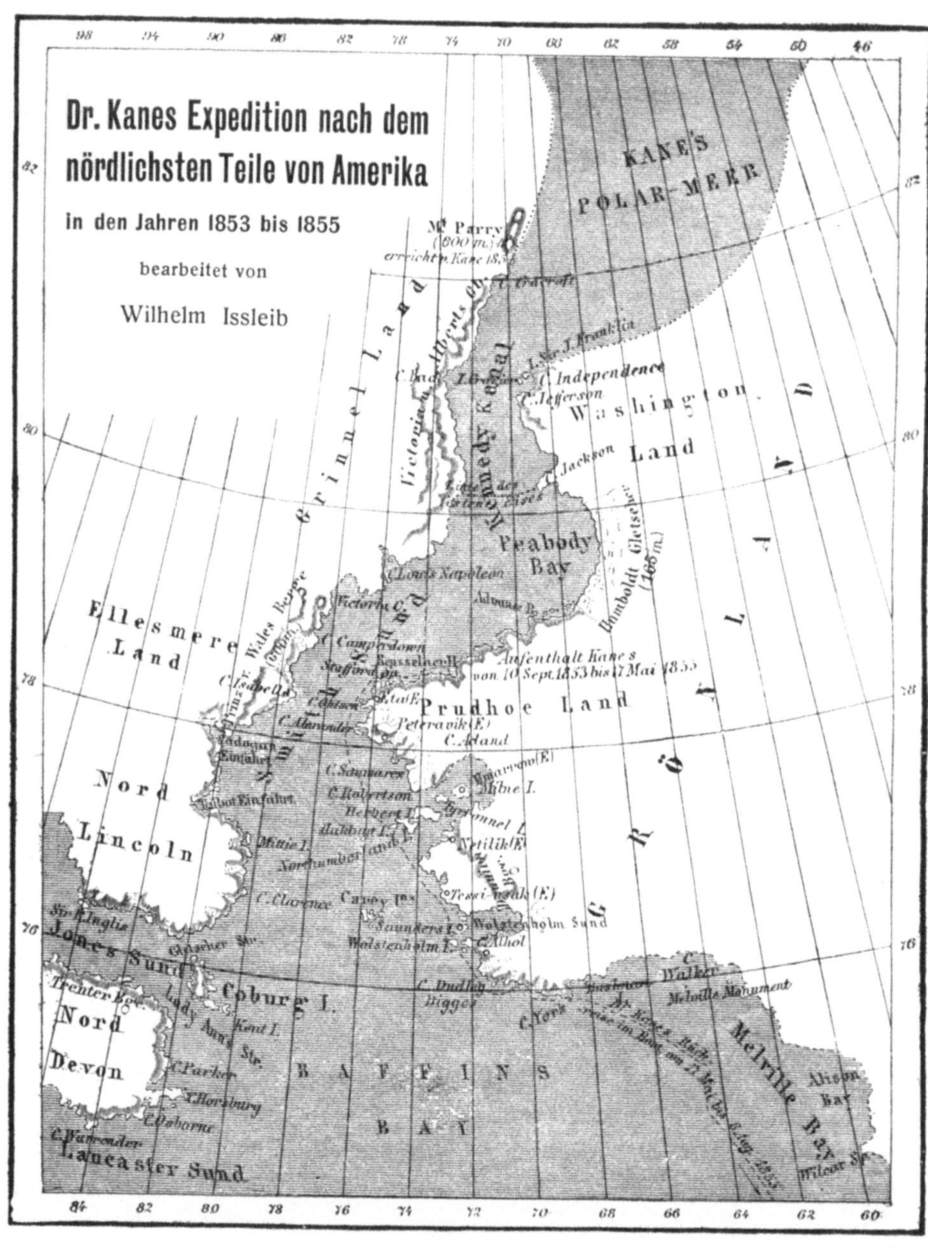

Dr. Kanes Expedition nach dem nördlichsten Teile von Amerika
in den Jahren 1853 bis 1855
bearbeitet von
Wilhelm Issleib
KANE'S POLAR-MEER
M? Parry
(600 m.)
erreicht v. Kane 18..
C. Ortcroft
Grinnel Land
Victoria
C. Back
Löwengan
L. Sir J. Franklin
C. Independence
C. Jefferson
Washington
Kennedy Kanal
Jackson Land
Peabody Bay
Humboldt Gletscher
(185 m.)
C. Louis Napoleon
Adenam B.
Ellesmere Land
C. v. Wales Berge
Victoria C. d.
C. Camperdown
C. Isabella
Stafford Sp.
Basselee H.
Aufenthalt Kanes
von 10 Sept. 1853 bis 17 Mai 1855
Prudhoe Land
C. Cohien
C. Alexander
Peteravik (E)
C. Aland
Refugium
Einfahrt
C. Saumarez
Amaroo (E)
Milne I.
C. Robertson
Talbot Einfahrt
Nord
Herbert I.
Grinnel L.
dalkhut I.
Netilik (E)
Lincoln
C. Mittie I.
Northumberland
C. Clarence
Cary-Inseln
Tessi-usak (E)
C. Walter
Sir J. Inglis
Saunders I.
Wolstenholm Sund
Jones Sund
C. Athol
C. Walker
Melville Monument
Nord
Trenter Bay
Gascorne Str.
Coburg I.
C. Dudley
Digges
C. York
Reise im Boote von Kane's Buch
Kane's Buch. Aug. 1855
Nord
Kent I.
C. Parker
Melville Bay
Devon
Alison Bay
C. Horsburg
BAFFINS
C. Osborne
C. Warrender
BAY
Lancaster Sund
Wilcox Str.

Einleitung.

Wer hätte nicht von dem kühnen Manne mit schwächlichem Leibe aber mit mutiger Seele gehört, den eine ganze Nation, die Gebieterin der Neuen Welt, zu Grabe trug, nachdem sein durch die riesigen Anstrengungen seiner letzten Reise vollends zerrütteter Körper zusammengebrochen? Ausgezogen im Dienste der Menschlichkeit, zur Aufsuchung des unglücklichen Franklin, war er zwar hierin nicht glücklicher als alle seine Vorgänger, aber mehr als alle konnte er leisten in Hinsicht auf interessante und wichtige geographische Entdeckungen, indem es ihm beschieden war, bis zu einer Höhe gegen den Nordpol und in Gegenden vorzudringen, die kein Reisender vor ihm erreicht hatte. Abenteuerlicher, gefahrvoller als die der meisten andern Expeditionen waren die Schicksale Kanes und seiner Genossen zu Wasser und zu Lande, und glücklicher als manche andre vermochten sie nach heldenmütiger Anstrengung und Ausdauer sich endlich wieder frei zu machen aus den Banden des tödlichen Frostes und ewigen Eises, aus unsäglichen Leiden und Entbehrungen. Dr. Kanes einfache, wahrheitsgetreue und anziehende Schilderungen übertreffen alles, was die Phantasie des Romanschreibers je ersinnen könnte. Die Erzählung seiner Heldenfahrt enthält gleichsam die Quintessenz aller früheren arktischen Reisebeschreibungen, und unter Zuhilfenahme charakteristischer Abbildungen versetzt sie uns so lebhaft in die Regionen des ewigen Eises, mitten in die Wunder und Gefahren des unwirtlichen und doch interessanten Nordens, daß dem Leser eine anziehendere Belehrung über diesen Gegenstand schwerlich geboten werden könnte.

Die Familie Kanes war seit länger als einem Jahrhundert in Amerika einheimisch, sein Vater erfreute sich als „Richter" in den Vereinigten Staaten eines guten Rufes. Elisha Kent Kane ward am 3. Februar 1820 zu Philadelphia geboren, er war kein besonders starkes Kind, dabei aber von großer geistiger Lebendigkeit und nervöser Erregbarkeit. Was er tat, das pflegte er rasch und entschlossen und schnell zu tun, sehr ungern fügte er sich in eine vorgeschriebene Tätigkeit. Sobald er zu regelmäßigen und anstrengenden Studien angehalten ward, konnte er leicht verdrießlich,

ja widerspenstig werden, so daß seine Lehrer nur wenig mit ihm zu=
frieden waren, und die Eltern von ihm für sein späteres Leben nicht viel
erwarteten, trotzdem daß er ihr ältestes Kind war. Außerdem galt Elisha
bei seiner Umgebung sogar für einen bösen, wilden Jungen, da seine
Reizbarkeit und sein Ehrgeiz ihn trieben, keine Beleidigung oder Neckerei
geduldig hinzunehmen, sondern tätlich Vergeltungsrecht zu üben. Da=
gegen gefiel er sich in abenteuerlichen Entwürfen und Ideen, und hatte er
einen derartigen Plan einmal gefaßt, ruhte er nicht, bis er ihn ausgeführt.

Mit diesem fast übermütigen Wesen ging Kanes Vorliebe für körper=
liche Übungen Hand in Hand, er turnte gern und liebte leidenschaftlich
Pferde und Hunde. Unter den Wissenschaften waren ihm besonders die=
jenigen interessant, die sich auf die Kenntnis der Erde und ihrer Länder
bezogen. Der „Robinson Crusoe" war sein Ideal und begeisterte ihn
mehr als das Studium der Alten und ihrer litterarischen Schätze. Außer
Geographie bevorzugte er besonders Geologie und Chemie.

Schon war er sechzehn Jahre alt geworden und noch in den ersten
Kenntnissen, die zur Weiterbildung im Leben erforderlich sind, sehr zurück.
Er fühlte jetzt diese Lücke selbst sehr lebhaft und begann mit derselben
Energie und Ausdauer, die sein ganzes Treiben kennzeichnete, jene
Mängel zu ergänzen. Auf der Universität Virginiens, die er anderthalb
Jahre lang besuchte, übertraf er seine Mitschüler besonders durch seine
Leistungen in der Chemie und arbeitete gleichzeitig im Griechischen und
Lateinischen frisch vorwärts. Leider zeigten sich jetzt schon die Anfänge
eines schmerzhaften Übels, dem er später unterliegen sollte, und erschüt=
terten seine Gesundheit in dem Grade, daß er in einer Decke nach Hause
getragen werden mußte. Lange Zeit schwankte er zwischen Leben und Tod,
und als er endlich genas, mußte man ihm mitteilen, daß das Übel keines=
wegs gehoben, sondern nur für den Augenblick gemildert sei, daß es aber
unversehens jede Minute wieder hervorbrechen und sein Leben beendigen
könne. Hauptsächlich waren es Nervenstörungen, an denen der Arme zu
leiden hatte, und die ihm während seines ganzen Lebens in den verschie=
denen Formen zu schaffen machten. Erst 18 Jahre alt, noch nicht einmal
in einen bestimmten Lebensberuf eingetreten und schon die Gewißheit zu
haben, daß der Tod im Herzen sitze, und Fehler in der organischen Ent=
wickelung ununterbrochen Leiden und Schmerzen und vielleicht plötzliches
nahes Ende herbeiführen werden! Dieses Bewußtsein wirkte entscheidend
auf Kanes Handlungsweise: er ward mit dem Gedanken an den Tod ver=
traut und bereitete sich mit ruhiger Entschlossenheit auf ihn vor. Die

Spanne Zeit aber, die ihm vom Lenker aller noch zugemessen sei, wollte er treu zum Wohle seiner Mitmenschen opfern; deshalb scheute er vor keiner Gefahr zurück, wie drohend sie auch immer erschien.

Kanes Vater hatte die ganz richtige Überzeugung, daß bei Elishas feurigem Temperamente ein Leben in Untätigkeit das Schlimmste sei, wozu derselbe verurteilt werden könnte; viel eher würde ein aufregender Beruf, der ihn zu fortwährender Tätigkeit nötige, ja selbst etwaige Gefahren, vorteilhaft dazu beitragen, ihn die Leiden des Körpers wenigstens zeitweise vergessen oder ihm doch erträglicher zu machen. Er sagte deshalb zu seinem Sohne: „Elisha, wenn du einmal sterben mußt, so stirb im Geschirr!"

Dem väterlichen Worte folgend, wählte sich Kane einen Lebenslauf. Seine Neigung zog ihn zwar, sich der Laufbahn eines Ingenieurs zu widmen, allein seine Freunde machten ihn darauf aufmerksam, wie wenig sich sein Körper bei seinem eigentümlichen Krankheitszustande gerade zu diesem Berufe eigne, und so entschied er sich denn dahin, Medizin zu studieren, um als Arzt, selbst ein Leidender, sein Leben für andere Mitleidende in die Schanze zu schlagen. Er griff das einmal gewählte Studium mit solcher Ausdauer und Lebhaftigkeit an, daß er bereits im Alter von 21 Jahren als Arzt an dem Pennsylvania=Hospital in Blockley angestellt ward. Nach sechs Monaten unermüdlicher Tätigkeit warf ihn eine Herzkrankheit aufs Schmerzenslager. Er konnte nicht horizontal liegen und schloß nie die Augen, ohne daran denken zu müssen, daß er das Licht des Tages vielleicht nie wieder schauen würde.

Der Vater sah mit Gewißheit, daß, wenn Kane nach seiner Genesung wieder in den Hospitaldienst eintrete, er sein Ende in kürzester Frist herbeiführen würde. Ohne ihn deshalb weiter zu fragen, verschaffte er ihm eine Stelle als Schiffsarzt, trotzdem daß Kane ein solches Amt geradezu haßte und sogar einen bisher unüberwindlichen Widerwillen gegen das Schiffsleben überhaupt besaß. Doch auch diesmal fügte sich Elisha, in sein Schicksal ergeben, dem Willen seines Vaters und nahm jene Stelle ohne Widerrede an. Er unterwarf sich der gesetzlich vorgeschriebenen Prüfung und bereitete sich, nachdem er dieselbe bestanden, sorgsam auf seine neue Lebensbahn vor. Trotz seiner großen nervösen Reizbarkeit gewöhnte er sich durch seine eiserne Willensstärke, ruhig und gelassen zu erscheinen, gleichzeitig auch auf alle Freudengenüsse verzichtend, welche sonst wohl Männer seines Alters sich nach den Geschäften des Berufes vergönnen.

Seit er als Schiffsarzt in das öffentliche Leben eintrat, drängte sich Ereignis an Ereignis. Eine Aufzählung seiner Erlebnisse gleicht viel eher einem Schifferroman, den die Phantasie eines Dichters ersonnen, um die Spannung der Leser zu steigern, als realer Wirklichkeit und Tatsachen aus der Gegenwart.

Der Kommissar Cushing ging auf Befehl der amerikanischen Regierung mit einer Botschaft nach China. Kane ward dieser chinesischen Gesandtschaft als Arzt zugesellt. Cushing selbst machte die Überlandreise und wollte die Fregatte, die ihn nach Kanton bringen sollte, in Bombay treffen.

Kane dagegen schiffte sich ein und segelte im Mai 1843 ab. Es war ihm bei dieser Seefahrt vergönnt, sich eine Zeitlang in dem weinreichen, milden Madeira sowie an den gepriesenen Gestaden von Rio de Janeiro aufzuhalten. Bei dieser Gelegenheit machte er einen Ausflug nach den reichbewaldeten und durch ihre phantastischen Felsformen berühmten Gebirgen der brasilianischen Küste. Die Reisebemerkungen, welche er bei dieser Gelegenheit aufzeichnete, sind leider bei einer späteren Fahrt auf dem Nil verloren gegangen. Selbst die Zeit, welche ihm die längere Fahrt von Janeiro nach Bombay gewährte, benutzte er eifrig, obwohl er viel von der Seekrankheit zu leiden hatte. Besonders machte er sich jetzt, da es einmal sein Lebensberuf geworden war, mit den Einzelheiten des Schiffswesens vertraut und beschäftigte sich mit Erlernung der neueren Sprachen.

Die Fregatte langte wohlbehalten in Bombay an, der Gesandte Cushing war aber noch nicht da, und Kane verwendete die Muße, welche ihm hierdurch wurde, dazu, die Natur Indiens, die Altertümer jenes Wunderlandes, z. B. die Felsentempel von Elephante, kennen zu lernen; ja er besuchte sogar die Insel Ceylon, diesen Paradiesgarten der Erde, und nahm hier unter anderem an einer Elefantenjagd teil.

Im Juli 1844 kam endlich die Fregatte mit dem Kommissar in Kanton an. Die Chinesen zogen nach ihrer Gewohnheit die Unterhandlungen sehr in die Länge, und Kane nahm daher Urlaub zu einem Ausfluge nach den Philippinischen Inseln. Er reiste in Begleitung des preußischen Barons Loë quer durch Luzon, die Hauptinsel jenes Archipels, von Manila aus bis an die Küste der Südsee, und war bei dieser Gelegenheit der erste wissenschaftliche Reisende, welcher die vulkanischen Gegenden Albaifs und Sombaras näher erforschte, der erste, welcher den Krater des Vulkans Taël erstieg.

Als die Gesandtschaft in Kanton ihre Aufgabe gelöst hatte, trat sie die Rückreise an; Kane nahm aber seinen Abschied und ließ sich in Kanton selbst nieder, um dort als praktischer Arzt sein Heil zu versuchen. Ein halbes Jahr hielt er es hier aus, da warf ihn das Reisfieber nieder, und nur wie durch ein Wunder entging er dem drohenden Tode. Er begab sich nach Indien. Lange Zeit siechte er aber noch an den Folgen der Krankheit und benutzte, nur notwendig genesen, die sich bietende Ge= legenheit, um als Begleiter eines jungen Engländers die Rückreise von Singapur aus über Land nach Europa zu machen. Mit diesem Genossen besuchte er Borneo und Sumatra und wallfahrte in Indien selbst bis zu den Abhängen des Himalajagebirges. Als er wieder in Kalkutta ein= traf, fand er gerade den reichen Dewakanath Tagur im Begriff, sich zu einem Besuche Englands zu rüsten. Er schloß sich dem Gefolge dieses ostindischen Handelsfürsten an, besuchte mit demselben Persien und Syrien, trennte sich aber von ihm in Ägypten und ging am Nil stromaufwärts, um Theben und die Pyramiden kennen zu lernen.

Hier traf er die Gesellschaft deutscher Gelehrten und Künstler, welche unter dem Schutze des Königs von Preußen jenes Land damals durch= forschte, und machte mit dem Chef des Unternehmens, dem Professor Lepsius, nähere Bekanntschaft. Sechs Monate lang durchwanderte er Ägypten und geriet dabei zweimal in Todesgefahr, einmal bei einem Ge= fecht mit räuberischen Beduinen, wobei er in den Schenkel verwundet wurde, das zweite Mal durch die Pest, die ihn an den Rand des Grabes brachte. Unglücklicherweise verlor er hier in Ägypten auch alle interessan= ten Notizen, die er sich über seine früheren Wanderungen mit größtem Eifer und wissenschaftlicher Genauigkeit gemacht hatte.

Sonderbar genug hatte Kane jetzt den lebhaften Wunsch, sich als Arzt in Manila niederzulassen, und wünschte deshalb nach den Philippinen zurückzukehren; es scheint aber, als sei ihm von den spanischen Behörden die dazu erforderliche Erlaubnis verweigert worden, denn er kehrte, nach= dem er zuvor die klassischen Gegenden Griechenlands, Italien, Frankreich und England besucht hatte, nach seiner Heimat zurück.

Der Dienst als Schiffsarzt war ihm wegen der Gleichförmigkeit und regelmäßigen Wiederkehr bestimmter Beschäftigungen zuwider. Er wollte auf eigene Hand sich als Arzt niederlassen und mietete schon zu diesem Zweck in seiner Vaterstadt ein Haus, als die Haltung der Vereinigten Staaten zu Mexiko ein solches Aussehen erhielt, daß ein Krieg zwischen beiden Staaten in kurzer Zeit zu erwarten stand.

Jetzt wurde es für Kane Ehrensache, im Dienste des Staates zu bleiben, und er machte sich darauf gefaßt, als Chirurg bei der Armee Verwendung zu finden. Drei Wochen vor dem Ausbruche des Krieges erhielt er aber wider Erwarten Befehl, sich an Bord der Fregatte „United States" zu begeben, um auf derselben eine Gesandtschaft nach der afrikanischen Westküste zu begleiten. In Guinea angelangt, lernte er die Sklavenfaktoreien vom Kap Mount bis zum Bonnyfluß kennen, besuchte mit den Botschaftern den König von Dahomey, dessen Länder seit lange den Hauptsitz des Sklavenhandels bildeten, und bereitete sich eben zu einem Ausfluge nach Abomey vor, als er schwer erkrankte. Das gefährliche Küstenfieber, das schon so viele Fremdlinge in jenem ungesunden Gebiete Afrikas weggerafft hat, erfaßte auch Kane und zerrüttete seinen schwächlichen Körper so, daß er als Invalide in der Heimat wieder ankam und bis zu seinem Tode die Folgen dieser Krankheit nicht überwinden konnte.

Als Kane nach seinem Vaterlande zurückkehrte, war der Krieg gegen Mexiko noch nicht beendet. Trotz seiner körperlichen Zerrüttung sehnte sich der vielgeprüfte Mann doch als echter Patriot nach einer Gelegenheit, um sein Leben, das ihm für sich wenig Wert hatte, zum Besten des Vaterlandes darzugeben. Auf sein Ansuchen um eine Anstellung als Arzt in der Armee wurde er vom Präsidenten Polk mit Depeschen für den Oberbefehlshaber Scott nach Mexiko gesandt. Die Fahrt übers Meer machte er mit dem kleinen Dampfer „Fashion", der sich in trauriger Verfassung befand. Es war dasselbe Schiff, das später durch die Fahrten des Freibeuters Walker berüchtigt worden ist. Beinahe hätte Kane hierbei auf dem Meere seinen Tod gefunden, er kam aber glücklicherweise und wohlbehalten in Veracruz an und machte sich sogleich auf den Weg nach der Hauptstadt. Die Botschaft hatte eine Kompagnie Kontra-Guerillas zu ihrer Bedeckung bei sich, da man Überfälle fürchtete, und wirklich traf man auch mit einer starken Abteilung mexikanischer Guerillas zusammen, unter denen sich der General Garna und dessen Sohn befanden. Diesen beiden sowie vier Offizieren rettete Kane durch sein heldenmütiges Verhalten und seine persönliche Tapferkeit das Leben. Er selbst wurde hierbei durch einen Lanzenstich so bedeutend in den Schenkel verwundet, daß er in der Hauptstadt an den Folgen seiner Wunde, sowie an dem Fieber, das ihn von neuem überfiel, entsetzlich zu leiden hatte. Kaum notdürftig hergestellt, durchforschte er mitten unter Kriegsgefahren das Land rings umher und vermaß den Vulkan Popokatepetl. Als er nach Beendigung des

Krieges wieder in die Heimat zurückkehrte, ward er kurz darauf mit dem Proviantschiffe „Supply" nach dem Mittelländischen Meere geschickt. Auf dieser Fahrt nahm seine Krankheit einen entsetzlichen Charakter an. Es überfiel ihn ein Starrkrampf von so eigentümlicher, schmerzhafter Art, daß es ihm nach seinen eigenen Mitteilungen darüber war, als bestehe sein ganzer Körper aus Saiten und eine Legion Teufel spannte und zerre dieselben.

Er selbst hatte nicht die geringste Hoffnung, die Heimat wiederzusehen und war ruhig darauf gefaßt, im Ozean ein Grab zu finden. Gegen aller Erwarten erholte er sich aber dennoch und kam im September 1849 daheim wieder an. Nur kurze Ruhe gönnte er sich; dann nahm er auch schon wieder einen Befehl seiner Behörde an, welcher ihn zur Aufnahme der Küste im Meerbusen von Mexiko beorderte. Im nächsten Frühjahr schwelgte er unter Jrokesenrosen und blühenden Magnolien in der von Wohlgeruch erfüllten Atmosphäre Floridas; aber während er am 12. Mai in dem lauen Wasser des Golfs von Mexiko badete, überraschte ihn ein kurzer Befehl aus Washington, sich sofort nach New York zu begeben, um sich da der arktischen Expedition zur Aufsuchung des vermißten Franklin anzuschließen. Noch waren nicht acht Tage nach dem Empfange jener Ordre vergangen, als er schon als Arzt der Grinnell=expedition den Hafen von New York verlassen hatte und dem fernen Norden zusteuerte.

Leutnant de Haven, der Kommandant jener Expedition, sah Kane am Tage vor der Abfahrt von New York zum erstenmal. Er hatte früher noch nie etwas von demselben gehört und gestand später, es habe sich seiner die Furcht bemächtigt, der kleine, schwächliche Doktor möge doch wohl nicht der geeignete Mann sein, von welchem seine eigene Gesundheit sowie diejenige seiner Mannschaft viel Hilfe erwarten könne, derselbe werde mit sich selbst mehr zu tun haben. Er hätte gern um einen anderen, passenderen Arzt nachgesucht, wenn es nur die Zeit noch gestattet hätte; doch nahm er sich vor, den kranken Doktor von Grönland aus zurück=zuschicken, wenn derselbe überhaupt bis dahin leben bliebe. Die See=krankheit überfiel Kane in furchtbarem Grade; 31 Tage lang litt er bei jeder irgend etwas starken Bewegung des Schiffes an heftigem Erbrechen, und sein Zustand war so kläglich, daß der Kommandant ihm bei der Walfischinsel gutmütig den Vorschlag machte, mit einem dort liegenden, englischen Schiffe wieder zurückzugehen. Kane sah ihn bestürzt an; er wußte und fühlte, daß de Haven pflichtgemäß und menschlich handelte, aber nach einem kurzen, schmerzlichen Kampfe mit sich selbst erklärte er dem Kommandanten bestimmt und ernst: „Nein, ich bleibe!“ Jetzt konnte und durfte dieser nicht mehr auf seinem Antrage bestehen, und bald hatte er Gelegenheit, das eigentliche Wesen und den Charakter des kleinen Doktors zu erkennen und einzusehen, welch großer Geist und welcher Heldenmut in dieser gebrechlichen Hülle verborgen sei. Die Expedition kehrte nach 16 Monaten, im Mai 1851, wieder zurück, ohne im Auffinden des verlorenen Franklin glücklicher gewesen zu sein, als bis dahin irgend einer der anderen Reisenden. Neun Monate war man im Eis eingeschlossen gewesen und hatte während dieser Zeit mit all jenen Schrecknissen und Gefahren zu kämpfen gehabt, welche den Nordpolfahrer zu bedrängen pflegen.

Die Gefährten Kanes erholten sich von den ausgestandenen Strapazen, für ihn selbst aber gab es keine Ruhe: ja, der beschwerlichste und für seinen Zustand bei weitem anstrengendste Teil des Unternehmens stand ihm noch bevor. Es war ihm nämlich der Auftrag erteilt worden, die Geschichte jener Expedition zu verfassen und der Öffentlichkeit zu übergeben. Im Kampfe des Lebens, mitten unter drohenden Todesgefahren, welche den Trieb der Selbsterhaltung aufstacheln, hatte Kane seine körperlichen Leiden, seine peinliche Nervenstimmung weniger beachtet, seine ganze, gespannteste Aufmerksamkeit war nach außen gerichtet gewesen. Er hatte in der Bekämpfung der tausendfachen Hindernisse eine unbezwingliche Ausdauer und Kraft entfaltet, welche ihm die Bewunderung aller seiner Gefährten erzwang. Hinter dem Schreibtisch der stillen Stube fehlte ihm jegliche anspannende und aufregende Veranlassung, er fühlte nur sich selbst und sein vielfaches Weh. Wie Livingstone erklärt hat, er wolle lieber noch eine Wanderung quer über das Festland von Afrika machen, als einen zweiten Bericht über eine solche Reise schreiben, so ungefähr war es auch Kane zu Mute, als er seine literarische Arbeit vollendete.

Sowie er das Buch beendigt hatte, das seine erste Nordpolexpedition schilderte, ging er auch sofort ans Werk, um ein zweites, gleiches Unternehmen zustande zu bringen, das er selbst zu leiten beabsichtigte. Seine ganze Tatkraft war erforderlich, um die bedeutenden Geldsummen zu beschaffen, die zu einem derartigen Unternehmen unentbehrlich sind. Die Anstrengungen, Sorgen und Mühen bei diesen Vorbereitungen waren kaum minder angreifend als die Gefahren selbst, die er auf dieser schwierigen Fahrt bestehen mußte. Zum Teil bestritt er die Ausrüstung des Fahrzeuges auf eigene Kosten, zum anderen Teil betätigten sich der schon

früher genannte Herr Grinnell sowie einige andere Personen und In=
stitute dabei. Endlich hatte er alles durchgesetzt und eingerichtet, und ob=
gleich er wiederum sehr kränkelte, war er doch, als er am 31. Mai 1853
jene denkwürdige Fahrt antrat, so voll Eifer und Begeisterung, wie ein
Knabe, der seine erste Vergnügungsreise beginnt.

Dieselbe Brigg, die den Dr. Kane auf seiner ersten Reise getragen,
empfing ihn jetzt als Befehlshaber, und er durfte nun seine Lieblingsidee
ins Werk setzen, daß man nach dem Verlorenen geradezu im Norden suchen,
an Grönland vorbei und so weit als irgend möglich gegen den Pol vor=
dringen müsse. Und er ist weiter vorgedrungen, als füglich erwartet
werden konnte, freilich ohne eine Spur von Franklin oder seinen Gefährten
zu finden; aber er entschleierte ein beträchtliches Stück des bisher noch
unentdeckten Nordens und brachte Nachricht von dem Vorhandensein eines
„offenen Polarmeeres". Er brachte endlich, nachdem es nichts mehr für
ihn zu tun gab, sich und seine Angehörigen zurück, da man bereits an=
gefangen hatte, sie selbst zu den Verlorenen zu zählen. So haben wir
eine der interessantesten Reisebeschreibungen mehr, die wir im nachfolgenden
größtenteils mit Dr. Kanes eigenen Worten wiedergeben wollen. · Das
Schicksal Franklins ward freilich durch Kanes Expeditionen nur insofern
der Aufklärung näher gerückt, als man erfuhr, daß man im Norden Grön=
lands den Vermißten nicht würde zu suchen haben. Für die Bereicherung
der Erdkunde haben dagegen seine Leistungen einen tatsächlichen, nicht zu
unterschätzenden Wert, und mit seinem Hinweis auf ein eisfreies Meer
unter dem Nordpol stellte er wenigstens ein Problem hin, das ganz dazu
geeignet ist, das Interesse an Forschungen im Norden wach zu halten.
Das Polarmeer, obwohl noch vielfach bestritten, gewinnt immer mehr
Gläubige, namentlich unter den Meteorologen, da verschiedene Erscheinungen
in der Temperatur der Winde damit sehr wohl harmonieren, und auf
dieser Annahme fußte denn die erste deutsche Nordpolfahrt, die uns das
Jahr 1866 brachte.

Sollten auch die Schlittenexpeditionen, welche Kane aussendete, einige
Meilen weiter nördlich vorgedrungen sein, als die Bootsleute selbst ver=
meinten — es wird Kanes Name mit dem nördlichsten Teile Grönlands
für immer unauslöschlich verbunden bleiben. Ebenso wird ja auch sein
Andenken sich bei den eigentümlichen Bewohnern jenes von der übrigen
Welt abgeschlossenen Landes von Kind auf Kindeskind vererben und viel=
leicht nach Menschenaltern zur Mythe werden, mit deren Ausschmückung
sie die lange Winternacht verkürzen.

Am 11. Oktober 1855 war er nach einer Abwesenheit von 30 Monaten wieder nach New York zurückgekehrt, und die Nachricht von seiner Ankunft hatte in der ganzen zivilisierten Welt Freude erregt. Ehrenbezeigungen aller Art erwarteten ihn auf beiden Seiten des Atlantischen Meeres, aber sein Gesundheitszustand verschlimmerte sich mehr und mehr. Trotzdem ging er mit dem Plane zu einer dritten Polarreise um und reiste nach England, um besonders hier die Mittel zu dieser Fahrt zu beschaffen, gleichzeitig auch zu seiner Erholung. Sein Körperzustand verschlimmerte sich aber in solchem Grade, daß ihm ein Aufenthalt in der Havanna an= geraten ward.

„Am 20. Dezember 1856", erzählt sein Biograph Elder, „segelte er nach letztgenanntem Orte ab. Es stürmte gerade, das Meer war sehr aufgewühlt und unruhig. Am andern Tage, nach dem Frühstück, klagte er über Übelkeit. Am Nachmittag schlief er, und sein Diener Morton beschäftigte sich unterdessen mit dem Ordnen des Gepäckes. Während dies geschah, erwachte der Doktor, setzte sich auf, sah den Diener ein paar Augenblicke an, legte sich dann wieder nieder und rief mit dumpfer Stimme „Morton!" Er ächzte wie unter gewaltigen Schmerzen und nickte, als er gefragt wurde, ob der Schiffsarzt gerufen werden solle. Als derselbe kam, sagte Kane zu ihm: „Geben Sie mir etwas Schmerzbetäubendes."

Einige Minuten später, als sie wieder allein waren, fragte ihn Morton: „Was ist Ihnen? Sie erschrecken mich!" — „Sie erschrecken?" antwortete der Kranke; „nun, lange werden Sie Ihre Not nicht mehr mit mir haben."

Kaum 20 Minuten später ergab es sich, daß ihm der rechte Arm und das rechte Bein gelähmt waren. Morton fragte, was das bedeute, die Zunge aber versagte dem Kranken den Dienst. Er war vollständig bei Bewußtsein, konnte aber nicht sprechen. Bis zum 24. erholte er sich um vieles; er konnte ohne Stütze sitzen und sah gern nach der Küste von Cuba hin, die sich zeigte.

Am 25. landete das Schiff zu Havanna, wo Kane durch seinen Bruder Thomas empfangen wurde, der ihm durch die Familie voraus= geschickt worden war. Am nächsten Tage begab er sich an die Küste und am 29. sollte es ihm wiederum besser gehen; er konnte beide Beine wieder gebrauchen, nur der Arm blieb gelähmt, und auch sprechen konnte er fast gar nicht.

Am 15. Januar kam seine Mutter in Havanna an. Die Sehnsucht hatte sie zu dem geliebten Sohne getrieben; aber als sie in seiner Nähe war, bezwang sie sich fünf Tage lang, nicht zu ihm zu gehen, weil sie vor ihrer Abreise aus New York unter Blatternkranken gewesen war und nun fürchtete, dem kranken Sohne den Ansteckungsstoff mitzubringen. Auch sein zweiter Bruder kam, und er hatte also die aufmerksamste Pflege. Seine Sehnsucht nach der Heimat aber ließ kaum nach, ja sie wuchs mit jedem Tage. Er sei wohl im stande die Reise zu machen, sagte er; er könnte ja stehen, während er angekleidet werde; er könne sogar mit nur geringer Unterstützung bis zu einem Stuhle gehen, er werde bei recht schönem Wetter reisen können, man brauche also nicht besorgt zu sein.

Ein Kalendermonat — eine Ewigkeit für diejenigen, welche ihn pflegten — verging in dieser Weise, und sie wollten endlich seinen Wunsch gewähren und absegeln, aber nun war das Wetter immer ungünstig, und so verschob man die Abreise bis zum Abgang des nächsten Dampfers. Dieser nächste Dampfer brachte ihn — als Leiche! — in die Heimat. Am 10. Februar traf ihn plötzlich ein Schlaganfall, aber seine zähe Lebenskraft erhielt ihn noch bis zum 16., an welchem Tage er so unmerklich entschlief, daß die Mutter noch einige Minuten in der Bibel laut las, ehe man bemerkte, daß er zu leben aufgehört.

Der 11. März 1857 war der Tag, an welchem eine großartige, aber traurige Feier die Stadt New York bewegte: man bestattete den Mann zur Erde, den jedes Volk mit Stolz den Seinen genannt hätte."

Dr. E. K. Kanes nordische Entdeckungsfahrt.

Von ihm selbst beschrieben.

Erstes Kapitel.

Reiseplan. Ausrüstung zur Abfahrt. St. Johns. Fiskernaesset. Lichtenfels. Sukkertoppen.

Im Monat Dezember 1852 wurde ich vom Sekretariat der Flotte mit dem Auftrage beehrt, eine Expedition zur Aufsuchung Sir John Franklins nach den nordischen Gewässern zu führen. Ich hatte unter Leutnant de Haven an der Grinellexpedition teilgenommen, welche im Jahre 1850 zu demselben Zwecke von den Vereinigten Staaten aus= gegangen war, und mich nach meiner Rückkunft mit der Ausarbeitung eines Planes beschäftigt, wie durch eine erneute Anstrengung den Ver= mißten Hilfe zu bringen oder wenigstens das Rätsel ihres Schicksals zu lösen sein möchte. Herr Grinnell hatte in seltener Liberalität die Brigg „Advance", mit welcher ich früher gereist, abermals zur Verfügung gestellt, Herr Peabody von London zu deren Ausrüstung reichlich gespendet; die Geographische Gesellschaft zu New York, das Smithsonsche Institut und andre wissenschaftliche Vereine und Freunde der Wissenschaft traten helfend hinzu, so daß ich mich auch mit Beobachtungsmitteln besser ausgestattet sah, als sonst möglich gewesen wäre.

Zehn Mann unsrer kleinen Reisegesellschaft gehörten der Flotte an und waren mir dienstlich zugewiesen; die übrigen waren lauter Freiwillige. Wir segelten nicht nach den auf den Schiffen unsres Landes gültigen Vor= schriften, sondern hatten unsere besonderen, wohlüberlegten Regeln, die jedem vorher bekannt gemacht und in der Folge bei allen Wechselfällen der Expedition streng eingehalten wurden. Sie lauteten: 1. unbedingter Gehorsam gegen den Kommandierenden oder dessen Stellvertreter. 2. Ent= haltung von allen berauschenden Getränken, wenn nicht infolge besonderer Vorschrift gereicht. 3. Vermeidung der gemeinen Redeweise.

Den Plan zu unsrer Forschungsreise hatte ich in einer Vorlesung in der Geographischen Gesellschaft auseinandergesetzt. Er gründete sich auf die wahrscheinliche Erstreckung der Ländermassen Grönlands weit nach

Norden hin, eine Tatsache, welche damals noch nicht durch Reisen bestätigt
war, aber sich aus geographischen Analogien vermuten ließ. Wenn auch
Grönland als ein durch innere Gletscher verbundener Inselhaufen an=
gesehen wird, so erscheint es im ganzen doch immer als Halbinsel und
läßt dieselben allgemeinen Bildungsgesetze wie andere sich nach Süden
streckende Halbinseln erkennen. Die Bergreihen Grönlands, die in un=
unterbrochener Kette fast 1100 engl. Meilen weit in südlicher Richtung
laufen, ließen vermuten, daß diese Kette sich auch nördlich sehr weit er=
strecken werde, und daß Grönland vielleicht näher an den Pol hinanreiche,
als irgend ein anderes bekanntes Land. Zu dieser Ansicht gesellte sich
die andere, daß Franklins Aufsuchung wohl am besten gefördert werden
möchte, wenn man in kürzester Richtung nach dem von mir vermuteten
offenen Meere vordränge, und daß bei dem Näherrücken der Meridiane
ein westliches Vorgehen von Nordgrönland aus ebenso leicht sein müsse,
wie vom Wellingtonkanal aus, ein östliches aber bedeutend leichter; ich
dachte mir, auf der am weitesten vorspringenden Landspitze müßten sich
jedenfalls am ersten noch einige Spuren der Verlorenen auffinden lassen.

Zu gunsten meines Reiseplanes sprachen folgende Punkte: 1. Die
Expedition stützt sich auf das Festland und vermeidet so die Mißlichkeiten
einer Reise im Eise. 2. sie geht direkt nach Norden, führt also am
schnellsten an das offene Meer, sofern es ein solches gibt. 3. die gegen
Norden gerichteten Küsten Grönlands müssen das Eis hindern, südwärts
zu treiben, und es ist demnach nicht zu befürchten, daß es uns ergehen
werde wie Parry, als er von Spitzbergen aus den Pol zu erreichen suchte.
4. das Tierreich kann den Reisenden Hilfsmittel liefern, und 5. können
die Eskimos Beihilfe leisten. Ansiedelungen dieser Leute sind bis zum
Walfischsund hinauf gefunden worden und ziehen sich wahrscheinlich noch
viel weiter die Küste entlang.

Unsere Aufgabe war demnach, so weit als möglich die Baffinsbai
hinauf zu gehen, dann in Schlitten oder Booten weiter gegen den Nord=
pol vorzudringen und dabei an den Küstenlinien nach den Spuren von
den Verlorenen zu suchen.

Wir waren bei unserer Abreise siebzehn Personen; der Achtzehnte
wurde einige Tage später unterwegs noch aufgenommen. Unser Schiff,
die „Advance", hatte bereits in manchem Rencontre mit dem nordischen
Eis die Probe bestanden; es wurde sorgfältigst untersucht, und es war
nur wenig zu tun, um es wieder vollkommen seetüchtig zu machen. Es
war eine Brigg von 144 Tonnen, ursprünglich zum Verfahren schweren
Gußeisenwerkes bestimmt und nachgehends mit viel Geschick noch verstärkt.

Es war ein guter Segler und führte sich leicht. An Booten hatten wir fünf, darunter ein metallenes Rettungsboot.

Unsere Ausrüstung war sehr einfach; sie bestand aus wenig mehr als einer Partie roher Bretter, um das Schiff im Winter zu überdachen, einigen Zelten aus Kautschuk und Segeltuch und einigen mit Sorgfalt konstruierten Schlitten.

Bei der Auswahl unserer Lebensmittelvorräte wurde kein Luxus getrieben. Wir nahmen mit uns ein paar tausend Pfund guten Pemmikan. Diese vortreffliche Dauerspeise wird in folgender Art bereitet. Dünne Scheiben guten Rindfleisches werden so lange am Feuer getrocknet, bis sie sich zu Pulver stoßen lassen; das Pulver wird mit Rinderfett gemengt und so in Fässern oder Büchsen eingepreßt. Außerdem versorgten wir uns mit Fleischzwieback, etwas eingelegtem Kohl und einem reichen Vorrat getrockneter Früchte und Vegetabilien. Daneben das gewöhnliche Pökelrind- und Schweinefleisch der Flotte, Schiffszwieback und Mehl, einen sehr mäßigen Vorrat Spirituosen und die sonstigen kleineren Erfordernisse einer Reise im hohen Norden. Einiges frisches Fleisch hoffte ich noch einnehmen zu können, bevor wir die oberen Grönlandsküsten erreichten; auch nahm ich einige Fässer Malz und einen kompendiösen Brauapparat mit. Wir hatten eine mäßige Garderobe an wollenen Kleidern, einen reichlichen Vorrat an Messern, Nadeln und anderen Tauschartikeln, eine gut gewählte, nicht kleine Bibliothek und ein wertvolles Sortiment von Instrumenten für wissenschaftliche Beobachtungen.

Wir verließen New York am 30. Mai 1853 und erreichten in 18 Tagen St. Johns auf Neufundland, wo uns der herzlichste Empfang zu teil ward. Der Gouverneur, die Beamten und die ganze Einwohnerschaft beeiferten sich, uns Vorschub zu leisten. Ich kaufte hier einen Vorrat frisches Rindfleisch, das wir nach Seemannsart, nach Entfernung der Knochen und Sehnen, durch festes Umwickeln mit Bindfaden in Rollen formten, die im Takelwerk aufgehängt wurden. Nach zwei Tagen verließen wir die gastfreundliche Stadt und richteten, mit einem noblen Zuge Neufundländer Hunde an Bord, die uns der Gouverneur geschenkt hatte, unseren Lauf nach der grönländischen Küste. Wir erreichten die Davisstraße ohne Zwischenfall: bei Annäherung an ihre Mittellinie sondierten wir und fanden die ansehnliche Tiefe von 1900 Faden *); eine geographisch interessante Tatsache, welche beweist, daß das Plateau des Meergrundes, das sich bekanntlich zwischen Irland und Neufundland erstreckt, weiter nördlich einsinkt.

---

*) 1 Faden ist = 1,88 m, also beinahe 2 m.

Wenige Tage später waren wir auf der Höhe der grönländischen Küste und fuhren am 1. Juli in den Hafen von Fiskernaesset ein, unter dem Freudengeschrei der ganzen Bevölkerung, die sich zu unserem Empfang auf den Felsen versammelt hatte. Dieser Ort genießt einen beneidenswerten Ruf wegen seines gesunden Klimas. Mit Ausnahme vielleicht von Holstenborg ist es die trockenste Station der ganzen Küste, und die Quellen, welche durch die Moose rieseln, frieren oft das ganze Jahr hindurch nicht zu. Die Lage der grönländischen Kolonten ist anscheinend mit Rücksicht auf ihre Handelsressourcen gewählt worden. Die südlichen Plätze um Julianshaab und Frederickshaab versorgen den dänischen Markt mit den wertvollen Häuten des Sattelseehundes, Sukkertoppen und Holstenborg mit Renntierfellen, Disko und die nördlichen Distrikte mit Seehunds- und anderen Tranen. Die kleine Ansiedelung von Fiskernaesset erfreut sich ihrer Stockfischindustrie und führt ebenso die übrigen Stapelartikel der oberen Küste. Sie liegt im Fischerfjord, etwa 8 engl. Meilen von der offenen Bai, und ein mit Inseln besäter Wasserarm von mäßiger Tiefe bildet den Zugang zu derselben.

Wir sahen hier den Kabeljau in allen Stadien der Zubereitung für den Markt und die Tafel: ohne Salz an der Luft getrocknet als Stockfisch, eingesalzen und gepreßt als Crapefisch, auch sogenannten „frischen", der aber trotzdem so gesalzen war wie Sardellen. Wir legten von allem Vorräte ein. Da hier die beständigen Nebel fehlen und der Ort eine freie Lage gegen die den Fjord heraufkommenden Winde hat, so bildet er einen sehr günstigen Platz zum Trocknen des Stockfisches. Der Rückenknochen wird bis auf ein einzolliges Stück nächst dem Schwanze ausgeschnitten, das Fleisch ausgebreitet und einfach an Latten aufgehangen. Der Kopf wird sorgfältig für sich getrocknet. Seehunds- und Haifischtran sind die nächstwichtigen Stapelartikel von Fiskernaesset. Der letztgenannte bildet einen Industriezweig neueren Datums. Dieser Tran aus der Leber des nordischen Haifisches ist äußerst rein, widerstrebt der Kälte, ist ein gutes Schmiermittel und steht höher im Preise als der beste Seehundstran. Der Seehundsspeck wird von den Eingeborenen gegen Tauschwaren, gewöhnlich Kaffee und Tabak, eingehandelt und der Tran durch bloßes Aussetzen in Kübeln oder durch heißes Pressen in einfachster Weise ausgeschieden. Selbst die Stockfischlebern werden den Hunden gegeben oder kommen in den allgemeinen Kübel. Die inneren Fjords liefern herrliche Lachsforellen, und Renntierzungen, eine anerkannte Delikatesse im Norden der Neuen wie der Alten Welt, werden auch zu Fiskernaesset ganz richtig gewürdigt.

Da ich einsah, daß ich für unsere Hunde frisches Fleisch würde haben müssen, und wir schwerlich solches aus unseren Vorräten würden abgeben können, so suchte ich mir für die Reise einen Eskimojäger zu verschaffen. Man empfahl mir einen 19jährigen Burschen, Hans Christian, als ebenso geschickt mit dem Kajak wie mit dem Wurfspieß. Nachdem er eine Probe seiner Geschicklichkeit dadurch abgelegt, daß er mit dem Speer einen Vogel im Fluge traf, engagierte ich ihn. Es war ein fetter, gut= mütiger Bursche, so teilnahmlos und unempfänglich wie unsere Rothäute, wenn nicht die Jagd ihn lebendig machte. Neben seinem sehr mäßigen

Fiskernaesset.

Lohne machte er für seine Mutter noch ein paar Fässer Brot und 52 Pf. Schweinefleisch aus, und als ich dem noch eine Flinte und einen neuen Kajak hinzufügte, wurde ich in seinen Augen ein sehr generöser Mann. Er leistete uns in der Folge sehr gute Dienste, denn er war nicht nur der Proviantmeister unserer Hunde, sondern unsere eigene Küche war mehr als einmal von seinem Eifer abhängig.

Während unser Schiff aus dem Fjord von Fiskernaesset heraus la= vierte, hatte ich Gelegenheit zu einem Besuche in Lichtenfels, einer der drei herrnhutischen Ansiedelungen an der grönländischen Küste. Ich hatte so viel von der Geschichte der Gründer gelesen, daß ich mich mit einer Art Ehrfurcht dem Schauplatz ihrer Tätigkeit näherte.

Als wir in den Schatten der felsigen Bucht hineinruderten, war alles so still und verlassen, daß wir in eine ausgestorbene Welt zu kommen

meinten; selbst die Hunde, diese heulenden, nimmer ruhenden Küsten=
wächter, signalisierten hier unsere Ankunft nicht. Jetzt, nach einer plötz=
lichen Wendung um die Klippe, bekamen wir eine saubere altmährische
Behausung in Sicht, überragt von unregelmäßig verteilten Schornsteinen,
das schwarze vorspringende Dach mit Kappfenstern besetzt und mit einem
antiken Glockenturm gekrönt.

Bei unserer Landung wurden wir von ein paar ernsten alten Männern
in Zobeljacken und mit enganliegenden Samtkäppchen empfangen, wie sie

Herrnhuter=Ansiedelung Lichtenfels.

Van Dyck oder Rembrandt etwa gemalt haben würde; sie hießen uns
ruhig, aber herzlich willkommen. Das ganze Innere der Wohnung, das
einfache Hausgeräte, die Hausfrau, selbst die Kinder hatten dasselbe
nachgedunkelte Ansehen. Der mit Sand bestreute Flur wurde von einem
jener mächtigen weißen Kachelöfen erwärmt, wie sie vor Menschenaltern
im nördlichen Europa in Gebrauch waren. Die geradlehnigen Stühle
rührten augenscheinlich aus den ersten Tagen der Ansiedelung her. Der
schwerfällige Tisch mitten im Zimmer war bald bedeckt mit den einfachen
Spenden der Gastfreundschaft; wir setzten uns und erzählten von dem
Lande, woher wir kamen, und von den wunderlichen Zeitläuften. Wir

erfuhren, daß das Haus noch aus den Zeiten Matthias Stachs herstamme, und ohne Zweifel aus den Baumstämmen erbaut sei, die einige zwanzig Jahre nach Egedes Landung wie von der Vorsehung hierher geführt wurden. Von den Brüdern, die uns empfingen, wohnte der eine seit 29, der andere seit 27 Jahren hier. Der Betsaal war im Gebäude selbst und sah mit seinen leeren Bänken freudlos genug aus. Ein paar Wald=hörner hingen zu Seiten des Altars. Hierzu zwei Wohnstuben, drei Kammern und eine Küche, alles unter demselben Dache, und dies war Lichtenfels.

Die gutherzigen Bewohner waren nicht ohne Intelligenz und Er=ziehung. Trotz ihres herkömmlichen Kleiderschnittes und der Steifheit, welche ein langes einsames Leben mit sich bringt, gab sich in ihrem Be=nehmen und in ihrem Gedankengange der freisinnige Geist ihrer Kirche deutlich zu erkennen. Zwei der Kinder, sagten sie, seien vor einem Jahre infolge des Skorbuts „zu Gott gegangen". Sie nahmen nur zögernd eine kleine Quantität Kartoffeln als Geschenk an.

Die nächsten neun Tage schleppten wir uns, aufgehalten von Wind=stillen und leichten Gegenwinden, die Küste entlang; erst am 10. Juli erreichten wir die Ansiedelung Suffertoppen. Der Suffertoppen (Zucker=hut) ist ein isolierter wilder Kegel von 1000 m Höhe; die kleine, an seinem Fuße hausende Kolonie sitzt in einem Felsenschlunde, so eng und verworren, daß die verschiedenen Hütten durch Treppen verbunden sind. Die steigende Flut verwandelt einen Teil des Grundes in eine zeitweilige Insel. Es war nach Mitternacht, als wir ankamen; das eigentümliche Licht des nordischen Sommers um diese Stunde, an die Beleuchtung bei einer Sonnenfinsternis erinnernd, übergoß alles mit Grau, den Hinter=grund ausgenommen, eine Alpenkette auf hochrot strahlendem Horizonte.

Suffertoppen ist das Hauptdepot für die Renntierfelle; die Ein=geborenen waren eben auf der Sommerjagd, solche zu sammeln. Vier=tausend Stück waren bereits nach Dänemark gesandt worden, und es lagen doch noch genug da. Ich kaufte einen Vorrat erster Qualität zu $\frac{1}{2}$ Dollar das Stück. Diese Felle sind schätzbar wegen ihrer Leichtigkeit und Wärme. Sie bilden das gewöhnliche Oberkleid für beide Geschlechter, während die Seehundsfelle zu Hosen und wasserdichten Überziehern ver=wendet werden. Auch gewalkte Seehundsstiefel oder Mokassins kaufte ich, so viel da waren; sie sind ein vortrefflicher Artikel für Fußgänger, sicherer gegen Nässe als alles genähte Schuhwerk. Noch am 10. Juli gingen wir weiter und lavierten gegen Nord und West einem steifen Winde in die Zähne.

Melvillebai.

Zweites Kapitel.

Melvillebai. Treibeis. Bären. Eisberge. Ankern an denselben. Glückliche Fahrt durch die Melvillebai. Die Mitternachtssonne. Das Nordwasser.

Die untere und mittlere Küste Grönlands ist so viel besucht und beschrieben worden, daß ich mich dabei nicht aufhalten will. Seit unserer Abfahrt von Sukkertoppen erfuhren wir die gewöhnlichen Aufenthalte durch Nebel und Gegenströmungen, so daß wir nicht vor dem 27. Juli in die Nähe der Melvillebai kamen. Am 17. wurden wir auf Proven von meinem alten Freunde Christiansen, dem Oberinspektor, bewillkommnet, den ich mit seiner Familie noch so wohlauf fand, wie ich ihn vor drei Jahren verlassen. Während unsere Brigg, halb segelnd halb treibend, die Küste entlang zog, ging ich ans Land, um in den verschiedenen Eskimoniederlassungen Hunde zu kaufen. Nachdem wir zu Uppernivik ein paar Tage lang die Gastfreundschaft des Gouverneurs Fleischer genossen, fuhren wir weiter. Nicht weit von dieser Station hören auch die Hütten der Eskimos auf. Früher hatten diese Leute Sommeransiedelungen bis in die Melvillebai hinauf; im Jahre 1816

2*

aber wurden sie von den Blattern so arg dezimiert, daß sie auf Upper=
nivik konzentriert wurden. Nur gelegentlich unternehmen sie weitere
Ausflüge nordwärts, um Bären zu jagen oder Daunen und Eier zu
sammeln.

Wir hielten uns nun etwas mehr nördlich, kamen hart an den
Baffinsinseln vorbei, die ich vor drei Jahren mit Eis umpanzert, jetzt
aber völlig frei fand, passierten die Enteninseln und hielten auf die Wil=
corspitze zu, hinter welcher die Melvillebai liegt. Wir machten eine schwer=
fällige Küstenfahrt unter abwechselnder Windstille und Brisen vom Lande
her, bis am 27. Juli morgens in der Nähe der Einfahrt zur Melvillebai
einer jener dem Norden eigentümlichen schweren Eisnebel uns bedeckte.
Wir konnten kaum das Deck entlang sehen und bemerkten dabei, daß
Strömungen uns ins ungewisse fortführten. Als endlich die Sonne den
Nebel zerstreute, fanden wir die Wilcorspitze hinter uns liegen; unser
kleines Schiff befand sich bereits glücklich in der Bai und im Treiben
nach dem nordöstlich ragenden Felsen zu, welcher der „Teufelsdaumen"
heißt. Die hier besonders heimischen Eisberge zeigten sich auf allen
Seiten; wir waren während des Nebels mitten unter sie hineingeraten.
Es kostete einen ganzen Tag Arbeit, das Schiff durch Bugsieren mit
beiden Booten vom Lande abzubringen: gegen Abend war es gelungen,
und ein Wind lohnte unsere Mühe noch besonders. Ich hatte während
unseres Treibens längs der Küste mit Befremden bemerkt, daß das Land=
eis bereits in Trümmer gegangen war; dies stellte eine schwierige und
aufhältliche Küstenfahrt in sichere Aussicht, und so entschloß ich mich kurz,
nach Westen zu steuern, bis wir auf Packeis stoßen würden, und dann
die Passage außen an der Melvillebai vorüber zu versuchen. Der Land=
einschnitt nämlich, der diesen Namen führt, ist durch sein Kap geschützt
vor den Strömungen und Eistriften, welche die Mittellinie der Baffins=
bai verfolgen; die Küste der Bucht ist der Sitz ausgedehnter Gletscher,
die fortwährend Eisberge der größten Sorte ausstoßen. Da sich der
größte Teil dieser Eismassen unter Wasser befindet und in der Wasser=
tiefe oft andere Strömungen herrschen als oberhalb, so sieht man sie nicht
selten eine andere Richtung verfolgen als die umgebenden Schollen und
Felder, welche dadurch getrennt und eine Zeitlang vom Zusammenfrieren
abgehalten werden. Im Winter ist die Melvillebai in ihrer ganzen
Ausdehnung ein einziges Eisfeld und bleibt auch nach Wiedereintritt des
Sommers oft noch lange unbeweglich, wenn außerhalb schon alles mobil
ist. Stück für Stück bricht endlich im Laufe der wärmeren Jahreszeit
die Decke auseinander, aber an dem inneren Bogen erhält sich häufig ein

Einsturz eines Eisberges.

fester Eisrand den ganzen Sommer hindurch. Dies ist das Festeis der
Walfischjäger, so wichtig für ihr Fortkommen in der ersten Hälfte der
warmen Jahreszeit, denn sie finden längs des festen Randes in der Regel
Raum, ihre Schiffe zu schleppen, nicht selten auch Gelegenheit zum Segeln,
wenn ein Landwind das schwimmende Eis von der Küste abdrückt. Dieser
Regel der Walfischjäger zu folgen, verhinderte uns diesmal der bröckliche
und verrottete Zustand der Eisfelder, eine Folge des vorhergegangenen
milden Sommers und Winters. Daher faßte ich den Entschluß, westwärts
bis an das Packeis zu gehen, seinem Rande in nördlicher Richtung auf
Kap York zu folgen, und so allem vor uns befindlichen Treibeis aus=
zuweichen. Der Plan gelang nicht ohne schwere Arbeit und ernstliche
Gefahr, zwischen den Eisflarden eingeschlossen zu werden. Diese letztere
Schwierigkeit bekämpften wir einzig dadurch, daß wir unser Schiff an
mächtige Eisberge anklammerten, die es uns ermöglichten, unseren Kurs
zu halten, so heftig auch das Treibeis südwärts drängte.

Vier Tage einer aufregenden, wenn auch wenig Wechsel bietenden
Fahrt brachten uns an den Rand der weitgestreckten Felder des Packeises,

ein günstiger Nordwest eröffnete uns eine Passage durch dieselben, und wir befanden uns in dem sogenannten Nordwasser. Hier mag einiges aus dem Schiffstagebuche in bezug auf diese Fahrt Platz finden.

28. Juli. Wir haben die vom Packeis zurückgeworfenen Strömungen hinter uns und bringen in leidlich freiem Wasser nach Nord und Ost lavierend gegen Kap York vor.

29. Juli. Wir erreichten loses, sehr zerriebenes Eis — „Wasserhimmel" im Norden, drangen in das Eis ein oberhalb oder nahe den Sabine-Inseln, um das nordöstliche Landeis zu suchen. — Frische Brise vom Lande, welche die Eisflarden zerbricht und herantreibt, jeden Wasserstreifen rasch wieder schließend. Eine Einsperrung befürchtend, beschloß ich, das Schiff an einen Eisberg festzulegen; nach achtstündigem schweren Bugsieren, Winden und Eisankerschlagen war es glücklich getan. Kaum aber hatten wir ein wenig verschnauft, als es über uns zu prasseln anfing, und Eisstückchen, nicht größer als Walnüsse, im Herabfallen das Wasser tüpfelten, wie die ersten Tropfen eines Sommerregens. Diese Anzeichen waren verständlich; kaum hatten wir noch Zeit abzuhauen, als die Vorderseite des Berges, krachend wie naher Kanonendonner, zusammenstürzte.

Unsre Lage war kritisch genug gewesen, da gleichzeitig ein frischer Wind vom Lande her blies und die einklemmenden Eisflarden hurtig dahinsausten. Wir mußten etwa 360 Klafter Walfischtau im Stich lassen und hatten eine harte Nacht voll Bootarbeit.

30. Juli. Wieder an der Langenseite eines Eisberges festgelegt. — Der Nebel ist so dicht, daß man keine Viertelstunde weit sieht. Gelegentliche Lichtblicke lassen kein praktikables Fahrwasser erkennen. Schroffes, wildes Land im Nordost. Nachmittags zwei leibhafte Bären gesehen und geschossen. Warten auf helleres Wetter.

31. Juli. Unser freier Wasserfleck stopft sich fest mit losem Eis aus Süden. Ich mache eine Rundfahrt im Boot nach einem besseren Ort für das Schiff; nach fünfstündigem Winden ankern wir glücklich an einem andren Eisberge, ganz nahe am freien Wasser; die nächste Gelegenheit, denke ich, soll uns nunmehr frei machen. Eine Stunde, nachdem wir unsre erste Stelle verlassen, hat sich dort das Packeis zusammengehäuft. Jetzt liegen wir fest an einem niedrigen und sicheren Eisberge, nur zwei engl. Meilen von der offenen See, die sich durch die Wirkung von Südwinden rasch gegen uns zu verbreitert. Wir hatten schwer zu tun, um diesen Schutzort zu erreichen, den die Waljäger ein offenes Loch nennen. Wir gerieten zwischen zwei Eisberge und verloren dabei unsern Klüverbaum und die Wandtaue, selbst ein Quarterboot ging in Trümmer.

1. Auguſt. Ganz von Treibeis umgeben, kleine Bruchſtücke von Eisfeldern. Ohne unſern Berg würden wir jetzt nach Süden geführt, ſo aber treiben wir mit ihm gen Nordoſten.

2. Auguſt. Der beſtändige Eisdruck gegen unſern Berg fängt an ſich geltend zu machen, und wie alle großen Flarden um uns hat er ſich nach Süden in Bewegung geſetzt. Auf die Gefahr hin, eingeſchloſſen zu werden, ließ ich ein leichtes Tau nach einem viel größern Berg hinführen, und nach vierſtündiger Arbeit hatten wir uns glücklich an ihm feſtgemacht. Dieſer koloſſale Berg iſt ein wahrer beweglicher Waſſerbrecher; er nimmt ſeinen Gang ſtetig nach Norden, während das Treibeis auf beiden Seiten nach Süden eilt und eine Spur ſchwarzen Waſſers von der Länge einer engl. Meile hinter ihm frei läßt. Wir befanden uns letzte Nacht um Mitternacht unter 75⁰ 27′, heute Vormittag unter 75⁰ 37′; wir rücken alſo, trotz aller Hinderniſſe, nördlich vor.

Wir ſind jetzt näher am Lande, als gut iſt, denn das Land iſt eine weiße Gletſcherwand. Jetzt kamen wir auch an dieſer gefährlichen Stelle vorüber, und einen Ausgang in Nordoſt erſpähend, machten wir den Anker los und drangen vorwärts, trotz all des ſchwimmenden Zeuges um uns her. Auf unſrer Tour hatten wir ein prächtiges Schauſpiel. Die Mitter= nachtsſonne erhob ſich über den Scheitel unſres bisherigen Freundes, des großen Eisberges, zündete an jedem Punkte ſeiner Oberfläche bunte Leuchtfeuer an und machte das Eis um uns erglänzen, wie lauter Edel= ſteine und geſchmolzenes Gold. Unſre Brigg biß ſich durch alle dieſe Herrlichkeiten hindurch, und nach 5 Meilen Weges voller Windungen, hier und da aufgehalten von Eiszungen, die durch Säge und Eismeißel entfernt werden mußten, legte ſie ſich zwiſchen zwei Eisflarden ein. Hier blieb ſie bis zum Morgen, wo ſich wieder Schlippen öffneten und ich vom Maſtkorb aus einen Weg nach einem vor uns befindlichen größern Waſſer= pfuhl ausfindig machen konnte. In dieſem fuhren wir, nach einem Aus= wege ſuchend, hin und her, wie Goldfiſche im Glaſe, bis der Nebel ein fiel und der Tag endete.

Kap Alexander.

Drittes Kapitel.

Roter Schnee. Hakluytspitze. Smithssundpforte. Lebensmitteldepot. Eskimogräber. Zufluchtshafen. Hunde. Walrosse. Eskimohütten. Grinnells Kap. Untiefen. Sturm. Ins Eis
verschlagen. Gefährliche Fahrt. Rettung.

Am 5. August passierten wir vormittags die von John Roß so ge-
tauften Karmesinklippen, benannt nach dem auf ihnen lagernden
roten Schnee, der aus der Ferne deutlich zu erkennen war. Alle mit
Schnee bedeckten Stellen zeigten eine tiefe Rosafarbe, die vielleicht in
Karmesin übergeht, wenn die Schneelager sich weiter ausbreiten. In der
Nacht passierten wir die Wolkenholm= und Saundersinseln. Wir hatten
einen prächtigen Tag. Das Schiff mit Segeln dicht besetzt, offenes
Wasser vor uns, näherten wir uns rasch dem Schauplatz unsrer Arbeiten.
Am nächsten Tage erreichten wir die Insel Hakluyt mit ihrer merkwürdigen schlanken Felsenspitzsäule, die sich 200 m über den Wasser-
spiegel erhebt und eine treffliche Landmarke viele Meilen in die Runde
abgibt. Es war uns bestimmt, noch sehr vertraut mit ihr zu werden,

bevor wir die Nordregion verlassen konnten. Sowohl diese Insel als Northumberland im Südosten würden dem Maler kostbare Farbenstudien liefern. Der rote Schnee wechselte hier mit breiten, schönen grünen Moos- und Grasflächen ab, und wo der Sandsteinfelsen zu Tage stand, warf er warme, sattbraune Schatten dazwischen.

Kap Alexander und Kap Isabella, die Eingänge zum Smithssund, lagen nun vor uns. Die Gegend war nicht sehr einladend. Im Westen lag schwerer Schnee, gleichförmig bis zum Wasserspiegel herab, rechts erhoben sich eine Reihe Klippen, die vermöge ihrer Großartigkeit als Eingangspforte für den stolzesten Hafen der Erde passen würden. Einige ihrer steilen Abstürze mögen 250 m Höhe haben; selbst die Seeleute waren ergriffen, als wir in ihrem schwarzen Schatten uns hinbewegten.

Am 7. August ließen wir Kap Alexander südlich und erreichten die Littleton-Insel, hinter welcher sich Kap Hatherton verbirgt; der äußerste vor uns (im Jahre vorher durch Kapitän Inglefield) genau bestimmte Punkt dieses Sundes.

Während wir der Littleton-Insel vorbeifuhren, sah ich vom Mastkorb aus leider den verhängnisvollen Eisblink im Norden. Der Wind war seit ein paar Tagen aus Norden gekommen; wenn er anhielt, mußte er uns die Eisfelder über den Hals bringen. Es ward daher wichtig, daß wir uns einen Rückzugspunkt sicherten, um im unglücklichen Falle nicht ganz ohne Anhalt dazustehen. Zudem hatten wir einen Punkt erreicht, wo die, welche uns etwa folgen sollten, anfangen würden, sich nach leitenden Spuren umzusehen. Ich beschloß, auf der Littleton-Insel einen Steinkegel zu errichten und an einem passenden Orte in der Nähe eine Vorratsniederlage anzulegen. Wir konnten nun das metallene Rettungsboot entbehren, das nicht über 6 m lang war, so daß wir Zwanzig kaum mit einigen Tagesrationen darin Platz hatten; aber es war vermöge seiner Luftkammern wenigstens sehr tragfähig. Wir machten eine Auswahl von Lebensmitteln und anderen Dingen, die wir glücklichstenfalls glaubten entbehren zu können. Der Platz zur Niederlage mußte notwendig auf dem Festlande gesucht werden, da die Insel durch Strömungen und Eis für eine Reisegesellschaft zu Fuße leicht unzugänglich werden konnte. Wir fanden einen solchen in Südsüdost von Kap Hatherton, das sich in der Ferne über dem Nebel zeigte. Hier begruben wir unser kleines Boot mit seinem Inhalte. Wir umgaben es mit den schwersten Felsstücken, die wir handhaben konnten, füllten die Zwischenräume mit kleineren Brocken, mit Stubben von Moos und Heidekraut, und schütteten Sand und Wasser dazwischen. Das Ganze fror sofort in eine so kompakte

Masse zusammen, daß wir der sichern Hoffnung waren, dieselbe werde den Klauen der Eisbären einen genügenden Widerstand bereiten.

Wir fanden zu unserer Verwunderung, daß wir nicht die ersten menschlichen Wesen waren, welche in dieser trostlosen Gegend eine Zuflucht gesucht hatten. Einige zerstreute Überreste von Gemäuer zeigten, daß hier einst eine rohe Ansiedelung bestanden, und unter einem kleinen Steinhügel, den wir zur Überbauung unserer Vorratskammer mit verwandten, fanden wir die sterblichen Überreste der früheren Bewohner. Nichts kann trauriger und unheimlicher sein, als solche Denkmäler erloschenen Lebens. Kaum eine Spur von Pflanzenleben war an den nackten, vom Eis gescheuerten Felsen zu erkennen, und die Hütten glichen so sehr den übrigen Felsbruchstücken, daß kaum eines vom andern zu unterscheiden war. Knochen vom Walroß lagen in allen Richtungen umher, so daß dieses Tier das hauptsächlichste Subsistenzmittel geliefert haben mußte; auch einige Überbleisel vom Fuchs und Narwal zeigten sich, aber keine Spur von Seehund und Renntier.

Von einem Grabe nahm ich verschiedene durchlöcherte und roh bearbeitete Stücke von Walroßzahn, augenscheinlich Teile von Schlitten und Speeren. Holz muß bei ihnen eine große Seltenheit gewesen sein. Wir fanden z. B. einen Kinderspeer, der, obwohl sauber gespitzt mit Walroßzahn, nur einen aus vier Stückchen zusammengeflickten Holzschaft hatte. Die Verbindung war sehr sorgfältig durch Riemen bewirkt. In der Umgegend trafen wir noch auf andre Spuren von Eskimos: Hütten, Gräber, Vorratsräume und Fuchsfallen aus Felsstücken. Sie waren augenscheinlich sehr alt, aber so wohl erhalten, daß sich nicht sagen ließ, ob sie seit 50 oder seit 100 Jahren verlassen waren.

Nach Bergung unsrer Vorräte gingen wir daran, ein Signal zu errichten und Nachrichten von uns an demselben niederzulegen. Wir wählten hierzu die westliche Seite der Littleton-Insel, da diese augenfälliger ist als Kap Hatherton. Es wurde ein Steinkegel errichtet, ein Flaggenstock in eine Felsenspalte gekeilt und mit dreimaligem Hurra die amerikanische Flagge begrüßt, als sie sich im kalten Hauch des Nordens entfaltete. Leichteren Herzens bestiegen wir am frühen Morgen des 7. August die Brigg wieder und lavierten gegen Wind und Strömungen gen Norden.

Das am Himmel gesehene Eis trat uns bald hemmend in den Weg; wir stießen in noch nicht zwei Stunden westlich auf schweres, mehrere Winter altes Packeis. Anfangs drangen wir nur durch loses Treibeis vor; doch bald wurde, einige vierzig engl. Meilen von unserm heutigen Ausgangspunkte, das Weiterkommen unmöglich; ein dichter Nebel lagerte sich um uns, und hilflos wurden wir gen Osten getrieben. Es schien sicher, daß wir an die grönländische Küste geworfen werden würden; doch eine zurückschlagende Brandung erlöste uns für den Augenblick von einem unmittelbaren Zusammenstoß mit derselben; es gelang, ein Tau nach den Felsen zu bringen und uns in eine schützende Nische zu bugsieren. Am Abend wagte ich mich bei veränderter Strömung wieder hinaus, und wir bestanden einen erneuerten, jedoch nutzlosen Kampf. Die Flut war jetzt den südwärts treibenden Eisflarden entgegen und warf dieselben mit solcher Heftigkeit an die Küste, daß selbst kleine Eisberge mitgerissen wurden. Wir waren froh, nach mehrstündigem Kampfe ein

Eskimohütte.

neues Asyl zu finden: eine schöne Bucht mit dem Eingang von Norden, wo wir unser Schiff an den Felsen festankerten und ein Tau nach dem schmalen Ausgang hinzogen. Wir nannten diesen Ort anfangs Nebelinsel, später in dankbarer Rückerinnerung Zufluchtshafen.

Zu unsern kleinen Leiden gehörte, daß wir mehr als 50 Hunde an Bord hatten, von denen die Mehrzahl reißende Wölfe genannt werden konnte. Es war keine leichte Sache, diese Gesellschaft, von deren Ausdauer unsre Erfolge abhingen, mit Futter zu versorgen. Der Mangel an Küsteneis in der Baffinsbai war Ursache, daß wir mit unsern Flinten nichts schaffen konnten; zwei Bären, die wir früher geschossen hatten, vermochten die Vielfraße nur 8 Tage lang zu sättigen. Ich mußte sie auf die äußerste Ration setzen, 1 kg rohes Fleisch einen Tag um den andern, Salzfleisch würde sie umbringen. Wir zogen daher an jenem Morgen aus, um Walrosse zu jagen, von denen die Bucht wimmelte. Wirklich trafen wir auch auf nicht weniger als fünfzig von ihnen und kamen manchen Gruppen bis auf 20 Schritt nahe. Aber unsre Kugeln prallten von ihrer dicken Haut ab, als wären es Kinderbälle, und auf Harpunenweite konnten wir keinem einzigen nahe kommen. Im Laufe des Tages entdeckte jedoch einer der Unsern, als er auf einen Hügel stieg, um nach der See auszuschauen, einen toten Narwal, und dieser Fund verschaffte uns wenigstens 300 kg gutes Fleisch für die Hunde. Das Tier war $4^{1}/_{2}$ m lang und sein Horn $1^{1}/_{4}$ m. Wir machten ein Feuer und brieten den Speck aus, der reichlich zwei Fässer Tran gab. Während wir unsern Narwal an Bord hißten, ging der Wind nach Südwest herum, und das Eis begann rasch wieder dem Norden zuzutreiben; dies deutete wenigstens darauf, daß nördlich kein großes Hindernis, sondern eher große Flächen offenes Wasser oder loses Eis zu erwarten sein dürften. Doch die Stellungen der Eisfelder an unsrer Ostseite waren derart, daß an kein Herausgehen zu denken war. Es schoben sich Barrikaden an der Küste zusammen, deren eine mehr als 20 m emporstieg. Dabei war der ganze Sund, soweit das Auge reichte, in wilder Aufregung.

Am folgenden Morgen kam wieder ein frischer Wind aus Südwest und brachte eine so deutliche Ruhe in dem Kampfe zwischen Eis und Wasser zuwege, daß ich einen Fluchtversuch aus unsrer Bucht zu wagen beschloß. Wir schleppten das Schiff heraus, bedeckten es mit Segeln und bohrten uns in das Treibeis ein. Ich beschreibe nicht im einzelnen unsre Anstrengungen, durch die Eisfelder hindurch die See zu gewinnen. Jedes Manöver hatte seine besondern Zufälle, aber alle waren gleich erfolglos. Am Abend dieses Tages voll Kampf und Gefahren befanden wir uns dicht an der Landspitze, welcher ich den Namen Cornelius Grinnells Kap gegeben habe, aber getrennt vom Lande durch eine Eisbarriere, unser Schiff an einen Eisberg geankert.

Auf einem meiner Bootausflüge, zur Entdeckung eines Ausweges für unser Schiff, kam ich an eine lange Reihe Klippen mit einer Abdachung gegen Süden, welche mit Moos und Binsen schön grün überkleidet war. Ich hatte bereits gelernt, solche Vegetationserscheinungen auf die düngende Wirkung der Abgänge zu beziehen, welche sich um menschliche Wohnungen aufhäufen. Gleichwohl war ich erstaunt, eine Eskimohütte zu finden, die so gut erhalten war, daß sie in ein paar Stunden wieder bewohnbar gemacht werden konnte. Knochen vom Walroß, Fuchs und Seehund lagen umher; ein toter Hund fand sich, noch mit dem Fleische auf den Knochen, und weiterhin ein Bärenfellanzug. Als verlassene Wohnung hatte die Szene in der Tat so wenig Trauriges, daß sie meinen Gefährten sichtlich gefiel.

Das Landschaftliche war hier nicht ohne Interesse: eine Lücke in den Trappfelsenwänden öffnete den Einblick auf eine Talschlucht und auf entfernte Hügelkuppen, auffallend kontrastierend mit den schwarzen Abstürzen des Vordergrundes; ein Fluß strömte die Schlucht herab, und sein idyllisches Rauschen vernahmen wir selbst an Bord, wenn der Eislärm eine Pause machte.

Das Wasser um uns war so flach, daß wir bei Ebbe nur 4 m Tiefe hatten. Große, vom Eis gerundete Felsmassen ragten überall heraus, und das innere Treibeis hatte sich in phantastischen Formen um sie her gruppiert. Auch die Eisberge saßen weit nach der See hinaus sämtlich auf dem Grunde. Angeklammert an unsern Eisberg, waren wir zwar zur Zeit in Sicherheit, aber es ging nicht vorwärts, und uns jetzt los zu machen und in das Eis hinein zu wagen, wollte ebensowenig gehen.

Nach reiflicher Überlegung entschlossen wir uns indes doch zu dem Versuche, der Küste folgend weiter nordwärts zu bringen. Zu gewissen Flutperioden, von Dreiviertelflut bis zum Beginn der Ebbe, klaffte das Eis doch so weit auseinander, daß ein Durchkommen am Lande hin noch möglich schien. Die Stärke unseres Schiffes hatte sich bereits gründlich bewährt; wenn es das voraussichtlich häufige Aufrennen auf den Grund aushalten würde, so hofften wir irgendwo durchschlüpfen zu können, sollten wir auch das Schiff von einem festsitzenden Eisklumpen zum andern weiter bugsieren müssen. Wir bereiteten unsere Brigg zu diesem Feldzuge vor, indem wir das Deck völlig freimachten, unten alles noch extra festbanden und Strebebalken auslegten, um uns auf Kiel zu halten. Viel Zeit hatten wir nicht mehr zu verlieren; das junge Eis bildete sich an ruhigen Stellen bereits rasch und zu allen Tageszeiten.

Wir verließen unseren Eisberg am 14. August und kamen durch hartes Bugsieren etwa dreiviertel Meilen vorwärts.

Es war unmöglich, an der Küstenseite dieser unseligen flachen Bucht weiter zu kommen; mächtige Haufen von Felstrümmern zogen sich bis dicht an die Küste, und draußen tobte das Chaos des treibenden Eises. Unser nächster Wunsch war, ein vor uns liegendes Felseninselchen zu erreichen und hinter seinem Kamme auf bessern Wind zu warten. — Wir erreichten es um Mitternacht, gerade noch zur rechten Zeit, denn wenige Minuten, nachdem wir unser erstes Tau am Felsen befestigt, blies uns eine frische Brise so direkt in die Zähne, daß wir jetzt unsern Ankerplatz keinesfalls

erreicht hätten. Alles hinter uns war bereits vollständig fest ge=
worden.

Hier lagen wir nun zwei Tage fest. Der Wind legte sich; das Eis
draußen schloß sich mehr und mehr, und wie es schien, sollten wir den
ganzen Winter an diesem Felsen hängen bleiben, wenn nicht der Himmel
noch einigen günstigen Wind schickte, der das Eis fortblies und uns
einen Weg nach Norden öffnete. Am 15. kam ein plötzlicher Windstoß
und warf unsere Brigg auf die Felsbank. Sie stampfte schwer auf, hatte
aber nirgends Schaden genommen. Wir legten ein Tau vom Hinterteil
nach einem festsitzenden Eisberge.

Ein verwünschter Hundekrawall, schlimmer als hätte eine ganze
Straße von Konstantinopel sich auf unser Deck ausgeleert, zeigte sich aber
auf dem Schiffe. Die Hunde waren unbändige, wilde, diebische Bestien;
keine Bärenpfote, keinen Eskimoschädel, keinen Korb mit Moos, nichts
konnte man eine Minute lang in ihrem Bereich lassen, ohne daß sie darauf
losstürzten und es mit einem kämpfenden Geheul verschlangen. Ich habe
gesehen, wie sie sich an ein ganzes Federbett machten, und erst diesen
Morgen verschlang eine dieser Bestien zwei ganze Vogelnester, die ich
eben vom Felsen geholt — Federn, Schmutz, Steine, Moos — zusammen
wenigstens ein Viertelscheffel. Wenn wir eine Eisflarde, einen Eisberg
oder Land erreichten, so sprang die ganze Meute fort und ließ sich weder
durch Worte noch durch Schläge zurückhalten. Zwei unserer größten
Hunde waren bei der Nebelinsel zurückgeblieben, und ich mußte zu ihrer
Einfangung ein Boot mit Leuten abschicken, die sich acht Meilen weit
durch Wasser und Eis arbeiten mußten, ehe sie die Flüchtlinge trafen.
Man fand sie fett und frech bei den Resten eines toten Narwals. Nach
einer stundenlangen Jagd wurde der eine gefangen und gebunden zurück=
gebracht; der andere mußte seinem Schicksal überlassen werden.

Die Bildung des Jungeises schien durch den bedeckten Himmel ver=
zögert zu werden; es hatte in der Nacht vom 16. August nur zwei Zenti=
meter stark gefroren. Am 17. morgens gelang es uns, mit unserm „roten
Boot" bis zu dem mächtigsten der Eisberge vorzudringen, die auf der
Seeseite in einer langen Reihe auf dem Grunde festsitzen. Ich erklomm
ihn in der Hoffnung, irgend eine Schlippe zu erspähen, doch soweit das
Auge reichte, war nichts als Eis zu entdecken, einige Wasserlöcher aus=
genommen, die sich wie Tintenflecke auf einem Tischtuch ausnahmen. Im
Osten dehnte sich die grönländische Küste hin und ließ fünf Landvorsprünge
zählen, bis sie im Norden verschwamm.

Brigg „Advance" in Gefahr zerschellt zu werden.

Am Nachmittag kam ein straffer Wind aus Süden; die Eisfларden scheuerten unbarmherzig an den drei schweren Tauen, mit denen wir uns an die Felsen geklammert; sie hielten tapfer aus, aber um Mitternacht sprang das schwächste von sieben Zentimeter Stärke. Im Dankgefühl dafür, daß diese kleine Felseninsel uns so tapfer gegen die vorbeidrängenden Eismassen beschützt, haben wir sie Gottesgabe (Godsend ledge) genannt.

Der Himmel sah am 19. August drohend aus; die Vögel schienen dem Wetter nicht zu trauen, denn sie hatten den Kanal verlassen; aber die Walrosse umkreisten uns in Scharen; sie kamen uns bis auf zwanzig Schritte nahe, schüttelten ihre finstern Häupter und wirbelten mit ihren Hauzähnen das Wasser auf. Ich habe immer gehört, daß die Annäherung dieser sphinxköpfigen Ungetüme an das Land Sturm bedeute. Wir wünschten einen geschützten Zufluchtsort zu finden und zogen die Brigg nach dem Südende der Klippe.

Am nächsten Tage früh blies ein völliger Orkan; wir hatten ihn kommen sehen, drei tüchtige Halttaue ausgelegt und alles an Bord wohl verwahrt. Der Sturm aus Norden kam stärker und stärker und brüllte wie ein Löwe; das Eistreiben wurde so wild, wie ich es kaum je gesehen. Ein lauter, gellender Knall sagte mir, daß unser 12 Zentimeter starkes Halttau gesprungen sei; das Schiff schwankte an den beiden übrigen hin und her. Eine halbe Minute später kam ein zweiter Knall — es war wieder ein Tau zerborsten — aber unser schönes 24 Zentimeter starkes Manilahanftau hielt noch. Wir hörten seine tiefen Äolstöne durch alles Gerassel und Wehklagen des Takelwerks hindurch — aber es war sein Sterbegesang; es zersprang mit einem Knall wie ein Kanonenschuß, und wir wurden hingerissen in die wilde Jagd des sturmgepeischten Eises.

Stunden vergingen unter harter Arbeit, ohne daß wir vermochten, unsere Lage irgendwie zu verbessern. Es blieb uns nur eins übrig, nämlich das Steuer dadurch einigermaßen in der Gewalt zu behalten, daß wir freiwillig dahin gingen, wohin wir sonst doch gerissen worden wären. Um 7 Uhr morgens befanden wir uns dicht bei aufgetürmten Eismassen; wir warfen unseren schwersten Anker aus, in der verzweifelten Hoffnung, das Schiff wenden zu können — aber für den Eisstrom, der uns folgte, gab es keinen Widerstand. Wir hatten gerade noch Zeit, einen Balken als Boje an die Ankerkette zu binden, worauf wir sie schießen ließen. Unser Hauptanker war verloren!

Wieder trieben wir vor dem Winde und scheuerten hilflos an den Kanten von 10—15 Metern dicken Eisfeldern hin. Nie hatte ich so dickes Eis und in so heftiger Fortbewegung gesehen. Eine überstürzende Masse

erhob sich höher als unser Schiffskörper, zerquetschte unsere Schanz=
bekleidung und warf uns einen 10 Zentner schweren Eisklumpen aufs
Deck. Unsere standhafte kleine Brigg bohrte sich durch all dieses Wirrsal
hindurch, als hätte sie ein gefeites Leben.

Jetzt aber zeigte sich ein neuer Feind vor uns; gerade in unserem
Wege, dicht neben der Kante des Eisfeldes, gegen die wir bald anrannten,
bald längs derselben hinschleiften, befand sich eine Gruppe Eisberge. Wir
vermochten nicht, ihnen aus dem Wege zu gehen, und es fragte sich nur,
ob wir an ihnen in Stücke zerschellen sollten, oder ob sie uns einen will=
kommenen Winkel zum Schutz gegen den Sturm bieten würden. Als wir
näher kamen, sahen wir, daß zwischen ihnen und der Eiskante noch etwas
offenes Wasser war, und unsere Hoffnung wuchs, als uns der Wind in
diesen Durchpaß hineintrieb. Schon hatten wir ihn fast hinter uns, als
aus unbekannter Ursache, wahrscheinlich durch den Rückprall des Windes
von den hohen Eiswänden, das Schiff seine Bewegung verlor. In dem=
selben Augenblick bemerkten wir, daß die Eisberge nicht ruhig standen:
sie rückten in selbständiger Bewegung gegen den Rand des Eisfeldes vor,
und so schien es denn bestimmt, daß wir in dieser Begegnung zerquetscht
werden sollten.

Gerade jetzt kam ein breites Eiswallstück oder flacher Berg von
Süden angetrieben; es fiel mir plötzlich ein, wie wir uns einmal in der
Melvillebucht aus einer ähnlichen Lage gerettet hatten, und während das
Eisstück rasch an unserer Langseite hintrieb, gelang es, einen Eisanker
in eine seiner schrägen Flächen einzuschlagen und ein Tau anzulegen. Es
war ein spannender Augenblick; unser edles schneeweißes Schleppferd zog
tüchtig an; Schaum und Wasser spritzte an seiner Windseite empor und
und sein Kopf pflügte wie zum Spaß das niedere Eis auf. Die Berge
rückten währenddes immer näher, und die Passage wurde zuletzt so eng, daß
unser Quarterboot zertrümmert worden wäre, wenn wir es nicht von der
Außenseite hereingenommen hätten. Mit genauer Not kamen wir durch
und befanden uns auf der Unterwindseite eines Eisberges in verhältnis=
mäßig freiem Wasser. Wohl niemals haben hart geprüfte Menschen
so inbrünstig wie wir für ihre Rettung von einem elenden Tode ge=
dankt!

Der Tag hatte schon sein gutes Teil Plage gehabt, aber es sollte noch
mehr kommen. Ein Windstoß jagte uns aus unserem Versteck auf und trieb
uns bald wieder zwischen das Eis hinein, wo wir je nach Umständen den
feindlichen Begegnungen teils durch Bugsieren auszuweichen suchten,
teils uns auf die Widerstandsfähigkeit des Schiffes gegen den Eisdruck

verlaſſen mußten, während wir ein andermal wieder mit tollem Anlauf eine halboffene Spalte durchbrachen. Wir verloren unſeren Klüverbaum ſowie die Stützen unſerer Schanzverkleidung und mußten das rote Boot mit drei braven Genoſſen und ihrem Bugſierzeug einſtweilen hinter uns auf den treibenden Eisfeldern laſſen. Ein kleiner Keſſel offenen Waſſers nahm uns endlich auf; wir lagen hart an einem hochragenden, mauer= gleich ſich erhebenden Vorgebirge; ein feſtgefahrener Eisberg deckte uns gegen den Wind. Hier unter der düſtern Grönlandsküſte, zehn engliſche Meilen nördlicher, als der am Morgen verlaſſene Ankerplatz, gingen die Mannſchaften zur Ruhe. Ich wagte nicht ihnen zu folgen, denn der Wind blies ungeſchwächt und das Eis drückte ſo hart auf unſeren Eisberg, daß er ins Wanken kam und ſein Gipfel einmal gerade über dem Schiffe ſchwebte. Meine armen Leute hatten nur einen kurzen Schlaf; kaum waren ſie wieder auf Deck, ſo brach das Eis unſeren kleinen Hafen auf; wir wurden rückwärts geworfen, unſer Steuerruder zerſplittert und die Ruderhaken abgedreht. Nunmehr begannen die Quetſchungen, das Nippen. Den erſten Rippenſtoß hielt die Brigg tapfer aus und richtete ſich graziös wieder auf; jetzt aber kam ein wahrer Eisveteran, eine gegen zehn Meter dicke alte Flarde, mit Zungen und Zellen beſetzt; hiergegen vermochten Holz und Eiſen nichts! Glücklicherweiſe hatte die nach der Küſte zugekehrte Seite unſeres Eisberges eine ſchiefe Ebene, die tief ins Waſſer hinab= ſtieg, und da hinan wurde die Brigg getrieben, als würde ſie mit einer großen Dampfſchraube in ein Trockendock gehißt. Einen Augenblick fürchtete ich, daß ſie ſich auf die Seite legen würde; aber einer jener merkwürdigen Momente des plötzlichen Nachlaſſens, die ich anderswo Pulſierungen des Eiſes genannt habe, brachte uns allmählich wieder herunter, und wir wurden nun aus der Linie des Druckes hinweg an die Küſte gedrängt. Hier gelang es, ein Tau auszulegen und uns feſt zu machen. Als die Flut ſich verlaufen, ſaß das Schiff auf Grund und würde ſich ſeewärts umgelegt haben, hätte nicht eine neben uns gelagerte Eismaſſe ihm einen Widerhalt gegeben.

Endlich hatten wir einmal Ruhe nach 36ſtündigen ſchweren Kämpfen. Die tapfere und ruhige Haltung meiner Gefährten war bewundernswert. Der Tumult des Eiſes bei heftiger See gibt oft den Eindruck von Gefahr, wo keine vorhanden iſt. Aber dieſe fürchterliche Fahrt mit all ihren Schreckensſzenen würde ſelbſt die Nerven des geſtählteſten Eisfahrers er= ſchüttert haben. Bei jedem Zuſammentreffen mit dem Rande des Eisfelds, das wir auf unſerer Treibfahrt unter dem Winde hatten, waren Leute bereit, Taue hinüber zu ſchaffen, und mehrmals hätten einzelne im Pflicht=

eifer faſt das Leben eingebüßt. Herr Bonſall entging der Zerquetſchung
nur durch einen kühnen Sprung auf eine vorübertreibende Eisſcholle,
und nicht weniger als vier Leute wurden auf einmal vom Treibeis fort=
getragen und konnten erſt nach dem Aufhören des Sturms wieder herein=
geholt werden. Als die Brigg ihre gefährliche Bergfahrt antrat, war
natürlich die Spannung überwältigend. Immer neue ungeheure Blöcke
rannten heran, faßten ſie unter dem Kiel und warfen ſie auf die Seite,
bis ſie, dem wachſenden Andrange weichend, langſam anfing, ihre ab=
ſchüſſige Bahn hinanzugehen. Höher und höher ging es — alle ihre
Fugen krachten und ſtöhnten — wir alle ſtanden lautlos und unbeweglich,
und als ſie endlich ſo glücklich wieder hinabging und ſich ruhig zwiſchen
die Eistrümmer einbettete, atmeten wir tief auf; aber erſt allmählich
machten ſich die gegenſeitigen Beglückwünſchungen Luft.

Die „Verlorene Hoffnung".

Viertes Kapitel.

Schleppfahrt. Beratschlagung. Entschluß. Weiteres Schleppen und Warpen. Die Bootexpedition und ihre Erlebnisse. Der Eisgürtel. Mary Minturnfluß. Weite Umschau. Rückkehr. Winterhafen.

Der Sturm legte sich am 22. August, worauf wir unsre auf dem Eise zurückgebliebenen Gefährten mittels einer Bootexpedition glücklich hereinbrachten. Während der gezwungenen Ruhezeit war das Schiff an den die Küste einsäumenden Eisgürtel festgelegt gewesen. Jetzt nahmen wir die Flutzeit wahr, legten ein Tau an den Eisstrand, spannten uns vor, wie Pferde vor ein Kanalboot, und zogen das Schiff etwa drei englische Meilen die Küste entlang. Am Fuße einer düstern jähen Felswand hin schleppten wir uns gegen eine große, tiefeingeschnittene, nach Nordost offene Bucht. Hätte man von Landspitze zu Landspitze vordringen können, so würde viel Zeit gewonnen worden sein; so aber mußten wir allen Windungen des Landeisgürtels folgen, da wir ohne diese Hilfe bald wieder ins Treibeis geraten sein würden. Am folgenden Tage zogen wir unser Schlepptau weiter, ohne daß wir wesentlich nach Norden vorrückten, denn die Küste läuft hier entschieden östlich. Doch fanden wir die Breite von 78° 41', und so waren wir bereits weiter nördlich als irgend jemand vor uns, ausgenommen Parry auf seiner Schlittenpartie von Spitzbergen aus. Eine kleine Streifpartie, die ich absandte, fand frische Spuren von Wild und brachte einen Moschusochsenschädel mit. Es muß also, damit diese Tiere hierherkommen können, doch irgendwo eine Landverbindung oder bedeutende Annäherung zwischen Amerika und Grönland geben. Wir sammelten in dieser Bucht nicht weniger als 22 Arten blühender Pflänzchen.

Die nächsten Tage setzten wir unsere anstrengende Arbeit fort, indem wir die Flutzeit benutzten, das Schiff weiter zu ziehen, da es während der Ebbe jedesmal aufsaß. Wir kamen so ziemlich bis in den hintersten Teil der Bucht. Aber das Thermometer stand nun auf dem Gefrierpunkte; das junge Eis um das Schiff häufte sich in bedenklicher Weise; ein langer, schwerer Schneefall kam hinzu und füllte die Zwischenräume der Eisschollen mit einem steifen Schlamm aus; das Weiterkommen schien unmöglich, nur ein tüchtiger Südwind hätte uns noch vorwärts bringen können.

Der Mangel an Ruhe, das rasche Eintreten des Winters und unsere geringen Fortschritte verfehlten nicht, einen niederdrückenden Einfluß auf die Offiziere und die Mannschaft geltend zu machen. Der Gedanke des weitern Vordringens in dieser Weise hatte offenbar ihren Beifall nicht. Ich berief die Offiziere zu einer förmlichen Beratung zusammen, und alle, mit nur einer Ausnahme, hielten ein weiteres Fortkommen für unmöglich und stimmten für die Umkehr, um mehr südlich einen Überwinterungsplatz zu suchen. Ich konnte mit dem besten Willen diese Ansicht nicht teilen; ich setzte ihnen auseinander, wie wichtig es sei, einen Ausgangspunkt für unsere künftigen Schlittenausflüge zu gewinnen, und wie ein solcher Punkt nur vor uns im Norden zu suchen sei. Ich erklärte ihnen meine Absicht, das Schiff nach der nördlichen Landspitze der Bucht hinwarpen*) zu lassen; dort werde der Augenschein lehren, welche Maßregeln für das Frühjahr zu nehmen wären, und an dem nächstmöglichen geeigneten Platze solle Winterquartier gemacht werden. Die Aufnahme, welche dieser Entscheid bei meinen Gefährten fand, war eine höchst erfreuliche; mit allem Eifer gingen sie wieder an ihr hartes und freudenloses Werk. Das Warpen begann von neuem; alle, ich selbst nicht ausgenommen, nahmen ihre Stelle am Kabestan. In der Tiefe der Bucht zeigte sich das Eis weniger widerständig, und wir griffen wieder zum Bugsiertau und zu den Schulterbändern. Unser Erfolg war jedoch nicht vollständig; das Schiff kam jetzt

---

*) Das Warpen besteht darin, daß ein Tau auf den Kabestan (Schiffsgöpel) aufgewunden wird, dessen anderes Ende an einem Punkte außerhalb des Schiffes festgelegt ist. Das Schiff muß sich infolge der Einkürzung des Taues nach diesem Punkte hinbewegen.

selbst beim Hochwasser zum Aufsitzen. Wir erleichterten es soviel als möglich, indem wir eine Menge schwerer Gegenstände an die Küste und in die ausgesetzten Boote schafften. Wir legten schwere Taue aus an einen sitzenden Eisberg und hielten alles bereit, um uns bei eintretender Gelegenheit sofort loswinden zu können.

In der Nacht kippte das Schiff wieder, und zwar so plötzlich, daß wir alle aus den Kojen kollerten. Zugleich wurde der Kajütenofen umgeworfen und schüttete eine volle Ladung glühender Kohlen aus. Das Deck brannte lichterloh und ich mußte dem Gemeinwohl einen Tuchrock opfern, mit dem ich den Brand so lange dämpfte, bis Wasser heraufkam.

Am 27. gegen Abend war die Brigg wieder flott, und die Mannschaften am Bugsiertau zogen wacker an; nachts 10 Uhr saßen wir aufs neue fest, seit drei Tagen das fünfte Mal. Trotz aller dieser Zwischenfälle war das Schiff nur wenig beschädigt und noch völlig wasserdicht. Früh am Morgen des 28. wanden wir uns wieder los, und ich faßte nun den Entschluß, unter Benutzung des ruhigen Morgens in das lose Eis einzudringen und geradeaus auf das nördliche Landeis vorzugehen. Dieses Eis war sehr alt und wahrscheinlich fest genug, um das Schiff an seiner Kante entlang fortbugsieren zu können.

Wir hatten das stehende Eis erreicht und so befunden, wie wir hofften. Wir konnten jetzt ein wenig verschnaufen und uns die Dinge ansehen. Der rauhe und trümmerhafte Anblick der Fläche vor uns versprach nicht viel Erfolg für eine Schlittenpartie; aber ein einziger günstiger Wind konnte das alles ändern, und dann stand es auch noch nicht fest, daß das Eis weiter nördlich dieselbe ungünstige Beschaffenheit hatte. Übrigens war auch noch der Eisgürtel vor uns, zwar hier und da heruntergebrochen und schwer zu passieren, aber doch für Fußgänger anscheinend auf viele Meilen hin gangbar. Ich war sicher, daß eine entschlossene Bootexpedition sich einen Weg dahin bahnen könne, und entschloß mich zu dem Versuche und zu einer persönlichen Besichtigung der Küste, um zu sehen, wo wir zu überwintern haben würden. Eine solche Expedition hatte ich schon seit einiger Zeit vorbereitet. Unser bestes und leichtestes Boot, die „Verlorene Hoffnung", war mit einem Dach von Segeltuch versehen worden und bot so alle Bequemlichkeiten eines Zeltes. Wir nahmen einige Fässer Pemmikan ein, und ein Schlitten wurde auseinander genommen und unter die Ruderbänke gesteckt.

Mein Bootsvolk bestand aus sieben Mann, lauter freiwilligen und verlässigen Leuten. Wir hatten Büffelpelze zum Wachen und Schlafen, jeder trug den Gürtel voll wollener Socken, so daß die nassen durch die

Körperwärme wieder trocknen konnten, einen zinnernen Becher und ein Messer mit Scheide am Gürtel; ein Suppentopf und eine Lampe vervollständigten das Schiffsgeräte. In wenigen Stunden war das Boot reisefertig. Ich trug meinem Stellvertreter auf dem Schiffe auf, dasselbe an einem sichern Orte zu bergen und dort unsere Zurückkunft zu erwarten. Von den herzlichsten Glückwünschen begleitet schieden wir.

Zu Anfang unserer Reise fanden wir eine enge, verstopfte Passage zwischen dem Eisgürtel und dem Packeis. Sie war nur wenige Meter breit und das Jungeis auf ihr so dick, daß es uns beinahe hätte tragen können. Durch Zerschlagen dieses Eises arbeiteten wir uns langsam vorwärts. Durchnäßt, durchfroren und hungrig hielten wir das erste Nachtquartier. Ein Segel wurde noch über die Zeltdecke des Bootes gebreitet, die Kochlampe angezündet, die Büffelpelze ausgebreitet, feuchte Socken und dergleichen mit trockenen vertauscht; nun kam heißer Tee und Pemmikan, und bald vergaßen wir die Last des Tages.

Nachdem wir diese Bootfahrt etwa 24 Stunden lang fortgesetzt, waren wir am Ende derselben; vor- und seitwärts war Packeis und auf der andern Seite etwa 3 Meter über unsern Köpfen der Eisgürtel. Indem wir das Hochwasser abwarteten und eine von einem Rieselbach gewaschene Schlucht im Eise benutzten, konnten wir das Boot auf den Gürtel hinaufziehen; hier aber mußten wir es zurücklassen. Wir brachten es unter einem Abhange in Sicherheit, beluden den Schlitten mit dem Allernötigsten und setzten unsern Stab weiter. Hier fiel uns zum erstenmal das Eigentümliche unserer Pilgerfahrt auf. Wir befanden uns auf einer fortlaufenden Eiskante, welche, an dem Fuße der Felsen festsitzend, die See überragte, und selbst wieder von hohen, steilen Klippen, oft über 300 Meter hoch, überragt wurde. Sauber und schön war diese aus Eis gebaute Hochstraße gewiß, wenn auch mächtige Eiswürfel auf derselben umherlagen, und lange, scharfe Felszungen aus der Klippenwand in unsern Weg hineinragten. Wir rückten auf unserer Galerie so rasch vor, als es die Hindernisse erlauben wollten. Besonders machten die zahlreichen Wasserbäche viel Aufenthalt, die sich meist steile und tiefe Betten ins Eis gewaschen hatten, welche zu durchwaten waren. Unsere Nachtquartiere nahmen wir unter überhängenden Felsen. Bei einer solchen Gelegenheit erreichte einmal die Flut unser Zelt, und wir mußten, um unsere Schlafpelze vor dem Naßwerden zu schützen, dieselben in die Höhe halten, bis das Wasser sich verlaufen hatte. Diese Geduldprobe hatte wenigstens auch ihre spaßhafte Seite. Acht Amerikaner in tragende Bildsäulen verwandelt, leider bis an die Kniee im Wasser!

Am 1. September gelangten wir, immer dem Eisgürtel folgend, in eine andere Bucht, nicht kleiner als die, in welcher wir das Schiff gelassen. Hier hörten die Kalkfelsen auf, und ein Gletscher versperrte uns den Weg, dessen Überschreitung uns viel Mühe machte. Er war sehr abschüssig und unser Schuhwerk sehr glatt; eine unfreiwillige Reise in das Wasser unter uns lag zuweilen nahe genug; doch kamen wir mit Hilfe von Stricken, und indem wir uns platt auf das Eis legten, ohne Unfall hinüber. Jenseits hatten wir eine Tragstelle über Land von etwa 3 englischen Meilen. Die Schlitten wurden abgeladen und das Gepäck auf die Schultern genommen. Dem Stärksten wurde der Theodolit anvertraut, ein etwa 30 Kilogramm schwerer metallener Mechanismus in einem Mahagonikasten. Als wir die Küste wieder erreichten, empfingen uns dieselben wilden Klippen und der felsüberhangende Eisgürtel, wie wir sie hinter uns gelassen.

Nach einer Abwesenheit von drei Tagen fanden wir durch Beobachtung, daß wir nur 40 englische Meilen von der Brigg entfernt waren. Wir hatten nächstdem, daß wir jeden Tag nur wenig fortschritten, auch durch die Windungen der Küste viel Zeit verloren. Ich beschloß, den Schlitten zurückzulassen und zu Fuße weiter vorzudringen. Wir nahmen außer unseren Instrumenten nur Pemmikan und einen Büffelpelz mit. Die Temperatur war nicht viel unter dem Gefrierpunkt; wir fanden daher ein Zelt entbehrlich, und bei dieser leichten Ausrüstung konnten wir fast doppelt so schnell als bisher vorwärts kommen. Auch legten wir am 4. September 25 Meilen in ziemlicher Bequemlichkeit zurück. Der einzige Übelstand hierbei war, daß wir nur so wenig Lebensmittel mitnehmen konnten. Jeder erhielt beim Ausmarsch eine Quantität Pemmikan, die mit seiner übrigen Belastung zusammen 18 Kilogramm wog. Wir fanden indes diese Last schon sehr groß. Am 5. hielt uns eine neue Bucht auf, größer als alle bisher im Smithssund gesehenen. Es war eine schöne, vollkommen offene Wasserfläche, seltsam kontrastierend mit der Eiswüste außerhalb. Die Ursache dieser anfangs unerklärlichen Erscheinung fand sich in einem brausenden Flusse, der aus einer Schlucht im Hintergrunde der Bai hervorbrach und mit der Heftigkeit eines Schneesturmes über Felsblöcke dahinschoß.

Dieser Fluß, vielleicht der größte in Nordgrönland, ist an seiner Mündung etwa dreiviertel englische Meile breit; ich nannte ihn Mary Minturnsfluß. Sein Lauf wurde später bis zu einem innern Gletscher verfolgt, aus welchem er in zahlreichen Bächen hervorbricht. Am Ufer machten wir Halt, eingelullt von der ungewohnten Musik fließenden

Mitternacht im September.

Wassers. Hier fanden wir, genährt vom Schneewasser und geschützt von Felsen, ein Blumenstück, das bei aller Zwerghaftigkeit einen reichen Wechsel an Formen und Farben bot.

Am nächsten Morgen passierten wir den Fluß, wobei wir unseren Pemmikan so gut als möglich über Wasser zu halten suchten. Unfreiwillige Tauchbäder gab es unfehlbar, so oft wir versuchten, die herausstehenden eisbelegten Steine zum Übergange zu benutzen, und obwohl uns das Wasser nicht bis über die Hüften ging, so kostete uns der Übergang doch so viel Mühe, daß wir einen halben Tag zu rasten beschlossen.

Einige Meilen weiterhin sprang eine große Landzunge vor, welche die Bucht in zwei Hälften schied. Hier ließ ich vier meiner Leute zurück, um sich zu erholen und machte mich am anderen Morgen mit drei Freiwilligen auf, um unter Vermeidung der fast ungangbaren Küste gerade über das Eis weg nach dem nordöstlichen Vorgebirge zu gehen. Dieses Eis war neu und nichts weniger als sicher, die Passage auf seinem Rande am offenen Wasser entlang erforderte viel Umsicht. Wir ließen den schweren Theodolit zurück und führten nichts mit uns als einen Taschensextanten, einen Fraunhofer, einen Gehstock und für drei Tage Pemmikan.

Wir erreichten die Landspitze nach einem Marsche von 16 englischen Meilen; etwa 8 Meilen davon lag ein großes Vorgebirge, das alles weiter nördlich Befindliche verdeckte. Ich beschloß, jenseit desselben irgend einen hohen Aussichtspunkt aufzusuchen und hiermit meine Rekognoszierung zu beenden. Nach einem schweren Tagemarsch hatte ich von einer Höhe von 350 Metern herab einen Anblick, den ich nimmer vergessen werde. Die Aussicht reichte bis über den 80. Polarkreis hinaus. Weit nach links hinüber lag die westliche Küste des Sundes, in nördlicher Richtung laufend und verschwimmend; rechts schweifte der Blick über Hügelkuppen bis zu einer düstern Mauer, die ich später als den großen Humboldtsgletscher erkannte; noch weiterhin lag das Land, das jetzt Washingtons Namen trägt. Der ganze weite Raum zwischen der Ost= und Westküste war ein solides Eismeer. Langsam und mit einem Seufzer senkte ich das Fernrohr und dachte nun ernstlich an das Winterquartier.

Ich hatte keinen Ort gefunden, der so viele Eigenschaften eines guten Winterhafens vereinigt hätte, als die Bucht, wo das Schiff dermalen lag. Wir kehrten zurück und bekamen es bald zu Gesicht, wie es sich mit seinen Masten scharf von der hinterliegenden Gletscherwand abhob.

Wir gelangten ohne Unfall an Bord; ich teilte unseren Kameraden in wenigen Worten das Resultat unserer Reise und meinen Entschluß hier zu bleiben mit und ließ sogleich das Schiff zwischen die kleinen, in der Bucht liegenden Felseninseln schaffen. Hier fanden wir bei fünf Faden Tiefe vollkommen Schutz gegen das äußere Eis. Aber die Ruhe, die wir unserer kleinen Brigg gönnten, sollte eine gar lange werden; sie hat ihren Hafen nicht wieder verlassen und liegt noch heute dort in den Banden des Eises.

Das Nordwasser.

Renffelaerhafen.

Fünftes Kapitel.

Nahen des Winters. Einrichtungen zum Überwintern. Hundedressieren. Schlittenfahrt. Eine
Schlittenexpedition. Die Sternwarte. Feuer im Schiffe. Wasserscheu. Rückkehr der Schlitten=
partie. Herannahende Winternacht. Winterzeitvertreib. Der alte Grimm.

Der Winter kam nun rasch heran. Das Jungeis kittete alle Schollen
in eine einzige Masse zusammen, so daß wir um das Schiff herum
Schlitten fahren konnten. Etwa 60 m nördlich von uns war ein Eis=
berg festgefroren, unser Nachbar während unseres Aufenthaltes in dieser
Bucht, die wir Renffelaerhafen nannten. Die Felseninselchen um uns
waren mit Hummocks eingesäumt. Die Vögel hatten Abschied genommen;
sowohl die Scharen von Seeschwalben wie die ihnen nachstellenden grau=
rückigen Möwen, die spätesten Wanderer außer der Schneeammer, waren
nach dem Süden abgereist.

Wir hatten nun alle Hände voll wichtiger Dinge zu tun; die lange
Nacht, in welcher niemand wirken kann, war vor der Tür, im nächsten

Monat verloren wir die Sonne. Astronomisch genommen, sollte sie am 24. Oktober verschwinden; aber unser Horizont war durch eine Bergkette verdeckt, und so konnten wir, die Lichtbrechung so stark als möglich angenommen, nicht darauf rechnen, sie nach dem 10. Oktober noch zu sehen.

Vor allen Dingen hatten wir den Schiffsraum zu leeren und für die Vorräte eine Niederlage auf einer der kleinen Inseln anzulegen; eine Abteilung war tüchtig bei der Arbeit; der Kanal, in welchem die Landungsboote gehen, mußte jeden Morgen neu durchs Eis gehauen werden. Der Winterproviant war ein anderes wichtiges Kapitel. Auf Wild war im Smithsund, wie es schien, wenig oder gar nicht zu rechnen, und Salzfleisch war in Lagen wie die unsere stets ungesund. Glücklicherweise bot ein offener Süßwasserteich in unserer Nähe die Möglichkeit, unsere gesalzenen Vorräte einigermaßen auszusüßen. Schnitte von Salzfleisch wurden an Schnüre gereiht, gleich den Äpfelschnitten, und diese Girlanden hingen wir unter dem Eise ins Wasser; die zu Fiskernaesset gekauften Salzfische taten wir in durchlöcherte Fässer und hingen sie so unter Wasser. Unser Pökelkraut erfuhr eine ähnliche Behandlung. Alle diese Artikel wurden zwölf Stunden lang abwechselnd eingeweicht und dem Froste ausgesetzt, indem vor jedem neuen Eintauchen die entstandene Eiskruste abgenommen wurde.

Alle Hände waren voll beschäftigt. Die einen nahmen die Vorräte auf, andere bauten das Bretterdach über das Schiff, während ich selbst mit dem Entwurf der inneren Struktur beschäftigt war, welche natürlich so räumlich, luftig, trocken, warm und bequem wie nur möglich werden sollte. Wir hatten einen Platz für unser Observatorium etwa 100 m vom Schiff entfernt gewählt, und die Leute führten bereits die Steine dazu auf Schlitten herbei.

Neben der Einrichtung unserer Winterquartiere beschäftigten mich die Vorbereitungen für Lebensmitteldepots längs der grönländischen Küste. Kennedy war meines Wissens der einzige, der im Oktober und Novmbeer in arktischen Breiten Unternehmungen im Freien ausführte: aber ich hielt es für unsere künftigen Vornahmen für wichtig, daß die Depots vor Eintritt der Dunkelheit fertig seien. Es sollten mit Zwischenräumen ihrer drei werden, so weit als möglich vorgeschoben, und sie sollten im ganzen etwa 600 kg Proviant erhalten, wobei 400 kg Pemmikan. Mein Forschungsplan für die Zukunft war direkt auf das Gelingen dieser Anlagen gebaut. Mit einer Kette von Depots längs der Küste konnte ich meine Reise mittels der Hunde leicht weiter ausdehnen. Diese edlen Tiere sollten die Basis unserer künftigen Operationen bilden. Der einzige

Übelstand bei ihrer Benutzung als Zugtiere war der, daß sie auf Reisen nicht die Menge Futter schleppen können, welche sie bedurften. Ein schlecht gefütterter und ein schwer beladener Hund aber sind für eine längere Reise gleich nutzlos. Mit Proviantrelais zur Seite konnten wir dagegen ohne Ladung ausfahren und uns erst später versorgen.

Meine Hunde waren teils Eskimohunde, teils Neufundländer. Von letzteren hatte ich zehn. Sie waren sorgfältig auf bloße Stimme dressiert, so daß sie ohne Peitsche vor dem Schlitten gingen und sich durch ihre Lenksamkeit im schweren Lastzuge nützlich zu machen versprachen. Ich übte sie bereits öfter vor einem leichten Schlitten ein, und zwar zwei nebeneinander, während die Eskimohunde einzeln hintereinander gehen. Sechs Neufundländer bildeten einen tüchtigen Reisezug; ihrer vier zogen mich und meine Instrumente mit Bequemlichkeit auf kleineren Ausflügen in die Nachbarschaft. Der dazu gebrauchte Schlitten war mit der Sorg= falt des Kunsttischlers aus völlig trockenem amerikanischen Hickoryholze gebaut; die beste Krümmung der Kufen war durch Versuche ermittelt worden; sie waren mit Schienen von weichem Stahl belegt, die mit leicht auszuwechselnden kupfernen Bolzen befestigt waren. Alle Teile des Schlittens waren mit Riemen von Seehundsfell zusammengebunden, so daß er sich allen Gestaltungen des Bodens fügte und plötzlichen Stößen durch Nachgeben widerstand. Er vereinigte sehr gut die drei Haupttugen= den, Leichtigkeit, Dauerhaftigkeit und möglichst geringe Reibung in sich. Dieser schöne, praktische und dauerhafte Schlitten hieß „Little Willie."

Die Eskimohunde blieben für die eigentlichen großen Aufsuchungs= expeditionen vorbehalten. Sie waren damals noch in ihrem halbwilden Zustande, in welchem sie dem Wolfe so nahe stehen, und, nach Petersens, ihres Wärters, Versicherung, für Reisen auf solchem Eise, wie wir vor uns hatten, ganz unbrauchbar. Eine harte Erfahrung hatte damals meine Augen über den unschätzbaren Wert dieser Tiere noch nicht ge= öffnet; erst in der Folge sollte ich ihre Kraft und Schnelligkeit kennen lernen, ihre geduldige, ausdauernde Tapferkeit, den Scharfsinn, womit sie sich in den Eiswüsten und Morästen zurecht fanden, in denen sie ge= boren und aufgewachsen waren.

Auf unserem früheren Ausfluge hatte ich gesehen, daß der Gürtel mit seinen vielen Hindernissen zur Zeit für Schlitten nicht gangbar war; das äußere Eis war es noch weniger, da ihm noch der Zusammenhang fehlte. Zwar hatte infolge der eingetretenen Kälte das Treiben nach Süden aufgehört, aber die einzelnen Felder waren noch so wenig ver= wachsen, daß jeder Wind, und selbst die Flut sie übereinander geschoben hätte. Das Eis wurde noch unwegsamer durch die zahlreichen Eisberge, welche, ohne Zweifel infolge von Strömungen in der Meerestiefe, ihren Weg unbeirrt fortsetzten und mit unwiderstehlichem Anlauf das stehende Eis zu Barrikaden aufpflügten. Es war deshalb das Geratenste, mit den Schlittenpartien zu warten, bis das Jungeis tragbar geworden. Dieses zog sich jetzt in einem ein paar hundert Meter breiten Gürtel dicht an der Küste hin und würde zu passieren gewesen sein, wenn nicht Ebbe und Flut störend eingewirkt hätten. Für die erste Expedition ward ein tüch=tiger, $4^1/_2$ m langer und $1^1/_2$ m breiter Schlitten ausgerüstet, der leicht

Vorratshaus auf Butlers Insel.

700 kg Lebensmittel aufnehmen konnte. Den Vorspann bildete sieben Mann mit Zugseilen und Schulterbändern. Die Ladung bestand fast nur aus Pemmikan, teils in verzinnten Eisenzylindern mit konischen Enden, teils in starken, eisenbeschlagenen Fässern von etwa 35 kg Inhalt. Auf die Ladung wurde ein leichtes Gummiboot gestaut, für den Fall, daß offenes Wasser angetroffen würde. Die persönliche Ausrüstung bestand in einem Büffelpelz als gemeinschaftlichem Lager und für die einzelnen in einem Flanellsack zum Hineinkriechen. Gummituch schützte die unteren Extremitäten gegen Nässe. Hierzu kam noch ein Zelt von Segeltuch. Wir lernten später unseren Reisebedarf immer mehr verringern und fan=den, daß unsere wirkliche Bequemlichkeit und Reisetüchtigkeit gerade um so viel zunahm, als wir die Ausrüstung vereinfachten und vermeintlich

notwendige Dinge wegließen. Schritt für Schritt verkleinerten wir, so= lange unser Dienst im Norden dauerte, unseren Bedarf für Schlittenreisen, bis wir zuletzt bei dem von den Eskimos angenommenen Ultimatum der Einfachheit, bei rohem Fleisch und einem Pelzsack anlangten. Während unserer Vorbereitungen für den Winter hatte ich zwei der Unseren nebst dem Eskimo Hans ausgesandt, um sich das innere Land anzusehen und um zu erforschen, welche Hilfsmittel an Wild es bieten möchte. Sie kehrten am 16. September nach einer harten, mit Mut und Umsicht aus= geführten Reise zurück, nachdem sie 90 engl. Meilen weit ins Innere vorgedrungen. Hier waren sie durch einen 100 m hohen, prächtigen Eisgletscher aufgehalten worden, der nach beiden Seiten kein Ende ab= sehen ließ. Sie fanden keine großen Seen, sahen von fern einige Renn= tiere, zahlreiche Hasen und Kaninchen, aber keine Schneehühner.

Ich wollte unsere Schlittenpartie nun nicht länger zurückhalten, und so verließ sie am 20. September das Schiff unter dreimaligem Hurra! Unsere eigentliche Schiffsmannschaft bestand jetzt nur noch aus drei Mann, denn alle Offiziere nebst dem Doktor waren emsig mit Bau und Einrichtung der Sternwarte beschäftigt.

Die Insel, auf welcher wir die Sternwarte errichteten, war etwa 16 m lang und 15 breit und erhob sich ungefähr 10 m über den Wasser= spiegel. Hier erbauten wir uns aus Granitblöcken ein Mauerviereck, wobei Moos und Wasser unter Beistand des nie versagenden Frostes den Mörtel gaben. Hierauf legten wir ein derbes Holzdach, mit einem Loch gegen den Meridian und Zenit. Als Ständer hatten wir ein Konglo= merat von Sand und Eis, indem wir nassen Sand in eisenbeschlagene Pemmikanfässer fest einstampften. Sie waren so frei von Erschütterung, wie der Fels, auf dem sie standen. Hier stellten wir unseren Theodolit und das Passage=Instrument auf. Die magnetische Warte wurde nebenan in ähnlicher Weise, nur etwas wohnlicher, eingerichtet, denn sie hatte außer dem Holzdach auch Dielen und einen kupfernen Feuerrost. Hier befanden sich Magnetometer und Inklinatorium. Das Häuschen für Wetterbeobachtungen wurde ein Stück vom Schiff auf dem freien Eise errichtet und mit Wasser fest an seine Unterlage gekittet. Durch offen gelassene Spalten und überall angebrachte Bohrlöcher war der Luft ein völlig freier Zugang gestattet; zur Abhaltung des überall eindringenden, fast unfühlbar feinen Schneegestöbers wurden im Innern mehrere Schirme zusammengestellt und in der dadurch gebildeten Kammer die Thermometer aufgehängt. Durch eine Glastafel konnte das Licht einer Laterne die Instrumente erleuchten und mittels eines Perspektives konnten die Grade von weitem abgelesen werden, so daß die sehr empfindlichen Instrumente durch die Nähe des Beobachters nicht gestört wurden.

Am 30. September. Wir haben fürchterlich von Ratten zu leiden. Vor einigen Tagen versuchten wir sie aus= zuräuchern nach einem Re= zept so widerwärtig, als wir es ersinnen konnten: Schwe= fel, verbranntes Leder und Arsenik; wir brachten eine kalte Nacht auf dem Deck zu, um der Sache ihren Lauf zu lassen, aber sie überlebten das Experiment. Jetzt be= schlossen wir sie durch Kohlen= säure zu ersticken. Wir zün= deten eine Quantität Holz= kohlen an, schlossen die Luken und verstopften alle Ritzen. Das Gas entwickelte sich in dem abgeschlossenen Raume unten außerordentlich rasch, und es war alle Veranlassung gegeben zu großer Vorsicht. Unser französischer Koch aber, der gute, tollkühne und ge= schäftseifrige Pierre Schu= bert, stahl sich ohne mein Wissen und Willen hinab, um eine Suppe zu würzen. Zum Glück sah ihn Morton im Finstern taumeln und fallen und eilte ihm nach. Beide

Die Brigg im Hafen.

mußten heraufgezogen werden, Morton fast ganz entkräftet, der Koch völlig besinnungslos.

Diesem Unglück folgte ein größeres; wir waren nahe daran, voll= ständig abzubrennen. Während des ersten Unfalles war die angeordnete Überwachung der Feuer und das zeitweilige Öffnen der Luken versäumt worden. Als ich eine Laterne hinabließ, welche augenblicklich verlöschte, kam mir ein verdächtiger Geruch wie von brennendem Holze entgegen. Ich begab mich sofort hinab und sah vom Verdeck des Vorderkastels aus, daß bei den Öfen alles in Ordnung war; als ich mich jedoch zurückwandte, sah ich an einer anderen Seite des Decks eine Kohlenglut von etwa 1 m Durchmesser. Das Gas hatte mich bereits affiziert, meine Laterne verlöschte, als würde sie mit Wasser übergossen, und ich wäre am Fuße der Leiter hingestürzt, hätte nicht einer von oben meinen Zustand bemerkt und mich heraufgeholt. Nachdem ich mich erholt, entdeckte ich den vier um mich versammelten mein furchtbares Geheimnis. Vor allen Dingen war Verwirrung zu vermeiden. Wir warfen die Türen der Mittelwand zu, um die übrige Mannschaft im Hinterteil zurückzuhalten, und holten aus dem Löschloche neben dem Schiffe Wasser herauf. In weniger als zehn Minuten war die Gefahr beseitigt. Interessant war die Wirkung des Dampfes auf das giftige Gas. Die Löschenden litten sehr, bis der erste Eimer Wasser aufgegossen war; sowie aber die Dampfwolken sich verbreiteten, fühlten sie auf der Stelle Erleichterung. Die feinen Wasserteilchen schienen die Kohlensäure augenblicklich zu verschlucken. Wir fanden als Ursache des Brandes, daß sich ein Rest Holzkohlen in einem Fasse in der Zimmermannskajüte entzündet hatte — auf welche Weise, war nicht zu ergründen. Das Löschloch hatte sich glänzend bewährt, und ich war erfreut, daß dieses im hohen Norden so wichtige Erfordernis inmitten unserer schweren Pflichten nicht vernachlässigt worden war. Das Eis um die Brigg war bereits 42 cm stark. Als wir des folgenden Tages nach dem Erfolge unserer Maßregel sahen, fanden wir im unteren Schiffsraume 28 wohlgenährte tote Ratten von allen Lebensaltern.

Wir stießen in diesen Tagen an der Küste nach Südost auf alte, aber deutliche Spuren von Eskimoschlitten; dies ließ hoffen, daß die Leute diesen Winter wieder hierherkommen würden. Auch besuchte ich eine Gruppe verlassener Eskimohütten etwa drei Meilen vom Schiffe entfernt. Es waren ihrer vier, und obwohl seit lange verlassen, doch noch recht wohl erhalten. Zu meinem Erstaunen fand ich bei ihnen einige Nebenhütten, die ich anfangs für Hundeställe hielt. Sie waren etwas über einen Meter lang, einen Meter breit und ebenso hoch aus großen Steinen gewölbartig zusammengesetzt und mit Moos verstopft, eine Tafel Tonschiefer diente als Tür. Ohne Zweifel waren es menschliche Wohnungen, Schmollkämmerchen, in denen ein und selbst zwei Eskimos, von dem Gewühl der großen Hütte entfernt, der Ruhe pflegen konnten.

Unser Hundevolk hat sich vermehrt. Wir haben von dem Nachwuchs vier vielversprechende Junge aufgespart, sechs wurden schmählich ertränkt; zwei mußten für Dr. Kane ein Paar Handschuhe hergeben und sieben wurden von den zärtlichen Müttern aufgefressen. Gestern zeigte eine der Hündinnen auffallende Symptome. Wir erinnerten uns, daß sie schon seit einigen Tagen das Wasser gemieden oder nur widerwillig und unter Krämpfen gesoffen hatte; aber an Wasserscheu dachten wir bei 70° nördlicher Breite nicht. Das Tier war am Morgen mit wankenden Schritten auf dem Deck hin und hergelaufen, den Kopf niederhängend und die Schnauze schaumig. Schließlich schnappte es nach Petersen und fiel

Gefährliche Schlittenfahrt.

schäumend und um sich beißend zu seinen Füßen nieder. Widerstrebend sprach er das Wort „Wasserscheu“ aus und bedeutete mich, das Tier zu erschießen. Es war hohe Zeit, denn dasselbe war bereits wieder aufgesprungen, schnappte nach Hans und begann seinen wankenden Trott von neuem. Natürlich wurde es erschossen.

Die Hasen fingen an sich seltener zu zeigen; sie ziehen sich nach der Küste, wenn der Schnee im Inneren sich häuft. Petersen war sehr glücklich im Schießen dieser Tiere; wir hatten ihrer bald 14 zur Disposition. Wir fanden auch häufige Spuren von Füchsen und bauten für sie steinerne Fallen.

Ich übte jetzt meine Eskimohunde auf den Schlitten ein, bis mir der Arm weh tat. Um ein solches Fuhrwerk mit Erfolg zu führen, ist die Peitsche unerläßlich, und dieses Instrument verlangt wieder eine

4*

ganz besondere Einübung, so gut wie ein Fechtrappier. Die Peitsche ist 6 m lang, der Stock nur 40 cm, und vermittelst dieses kurzen Hebels muß ein so langer Seehundsriemen hinausgeschnellt werden. Wer dies nicht meisterlich kann, muß auf das Schlittenfahren verzichten, denn die Hunde gehen bloß auf Peitsche, und man muß nicht allein jeden der zwölf, die den Zug bilden, besonders zu treffen wissen, sondern der Schlag muß auch von einem tüchtigen Knall begleitet sein. Das Zurücknehmen der Peitsche hat ebenfalls seine Schwierigkeiten, denn sie verwickelt sich leicht in den Hunden und Leinen oder schlingt sich um Steine und Eisklumpen und reißt euch kopfüber in den Schnee. Die Regel bei Vollführung dieser verschiedenen Bewegungen ist, daß man mit steifem Ellbogen einen Kreis um die Schulter beschreibt und den Schlag selbst nur aus dem Handgelenk führt. Solch einem Schlag an das Ohr eines armen Hundes folgt ein Geheul, dessen Bedeutung ganz unzweifelhaft ist.

Die Schlittenexpedition war am 10. Oktober zwanzig Tage fort und konnte zurück sein. Ich ging mit Lebensmitteln aus, um nach ihr zu sehen, da ich fürchtete, daß ihre Lebensmittel sehr geschwunden seien, weil ich ihnen eingeschärft hatte, jedes nur irgend abzusparende Pfund in die Depots zu legen. Ich nahm vier unserer besten, völlig dressierten Neufundländer und den leichtesten Schlitten; Blake begleitete mich auf Schlittschuhen. Das Eis war zu unsicher, und wir hatten zu wenig Hunde, um einen schweren Zug auszurüsten. Das Thermometer stand noch immer 4° über Null (12½° Kälte nach R.).

Das Eis zeigte keine Schwierigkeit, bis wir aus der Bucht herauskamen und uns rechts wendeten. Hier fanden wir, daß die große Eisfläche vor uns durch Springfluten zerbrochen war und sich in jeder Richtung Spalten öffneten. Natürlich suchte ich alsbald das Land zu gewinnen; aber es war leider gerade Ebbe, und der Eisgürtel ragte mauerhoch über uns. Es lag mir sehr viel daran, ein Asyl am Lande zu finden, denn wenn auch die mehr nach außen das junge Eis umgebenden alten Eisfelder eine zeitweilige Zuflucht boten, so liefen wir Gefahr, mit dem Treibeis fortgeführt zu werden.

Die Hunde wurden matt, aber sie mußten vorwärts; wir waren nur unser zwei, und wenn den Hunden einmal der Sprung über eine der so rasch sich mehrenden Eisspalten mißlingen sollte, so war kaum zu hoffen, daß wir unsern beladenen Schlitten retteten. Dreimal in zwei Stunden waren die beiden Hinterhunde bereits eingesunken: John und ich waren nun schon an vierzehn Meilen neben dem Schlitten hergetrabt und selbst so müde wie unsere Tiere. Dieser Stand der Dinge durfte nicht länger dauern: ich beschloß, seewärts auf das alte Eis zu gehen. Wir näherten uns demselben rasch; da kam eine breite Spalte, die Hunde machten einen Fehlsprung, und alles lag im Wasser; wir zerschnitten rasch die Leinen und halfen den armen Tieren heraus. Der zinnerne Koch= apparat und die Luft in den Kautschukdecken hielten den Schlitten schwimmend, so daß wir ihn nach vieler Mühe unter Beihilfe der Hunde wieder aufs Eis brachten. Obgleich wir bei etwa 15° Kälte völlig durch= näßt waren, so hatten wir doch nicht Zeit, darüber viel nachzudenken, sondern rannten mit den Hunden um die Wette und in der kalten Luft wie ein paar Lokomotiven dampfend unserem Ziele zu. Das alte Eis war so fest gefroren, daß wir unser Zelt nicht aufschlagen konnten; wir krochen in unsere Büffelsäcke und genossen sogar ein wenig Schlaf, bis es heller wurde und wir unsere Reise in derselben Weise fortsetzten. Sehr lieb war es uns, zu finden, daß die Eisspalten sich beim Eintritt der Flut mehr schlossen, und so erreichten wir bei Hochwasser glücklich den Eisgürtel unter den Klippen. Dieser hatte sich seit unserer September= reise sehr verändert; Flut und Frost hatten ihn spiegelglatt gemacht, und ich sah aus diesem Umstande, daß wir an ihm eine sehr gute Straße für künftige Expeditionen haben würden.

Die folgenden Nächte vergingen besser als nach unserem durchweichten Zustande zu erwarten war. Wir hingen das Zelt und die Pelze in die Luft und klopften das Eis heraus, wodurch sie allmählich trocken genug wurden, um darin schlafen zu können. Die Hunde schliefen mit uns im Zelte und teilten uns ihre Wärme und ihren Duft mit.

Als ich am 15. Oktober, etwa zwei Stunden vor dem späten Sonnen= aufgange, um eine Umschau zu halten, einen Eisberg erkletterte, bemerkte ich in der Ferne auf dem weißen Schnee einen dunkeln Gegenstand, der sich nicht allein bewegte, sondern auch seine Formen sonderbar wechselte und bald eine lange, schwarze, wogende Linie bildete, bald sich in einen Knäuel zusammenzog. Es war unsere zurückkehrende Reisegesellschaft. Wir konnten uns im Zwielicht noch nicht deutlich erkennen, und das erste gute Zeichen war, daß ich sie singen hörte. Ich zählte ihre Stimmen — Gott sei Dank, es waren noch sieben. In wenigen Minuten waren wir beisammen. Sie waren im ganzen wohlauf, obwohl keiner war, der nicht vom Frost irgend einen Denkzettel erhalten hätte. Wir kehrten zusammen nach dem Schiffe zurück, nachdem ich meine eigenen Schlittenvorräte in ein Versteck hatte legen lassen.

Sie hatten eine tüchtige Reise gemacht, ihren Auftrag wacker aus= geführt und mancherlei Abenteuer bestanden. Am 25. Tage ihrer Reise entlang der grönländischen Küste wurden sie plötzlich durch einen mächtigen Gletscher am weiteren Vordringen verhindert. Vergebens suchten sie, um noch weiter nördlich zu kommen, am Fuße dieser Eiswand, die fort und fort mächtige Eisberge ins Meer absetzte, sich einen Weg zu bahnen. Man wählte endlich eine kleine, unweit der Eisküste gelegene Insel (nach dem Anführer der Expedition Mac Garys Insel genannt), um hier das dritte und wichtigste Lebensmitteldepot anzulegen. Die Vorräte wurden in eine natürliche Austiefung zwischen den Klippen niedergelegt und mit mühsam herbeigeschleppten Felsstücken verbarrikadiert. In die Zwischen= räume kamen kleinere Steine, und den Schluß machte eine Mischung von Sand und Wasser. Die Kraft des Bären, solche Verstecke zu erbrechen, ist ungeheuer: aber die Eskimos im Süden hatten uns versichert, daß der Verschluß mit gefrorenem Sand und Wasser besser sei als die schwersten Steine, weil sich der Bär daran die Klauen abnutze. Es wurden hier etwa 400 Kilogramm Pemmikan und andere Eßwaren niedergelegt und der Ort mit einem großen Steinkegel bezeichnet.

Die Öfen und Züge des Schiffes bewährten sich so vortrefflich, daß wir unten eine mittlere Temperatur von 65° (15° R.) erhalten konnten und noch oben unter dem Bretterdach das Thermometer über dem Gefrier= punkt stand, während draußen die Kälte 25° unter Null war und ein ganz hübscher Wind dazu wehte.

Der November war da, und die Winternacht schlich heimtückisch heran; ihre Fortschritte ließen sich nur durch Vergleichung eines Tages mit einem einige Zeit früher vergangenen erkennen. Noch lasen wir das Thermometer zu Mittag ohne Licht, und die schwarzen Hügelmassen mit ihren grellen Schneeflecken waren etwa fünf Stunden lang sichtbar; alles übrige ist Finsternis. Laternen standen beständig auf dem Oberlauf, und unten wurden die Specklampen nicht mehr ausgelöscht.

Unter solchen Umständen war es schwer, die Mannschaft bei guter Stimmung zu erhalten. Wir hatten hunderterlei Mittel gegen die Lange= weile des Winters; wir veranstalteten einen Maskenball, und am 21. No= vember erschien die erste Nummer unserer arktischen Zeitung: „Der Eis= blink". Die Artikel waren von Verfassern jedes nautischen Grades, einige der besten stammten vom Vorderkastell. Ein andermal arrangierte ich ein Fuchs= und Jägerspiel auf dem Verdeck und setzte einen Preis aus für den, der im Laufen am längsten aushalten würde.

Ein Ereignis trat ein für unsere kleine Gesellschaft: der „alte Grimm", der Altmeister der Neufundländer Hunde, verließ uns. Dieser Hund war ein „Charakter", wie man ihn auch wohl unter höher stehenden

Wesen antrifft. Er war ein so vollkommener Heuchler und Achselträger und wußte so einschmeichelnd mit dem Schwanze zu wedeln, daß er jedermanns Zuneigung und niemands Achtung gewann. Alle abgesparten Bissen und Abfälle passierten durch Grimms Kaumühle: sein Geschmack war universell; nie verschmähte er etwas, das man ihm gab oder das er sich nehmen konnte, und niemals sah man ihn zufriedengestellt. Grimm war ein alter Hund; seine Zähne zeigten von manchem zurückgelegten Winter, und seine Glieder, die ehedem kräftig den Schlitten zogen, waren jetzt mit Warzen und Überbeinen bedeckt. Wurden die Hunde zu einer Reise angeschirrt, so konnte man sicher sein, den alten „Grimm" nirgends zu finden, und als man ihn bei einer solchen Gelegenheit hinter einem Fasse versteckt fand, war er sofort lahm geworden. Merkwürdigerweise blieb er seitdem immer lahm, außer wenn der Schlittenzug ohne ihn fortging. Kälte behagte dem Grimm nicht; durch geduldiges Wachestehen an der Tür des Deckhauses und unermüdliches Schweifwedeln erlangte er endlich das Alleinrecht des Eintritts. Mein Rock von Seehundsfellen war wochenlang sein Lieblingsbett. Welche Anhänglichkeit Grimm auch mit seinem Schwanze für jemand ausdrücken mochte, so war er doch nie zu bewegen, demselben aufs Eis zu folgen, nachdem die kalte Nacht angebrochen war; bis zur Schwelle wedelte euch der alte Sünder nach und nahm dann Abschied mit einer entschuldigenden Schwanzbewegung, welche keinen Zorn aufkommen ließ.

Als gestern, am 21. Dezember, eine Partie ausrückte, um Sondierungen vorzunehmen, glaubte ich, etwas Bewegung würde Grimm gut tun, denn er war vom Faulenzen in der warmen Kajüte überkorpulent geworden. Es wurde eine Leine um ihn geschlungen, denn bei solchen kritischen Gelegenheiten war er widerspenstig und selbst wild. So wurde er an den Schlitten gebunden und trat widerwillig seine Reise an. An einem Halteplatze angekommen, sprengte er mit einem plötzlichen Ruck die Leine kurz am Schlitten ab und verschwand, dieselbe nach sich ziehend, in der Finsternis in der Richtung nach dem Schiffe zu. Seitdem ist er nicht wieder gesehen worden. Leute mit Laternen gingen aus, ihn zu suchen, denn es war zu fürchten, daß sich seine lange Leine zwischen den vielen aus dem Eise hervorstehenden rauhen Spitzen verwickeln und er so ein hilfloser Gefangener werden würde, denn zum Durchbeißen der Leine genügten seine Zähne nicht mehr. Wir fanden später seine Spur im Schnee innerhalb 600 Schritte vom Schiffe; aber sie wandte sich nach der Küste zu. Warum er nicht wieder aufs Schiff gekommen, bleibt ein Rätsel.

Dr. Kane im Observatorium.

Sechstes Kapitel.

Das Observatorium. Ungeheure Kälte. Hundesterben. Rückkehr des Lichtes. Verwandlung der
Umgebung während der Winterzeit. Winterleben an Bord. Not und Krankheit.

Die beiden ersten Monate des Jahres 1854 hatten sehr wenig Inter=
essantes, in der Finsternis und gezwungenen Untätigkeit war es fast
unmöglich, etwas zu finden, das den Geist beschäftigen und ihm Spann=
kraft geben konnte, um drohenden Krankheiten zu widerstehen. Das
Observatorium und die Hunde boten die einzigen regelmäßigen Be=
schäftigungen. Wir hatten im Januar und Februar drei Planeten=
bedeckungen, die wir unter ziemlich günstigen Umständen beobachten
konnten. Die magnetischen Beobachtungen gingen ihren Gang, aber die
Kälte machte es fast unmöglich, sie regelmäßig zu führen. Unser Observa=
torium war in der Tat ein Eishaus, so kalt man es sich nur denken
konnte. Wegen Schneemangels war es untunlich gewesen, die Wände
mit diesem wichtigen Nichtleiter zu verstärken. Feuer, Büffelröcke und

Umkleidung von Segeltuch genügten sämtlich nicht, die mittlere Temperatur in der Ebene des Magnetometers bis zum Gefrierpunkt zu erhöhen, und etwas ganz Gewöhnliches war es, daß man an dem Fußboden, worauf der Beobachter stand, die Temperatur um 50 Grad niedriger fand. Die astronomischen Beobachtungen erforderten keine lange Zeit, aber der Raum, in dem sie angestellt wurden, hatte gleiche Temperatur mit der äußeren Luft. Die Kälte war enorm, und einige unserer Instrumente, besonders das Inklinatorium, wurde infolge der ungleichen Zusammen= ziehung von Stahl und Messing fast unbrauchbar.

Am 17. Januar standen die Thermometer 49° F. unter Null (also ungefähr — 36° R.); am 20. zeigten die Instrumente des Observatoriums zwischen 64 und 67°. Auf dem Eise war die Temperatur stets etwas höher als auf der Insel, wahrscheinlich infolge der von dem Seewasser ausgestrahlten Wärme, denn dieses zeigte eine Temperatur von $+29$ (circa 2° R. Kälte).

Am 5. Februar hatten wir die ganz ungewöhnliche Temperatur von 60 bis 73° unter Null (— 48° R.). Bei diesen Temperaturen wurde Salzäther zu einer festen Masse und sorgfältig bereitetes Chloroform bekam ein körniges Häutchen an seiner Oberfläche.

Die Ausdünstungen des Körpers umgaben die bloßliegenden oder dünner bekleideten Stellen mit einem sichtbaren Dunstkreise. Die Luft erregte beim Atemholen ein stechendes Gefühl, aber von den peinlichen Empfindungen, von denen einige sibirische Reisende sprechen, konnte ich nichts bemerken. Länger eingeatmet, brachte die kalte Luft ein Gefühl von Trockenheit in den Luftwegen hervor. Gleichsam unwillkürlich atmeten wir alle vorsichtig nur durch die Nase und mit festgeschlossenen Lippen.

Die ersten Zeichen des wiederkehrenden Lichtes bemerkten wir am 21. Januar, wo der südliche Horizont um Mittag für kurze Zeit einen deutlich rötlichgelben Ton annahm. Wenn die Sonne vielleicht schon früher zur Erleuchtung beigetragen hatte, so war dies von dem kalten Licht der Planeten nicht zu unterscheiden gewesen. Wir hatten uns nun dem Sonnenschein bis auf 33 Tage wieder genähert; aber selbst am 31. Jan. zeigten zwei um Mittag ausgesetzte, sehr empfindliche Daguer= reotypplatten noch keine Spur einer Lichtwirkung.

Der Einfluß dieser langen, dichten Finsternis war ein höchst nieder= drückender. Selbst unsere Hunde, obwohl der Mehrzahl nach Eingeborne des Polarkreises, vermochten ihm nicht zu widerstehen. Die meisten von ihnen starben an einer regellosen Krankheit, an welcher der Mangel des Lichtes wohl ebenso seinen Teil haben mochte wie die außerordentliche

Kälte. Die mäusefarbenen Hunde, die Leithunde des Neufundländerzuges, wurden seit den letzten 14 Tagen wie kleine Kinder gepflegt. Ich wachte über diese wertvollen Tiere mit der ängstlichsten Sorgfalt. Sie wurden im Innenraum gehalten und daselbst zu jedermanns Belästigung gefüttert, gereinigt, gehätschelt und medizinisch behandelt. Bereits hatte ich die Hoffnung aufgegeben, sie zu retten. Ihr Leiden spricht sich so deutlich wie bei einem menschlichen Wesen als eine Gemütskrankheit aus. Die körperlichen Funktionen der armen Tiere gingen ohne Unterbrechung fort; sie fraßen begierig, schliefen gut und blieben bei Kräften. Aber alle andern Zeichen deuteten an, daß auf das erste Symptom von Gehirn= krankheit die Epilepsie, von der sie ursprünglich befallen wurden, jetzt wirklicher Wahnsinn gefolgt war. Sie schmeichelten sich an den Menschen, schienen es aber gar nicht zu merken, wenn man ihre Liebkosungen er= widerte. Sie stießen uns mit den Köpfen oder wankten mit einem selt= samen Ausdruck von Furcht hin und her. Ihre vernünftigsten Bewegungen schienen rein maschinenmäßig zu sein; oft kratzten sie jemand mit der Pfote an, als wollten sie sich in die Seehundsfelle einwühlen; zuweilen verharrten sie stundenlang in finsterm Schweigen, sprangen dann wie Verfolgte plötzlich heulend auf und rannten wieder stundenlang hin und her. In der Regel starben sie unter Symptomen, die der Maulsperre ähnelten, und zwar in weniger als 36 Stunden nach dem ersten Anfall.

Am 22. Januar machte ich meinen ersten Ausgang auf das große Eisfeld, das solange ein wildes, schwarzes Labyrinth gewesen war. Der Anblick hatte sich merkwürdig verändert. Vor 64 Tagen, als wir dasselbe Zwielicht wie jetzt hatten, war es eine teilweise mit Schnee bedeckte Ebene, durchzogen mit Reihen scharfkantiger Hummocks, oder eine Folgereihe von eisigen Ebenen, über die ich mit meinen Neufundländern galoppierte. Alles dies war verschwunden. Eine bleifarbige Fläche dehnte sich in ihrem verwaschenen Grau nach allen Richtungen aus, und die alten, eckigen Hummocks hatten sich so abgerundet, daß sie in der fernen Dämmerung wie wellenförmige Dünen verschwammen. Der Schnee auf den Eisebenen trug dieselben Anzeichen der merkwürdigen zehrenden Verdunstung. Er lag in gekräuselten Schichten, kaum 15 cm dick, ganz unberührt von Schneewehen. Ich konnte kaum eine der alten Örtlichkeiten wieder er= kennen.

Die Umrisse des Küstenlaufes ließen sich wieder wahrnehmen, selbst einige seiner langen horizontalen Schichtungsstreifen. Am meisten aber hatte sich der Eisgürtel verändert. Als ich ihn zuletzt sah, war es ein einfacher, den Rand des Flardeneises überragender Saum; durch das

beständige Anwachsen infolge der Flutüberspülungen war er zu einem
6 m hohen glitzernden Walle geworden. Keine Sprache vermöchte das
Durcheinander an seinem Fuße zu beschreiben. Den ganzen langen Winter
hindurch war es durch eine senkrechte Fluthöhe von 5 m fortwährend gestiegen und gesunken; die Trümmer waren in unsäglicher Verwirrung übereinander geworfen, ragten hier schwebend in phantastischen Stellungen empor, neigten sich dort in langen, schrägen Flächen, bildeten hier schwarze Täler
und bauten dort verworrene Hügel auf, oft höher als der Eisfuß selbst.

Das gefrorene Geschiebe hatte selbst die Flardeneisdecke auf einer
Länge von 50 Schritt gehoben und in verschiedentlich geneigte Flächen

Das Observatorium.

zerbrochen. Über diese hinweg auf unsere Felseninsel zum Vorratsspeicher
zu gelangen, erfordert eine umsichtige Wahl des Weges, und ein vor-
sichtiges Klettern war überhaupt nur bei günstigem Stande der Flut ausführbar und oft tagelang unmöglich. Zum Glück für unser Observatorium
hatte sich eine lange Tafel schweren Eises so genau über den Kamm des
Eisfußes weggelegt, daß sie bei Veränderung der Wasserhöhe wie ein
Schaukelbrett schwankte und so eine bewegliche Landungsbrücke auf die
Insel bildete. Nach der Küste zu hatte das flache Wasser die Eisfelder
so aufgetürmt, daß sie fast so ungangbar waren wie das Scholleneis, und
da, wo ich sonst mit dem Schlitten zu fahren pflegte, war eine Art
kristallener Gartenmauer. Es bedurfte weder eiserner Spitzen noch zer-
brochener Glasflaschen, um das Übersteigen derselben zu verhindern.

Der Eisfuß oder Eisgürtel war das Wunderbarste und Hervor=
stechendste in unserer nördlichen Position. Die Springfluten hatten mächtig
auf ihn gewirkt, und der wiederbeginnende Tag gestattete uns, diese
staunenswerten Wirkungen zu beobachten. Der eigentliche Eisgürtel war
jetzt eine solide Masse von 8 m Dicke und 20 m mittlerer Breite. Ihm
setzte sich äußerlich ein zweiter Eiskranz von 12 m und ein dritter von
11 m Breite an, so daß die Felsen jetzt mit einer dreifachen Umwallung
von ungeheuern Eistafeln umgeben waren, so fest geschlossen, wie die
Granitquadern einer Festungsmauer.

Anfänglich war unsere Eisflarde nur durch eine simple Spalte vom
Eisfuß getrennt, und unsere Brigg hatte infolgedessen mit der Ebbe und
Flut eine Hin= und Herbewegung von etwa 2 m; jetzt aber schleifte
zusammengepreßtes Eis hart an den Eisfuß, richtete sich an ihm auf und
fror fest, dergestalt, daß unsere Floe allmählich immer weiter von der
Küste abgedrückt wurde. Das Schiff war dadurch schon um 8 m von
seiner Stelle gerückt, ohne daß seine Lage in dem dasselbe einbettenden
Eise im geringsten eine andere geworden wäre.

Am 21. Februar. Seit einigen Tagen versilberte die Sonne das
Eis draußen am Eingange der Bucht. Ich machte mich gegen Mittag
auf, sie zu bewillkommnen. Es war der längste Marsch und das steilste
Klettern seit unserer Einkerkerung. Skorbut und allgemeine Schwäche
hatten mich kurzatmig gemacht; aber ich kam zum Ziele, ich sah die Sonne
wieder und lagerte mich auf einer vorspringenden Klippe in ihre Strahlen.
Es war, als nähme ich ein Bad in parfümiertem Wasser.

Der Märzmonat brachte den beständigen Tag wieder. Der Sonnen=
schein hatte am letzten Februartage unser Deck erreicht, und wohl be=
durften wir dessen zu unserer Aufheiterung. Wir waren nicht so bleich,
als ich nach meinen Erfahrungen im Lancastersund erwartet hätte, aber
unsere mit Skorbutflecken gesprenkelten Gesichter bezeugten nur zu deutlich,
was wir auszustehen gehabt hatten. Es lag auf der Hand, daß wir alle
bei der heftigen Kälte des sogenannten Frühlings zu anstrengenden
Fußreisen untauglich waren, und die wiederkehrende Sonne drohte,
da sie die Verdunstung auf dem Eise beschleunigte, mit noch größerer
Kälte.

Doch unser Werk war noch nicht getan: der große Zweck unserer
Expedition trieb nach Norden. Meine Hunde, auf die ich so stark ge=
rechnet hatte, die 9 prächtigen Neufundländer und die 35 Eskimos, waren
gestorben, von der ganzen Meute lebten nur noch 6, deren einer nicht
zum Zuge taugte.

Diese Hunde bildeten trotzdem immer noch meine Hauptstütze, und ich war seit Anfang des Monats eifrig bemüht, sie miteinander laufen zu lehren. Der Zimmermann mußte einen kleinen Schlitten bauen, wie er unseren reduzierten Zugkräften angemessen war, und da unser Vorrat an dünnen Schnuren zum Zusammenbinden der einzelnen Teile erschöpft war, so improvisierte Herr Brooks eine kleine Seilerbahn und fertigte das Nötige

Der Eisfuß.

aus Sondierleinen. An Bord ging alles seinen gewöhnlichen Gang. Hans und mitunter auch Petersen gingen auf die Jagd, hatten aber selten Erfolg dabei. Mittlerweile ermutigten wir uns durch Besprechung unserer Frühlings=hoffnungen und Sommerpläne, und zuweilen gelang es sogar den Wider=wärtigkeiten unseres unergiebigen Winterlebens eine scherzhafte Seite ab=zugewinnen.

Ich habe noch sehr wenig über unser tägliches Leben an Bord gesagt; es hat mir eben an Muße gefehlt, Schilderungen zu entwerfen. Das folgende mag für etwas dieser Art gelten.

Begeben wir uns auf unser kaltes Observatorium, denn wir haben heute magnetischen Termintag. Das merkwürdigste Beobachtungsobjekt bildet hier der Beobachter selbst. Er trägt ein Paar Beinkleider von Robbenfell, eine Mütze von Hundsfell, einen kurzen Renntierfellrock und Stiefel von Walroßhaut. Er sitzt auf einer Kiste, in welcher sich vordem ein Passage=Instrument befand. Ein Ofen, in welchem wenigstens ein Eimer voll Kohle glüht, bildet den malerischen Heizapparat und ist bemüht, die Temperatur womöglich auf 10° unter Null zu steigern (gegen 19° Kälte nach R.). Die eine Hand hält ein Chronometer und ist unbedeckt, um dasselbe zu erwärmen, die andere erfreut sich eines Fuchshandschuhs. Rechte und Linke wechseln dabei beständig ab; wenn die eine vor Kälte brennt, so wandert das Chronometer in die andere und der Fausthandschuh tritt an seine Stelle. Auf einem Postament aus gefrorenem Kies ist ein Magnetometer aufgepflanzt, von welchem ein Fern=rohr ausgeht, und auf dieses beugt sich ein müdes Menschenauge. Alle sechs Minuten inspiziert besagtes Auge einen fein geteilten Bogen und trägt den Befund in ein kaltes Notizbuch ein. Das geht so 24 Stunden fort, wobei zwei Paar Augen sich ablösen; dann ist der Termintag vorbei. Diesen Genuß hatten wir allwöchentlich. Hier habe ich es erlebt, daß die Temperatur beim Instrumente 20° über Null (— 6° R.), 75 cm über dem Boden 20° unter Null und dicht am Boden 43° unter Null war, während an der Körperseite, die ich dem kleinen rotglühenden Un=geheuer zukehrte, sich 94° über, auf der abgewendeten 10° unter Null fanden. Doch hierin ist nichts Abenteuerliches; dieses liegt vielmehr auf dem Hin= und Herwege. Wir haben jetzt Tag und Nacht zu gleichen Teilen und können also wenigstens die Hälfte der Gänge mit sehenden Augen machen. Das war vor kurzem noch nicht so; da mußte man jedesmal, mit einem Eisstock in der einen und einer Blendlaterne in der andern Hand durch die schwarze Nacht nach einem noch schwärzern Klumpen, dem Wartefelsen, hin seinen Weg suchen.

Aber wie verbringen wir unseren Tag oder vielmehr unsere 24 Stunden, da wir jetzt lauter Tag haben, wenn kein Beobachtungstag ist? Um 6 Uhr morgens wird Mac Gary mit dem Teil der Mannschaft, welcher geschlafen hat, gerufen. Die Verdecke werden gefegt, das Eisloch aufgehackt, die im Wasser hängenden Netze mit dem zu wässernden Fleisch untersucht, die Eisdicke gemessen und an Bord alles in seine Ordnung gebracht. Um halb 8 Uhr steht alles auf, wäscht sich auf dem Deck, öffnet die Türen, um frische Luft einzulassen, und kommt zum Frühstück herunter. Unser Brennstoff ist knapp, und wir kochen deshalb in der Kajüte. Das Frühstück ist für alle das nämliche und besteht aus Schiffszwieback, Schweinefleisch, eingemachten, so hart wie Kandis gefrorenen Äpfeln, Tee, Kaffee und schönen rohen Kartoffeln. Nach dem Frühstück nehmen die Raucher ihre Pfeifen bis um 9 Uhr, dann gehen alle auseinander zum Nichtstun oder zur Arbeit, wie es jeden trifft. Der eine sucht seine Pritsche auf, andere schneidern, schustern, klempnern. Einer zieht Vögel ab usw. Der Rest geht aufs „Bureau". Werfen wir einen Blick in dasselbe. Da ist ein

Winterleben an Bord.

Tisch, eine Salzspecklampe mit düsterer, gechlorter Flamme, drei Stühle und ebensoviel wachsbleiche Männer mit in die Höhe gezogenen Beinen; denn am Fußboden ist es viel zu kalt für die Füße. Jeder hat seine besondere Aufgabe: Kane schreibt oder zeichnet Skizzen oder Karten; Hayes schreibt Schiffstagebücher oder meteorologische Tabellen ab, Sontag reduziert seine Beobachtungen; ein vierter studiert eine Unterhaltungsschrift.

Um 12 Uhr erfolgt eine Inspektionsrunde und Befehle genug zur Ausfüllung des Tages. Das Einfahren der Eskimohunde bildet Dr. Kanes besondere Erholung und ist sehr gesund für kontrakte Beine und rheumatische Schultergelenke. So rückt die Zeit des Mittagsessens heran, wo sich abermals die ganze Mannschaft versammelt. Der Frühstückstee und =kaffee kommt hierbei in Wegfall; dagegen erfreuen uns Sauerkohl und getrocknete Pfirsiche.

Beim Frühstück und Mittagsmahl erscheint die rohe Kartoffel, unsere Leibarznei. Wie alle Arznei ist sie weniger ein Gaumenkitzel als eine Notwendigkeit. Ich schabe sie fein säuberlich zu Mus, entferne sorgfältig die schadhaften roten Flecken, füge reichlich Öl hinzu, um sie schlüpfrig zu machen, und tue mein Möglichstes, die Leute zu bereden, daß sie die Augen schließen und das Zeug hinunterwürgen. Zwei weigern sich entschieden, es auch nur zu kosten. Ich erzähle ihnen, wie die Schlesier das Kraut als Spinat genießen, wie die Walfischfahrer in der Südsee sich in dem Sirup berauschen, in welchem die großen Kartoffeln von den Azoren eingelegt waren; ich zeige ihnen mein Zahnfleisch, das vor ein paar Tagen noch so schwammig und bös war und jetzt so glatt und hübsch ist, lediglich durch die Heilkraft der rohen Kartoffel — es ist alles in den Wind geredet, sie mögen die köstliche Mixtur nicht.

Unter Schlaf, Bewegung, Unterhaltung und nach Belieben Arbeit geht der Tag hin, bis die sechste Stunde zum Abendessen ruft, das ungefähr dem Frühstück und Mittagsbrot gleich und nur etwas knapper ist. Dann bringen die Offiziere die Tagesberichte — Schiffsjournal, Flutregister, Wetter= und Thermometer=Beobachtungen und Eismessungen; ich trage alles ein und füge meine eigenen Anmerkungen bei — alles mit ermattetem Körper und gedrücktem Geiste. Zuweilen spielen wir Karten oder Schach oder lesen etwas. Für ein Alltagsleben sieht das ganz erträglich aus, aber die damit verbundene Unbequemlichkeit ist dennoch groß. Unser Brennstoff beschränkt sich auf fünf Eimer Kohlen täglich, und die mittlere Temperatur im Freien ist 40° unter Null (— 32° R.), in diesem Augenblick 46°. Londoner Porter und alter Xereswein gefrieren in den Kajütenschränken; an den Deckbalken über uns hängen Fässer mit Eisbrocken, die unser tägliches Trinkwasser hergeben müssen. Unser Öl ist aufgebrannt, und mit Salzspeck wollen die Lampen nicht brennen; wir arbeiten bei trübe brennenden, auf Kork schwimmenden Baumwolldochten. Wir haben heute, am 11. März, nicht ein Pfund frisches Fleisch mehr und nur noch ein einziges Faß Kartoffeln. Mit Ausnahme von zweien sind alle vom Skorbut befallen, und wenn ich die bleichen verstörten Gesichter meiner Kameraden ansehe, so fühle ich, daß wir bei unserem Kampfe ums Leben im Nachteil stehen, und daß ein Tag und eine Nacht im Polarkreis den Menschen rascher alt macht, als ein Jahr auf irgend einem anderen Punkte der Welt.

Besuch von Eskimos.

Siebentes Kapitel.

Vorbereitungen zu den Schlittenfahrten. Vorläufige Proviantexpedition. Mißglücken derselben.
Schwierige Rettung Verunglückter. Strenge Kälte und ihre traurigen Folgen. Bakers Tod.
Besuch von Eskimos.

Seit Januar haben wir uns mit dem Schlitten und andern Vorberei=
tungen zu den Frühjahrsausflügen beschäftigt. Infolge des Hunde=
sterbens, der durch die Natur des Wintereises erwachsenen Hindernisse
und der unmäßigen Kälte mußte alles auf andern Fuß eingerichtet
werden. Die Kajüte, der einzige geheizte Raum, ist Werkstatt, Küche.
Saal und Sprechzimmer zugleich; hier wird geschustert, geschneidert und
gezimmert; Pemmikanfässer stehen zum Auftauen in den Wandschränken,
Büffelröcke trocknen am Ofen, die Ecken sind mit Kampierungsbedarf an=
gefüllt. Die mittlere Temperatur in der ersten Hälfte des März war
mindestens — 41°; bei solcher Kälte bietet der Schnee, der sich trocken
und wie Sand anfühlt, dem Schlitten ungemeinen Widerstand, die Kufen
kreischten beim Darüberfahren. Noch am Morgen des 18. März war

eine Temperatur von — 40°, für eine Schlittenreise vielleicht etwas zu
kalt; doch wir packten wenigstens den Schlitten und banden das Boot auf,
um zu sehen, wie der Zug sich machen würde. Acht Mann, die sich vor-
spannten, konnten den Schlitten kaum von der Stelle bewegen, was teils
von der starken Reibung auf dem Schnee, teils von der Schmalheit der
Kufen, die infolgedessen zu tief im Schnee gehen, herrühren muß. Da
indes nach verschiedenen Anzeichen ein baldiger Abschlag der Kälte zu
erwarten war, so ließ ich die Expedition am 19. abgehen, nachdem ich
die Schlittenladung, wenn auch ungern, um mehr als 100 kg erleichtert
und auch das Boot zurückbehalten hatte. Es waren acht Mann, unter
Anführung von Brooks. Wir sahen sie den ganzen Tag vom Schiff aus,
wie sie mühsam ihren Schlitten dahinschleppten. Die Sache befriedigte
mich nicht; ich folgte ihnen um 8 Uhr abends und fand sie nur fünf engl.
Meilen vom Schiff im Lager. Ich gab ihnen keine neuen Befehle für
morgen, hörte Petersens Lobrede auf ihren Schlitten mit an, der nur
wegen der starken Kälte nicht fort wollte, sagte Gute Nacht und ließ sie
in ihren Pelzsäcken. Am Schiff wieder angekommen, brachte ich meine
sämtlichen müden Leute auf die Beine; ein großer Schlitten mit breiten
Kufen wurde herabgelangt, geschabt, geputzt, geschnürt und mit Zugleinen
versehen. Wir brachten ein vollständiges Dach von Segeltuch über demselben an, und um 1 Uhr morgens war der Rest des Pemmikans samt
dem Boote darauf geladen. Fort ging es nun zu dem Lagerplatz der
Schläfer, deren Zelt wir durch Orientierung mittels der gestrandeten Eisberge wiederfanden. Leise holten wir ihren Eskimoschlitten zur Seite und
packten die Ladung auf den großen Schlitten. Jetzt spannten sich fünf
Mann vor und zogen an: der Schlitten ging wie ein Schiffchen — der
Versuch war glänzend gelungen. Mit drei Hurras weckten wir die Schläfer,
sagten ihnen zum zweitenmal Lebewohl und kehrten mit dem abgedankten
Schlitten zum Schiffe zurück. So war Hoffnung, noch eine tüchtige
Proviantladung für unsern großen Ausflug vorzulegen.

Auf dem Schiffe ging es nun an ein Eishacken, Schaufeln und Fegen,
das wenigstens zehn Karrenladungen Abraum gab. Unser Überbau hatte
durch den Niederschlag der Dünste eine 12 cm dicke kristallene Eiskruste
erhalten. Es schläft sich unter einer warmhaltenden Decke ganz behaglich, aber jetzt mußte sie der zu befürchtenden Nässe wegen herunter.

Wir fanden in diesen Tagen in unseren Fallen einen erfrorenen Fuchs.
Er hatte sich bereits wieder durchgegraben, aber sein böses Geschick wollte
nicht, daß er die schwer errungene Freiheit genießen sollte; bevor er ent-
weichen konnte, war sein Pelz durch seinen eigenen Hauch an einen glatten

Stein festgefroren. Ich bedauerte und verspeiste ihn. Des folgenden Tages fingen wir wieder einen blauen und einen weißen Fuchs. Nie waren zwei Füchse willkommener; wir aßen sie noch denselben Abend.

Mehrere Tage hatten wir alle Hände voll zu tun mit den Vorbereitungen zur großen Landreise. Überall lagen Büffelfelle, Leder und Schneidereien. Jedes Pelzfleckchen wurde zu Handschuhen oder Überwürfen verarbeitet. Ende März war alles bereit, und wir warteten, um aufzubrechen, nur auf die Nachricht, daß unsere Schlittenpartie ihre Vorräte sicher untergebracht habe. Wir nähten eben noch bei Licht fleißig an Pelzstiefeln, als wir gegen Mitternacht auf dem Deck Schritte hörten, und in der nächsten Minute Sontag, Ohlsen und Petersen in die Kajüte traten. Ihr Zustand war noch auffälliger als ihr unerwartetes Erscheinen. Sie sahen geschwollen und verstört aus, und waren kaum fähig zu sprechen. Ihr Bericht war schauderhaft. Sie hatten ihre Kameraden draußen im Eise zurückgelassen und ihr Leben darangesetzt, um die Nachricht aufs Schiff zu bringen, daß Brooks, Baker, Wilson und Pierre erstarrt und marode liegengeblieben seien. Wo, wußten sie nicht zu sagen, irgendwo zwischen den Hummocks gegen Nordost — es war bei ihrem Abgange ein heftiges Schneetreiben gewesen. Der Irländer Tom war zurückgeblieben, um die Ermatteten zu pflegen, und sie zu füttern; aber ihre Aussichten standen schlimm genug. Mehr war aus den Zurückgekommenen nicht herauszubringen. Sie hatten augenscheinlich ein weites Stück Weges zurückgelegt und fielen fast um vor Mattigkeit und entsetzlichem Hunger. Kaum konnten sie auf unsere Fragen noch angeben, in welcher Richtung sie gekommen waren. Mein erster Gedanke war, mit einer unbelasteten Partie sofort aufzubrechen, denn rasche Hilfe war nötig. Am meisten bedrückte es mich, daß man gar nicht wußte, wo man die Leidenden zwischen den Schneewehen zu suchen hatte. Ohlsen schien seiner Sinne noch etwas mächtiger zu sein als die andern, und ich glaubte, er werde uns als Führer dienen können; aber er war ganz erschöpft, und wenn wir ihn mitnehmen wollten, mußte er transportiert werden. Es war kein Augenblick zu verlieren. Während einige sich noch mit den Ankömmlingen beschäftigten und hastig etwas zu essen bereiteten, rüsteten andere den Schlitten „Little Willie" mit einer Büffeldecke, einem kleinen Zelt und einem Pack Pemmikan aus; Ohlsen wurde in einen Pelzsack gesteckt und daraufgeschnallt, seine Beine in Hundefelle und Eiderdaunen gewickelt, und fort ging es auf dem Eise. Unsere Partie bestand aus neun Mann und meiner Person. Wir hatten nichts bei uns, als was wir auf dem Leibe trugen. Das Thermometer zeigte 46° Kälte (— 35° R.). Ein uns wohlbekannter, durch seine Form ausgezeichneter Eisberg, von unseren Leuten Pinnakel genannt, und in der Folge andere in langen Reihen auf=gewachsene kolossale Eisberge dienten uns als Wegweiser; aber nach einem 16 stündigen Marsche kamen wir allgemach aus der Richtung. Wir wußten, daß unsere Gefährten sich irgendwo auf der Fläche vor uns in einem Umkreise von etwa 40 engl. Meilen befinden mußten. Ohlsen, der 50 Stunden lang auf den Beinen gewesen, war in Schlaf gesunken, so=bald wir uns in Bewegung gesetzt hatten. Er erwachte jetzt mit unzwei=deutigen Zeichen von Geistesstörung. Es war klar, daß er sich in den Eisbergen, die sich in Form und Farbe endlos wiederholten, nicht mehr auszukennen vermochte, und bei der Gleichförmigkeit des ungeheuren Schneefeldes war keine Hoffnung, Orientierungspunkte zu entdecken. Ich ging der Gesellschaft voraus, klomm über einige zackige Eispfeiler und bekam ein ebenes Eisfeld zu Gesicht, das mir geeignet schien, die Auf=merksamkeit todmüder Leute auf sich zu ziehen. Es war nur eine schwache Vermutung, aber ich gab ihr nach, da ihr keine bessere gegenüberstand, und befahl den Leuten, den Schlitten stehen zu lassen und sich zu zer=streuen, um nach Fußspuren zu suchen. Wir errichteten unser Zelt, ver=steckten unseren Pemmikan, mit Ausnahme einer kleinen Portion, die jedem mitgegeben wurde, und der arme Ohlsen, der eben wieder stehen gelernt hatte, wurde aus seinem Sacke erlöst. Das Thermometer war bis unter 49° gefallen, und ein scharfer Wind blies aus Nordost. Von Haltmachen war keine Rede: es bedurfte einer tüchtigen Bewegung, um dem Erfrieren zu entgehen. Ich konnte nicht einmal Eis auftauen, und der Versuch, den Durst mit Schnee zu löschen, bestrafte sich bei dieser Temperatur nur mit blutigen Zungen und Lippen — er brannte wie Höllenstein. Es war somit unerläßlich, vorwärts zu gehen und dabei nach Fußspuren umzu=schauen. Wenn jedoch die Leute angewiesen wurden, sich des wirksameren Suchens halber zu zerstreuen, so gehorchten zwar alle willig; aber lag es an einem Gefühl vergrößerter Gefahr durch die Vereinzelung, oder waren die wechselnden Gestaltungen der Eisfelder schuld, immer fanden sie sich wieder in einer geschlossenen Gruppe beisammen. Die seltsamen Anfälle, welche einige von uns erlitten, schreibe ich ebenso den ange=griffenen Nerven als der strengen Kälte zu. Männer wie Mac Gary und Bonsall, die bereits die angestrengtesten Märsche ausgehalten, wurden von Gliederzittern und Kurzatmigkeit befallen, und ich selbst, trotz aller Anstrengungen, ein gutes Beispiel zu geben, fiel zweimal ohnmächtig nieder.

Wir waren fast 18 Stunden ohne Wasser und Speise unterwegs, als eine neue Hoffnung sich zeigte. Einer von uns glaubte eine breite Schlittenspur zu sehen. Sie war fast verweht, und es konnte ebensogut eine vom Wind gezogene Schneefurche sein. Doch wir folgten ihr durch den tiefen Schnee zwischen den Hummocks und sahen Fußstapfen, und indem wir diesen emsig nachgingen, sahen wir endlich eine kleine amerikanische Flagge von einem Hummock flattern. Es war der Lagerplatz unserer Maroden, und wir erreichten ihn nach einem ununterbrochenen Marsche von 21 Stunden. Das kleine Zelt war fast eingeschneit. Ich war nicht unter den ersten, die herankamen; aber als ich an den Eingang kam, standen die Männer auf beiden Seiten in stummer Reihe da. Mit mehr Zartheit des Gefühls, als man sie Matrosen in der Regel zutraut, obwohl sie an ihnen fast charakteristisch ist, gaben sie den Wunsch zu erkennen, daß ich allein hineingehen möchte. Als ich nun in das Dunkel hineinkroch und auf einmal mir das freudige Willkommen der in ihren Säcken hingestreckten armen Burschen entgegenscholl und ein zweiter Freudenruf draußen antwortete, überwältigte mich fast Rührung und Dankbarkeit. Sie hatten mich erwartet — sie waren sicher, daß ich kommen würde.

Wir waren nun unserer fünfzehn; das Thermometer stand 45° unter dem Frostpunkte ($-33\frac{1}{2}$° R.), und unser ganzes Obdach bestand in einem Zelte, das kaum acht Leute faßte. Die eine Hälfte der Gesellschaft mußte sich immer durch Herumgehen im Freien gegen die Kälte wehren, während die anderen innen schliefen. Bleiben konnten wir nicht lange; jeder hielt eine zweistündige Rast, und dann machten wir uns zur Heimreise fertig. Wir nahmen nichts mit als das Zelt, Pelze zur Bedeckung der Wiedergefundenen und Proviant für eine Reise von 50 Stunden. Alles andere blieb zurück. Unsere Kranken packten wir sorgfältig in Pelze, so daß nur der Mund frei blieb, und setzten und banden sie in halbsitzender Stellung auf den Schlitten. Dieses notwendige Werk kostete uns viel Zeit und Mühe, aber es hing das Leben der Leidenden davon ab. Wir brauchten nicht weniger als vier Stunden, um sie auszukleiden, zu erquicken und wieder einzupacken. Wenige von uns kamen ohne Frostschaden an den Fingern weg.

Endlich waren wir fertig und nach einem kurzen Gebet traten wir unseren Rückzug an. Es war ein Glück, daß wir in solchen Schlittenreisen über das Eis Erfahrung hatten. Ein großes Stück unseres Weges ging zwischen Hummocks hin, die zum Teil lange, 5—6 m hohe, steile Wände bilden, welche auf großen Umwegen umgangen werden mußten.

Andere in der Längsrichtung laufende, mehr als mannshohe Eislinien boten so enge Zwischenräume, daß der Schlitten nicht durchzubringen war; auch fanden sich häufig in den Zwischenräumen nur leicht mit Schnee bedeckte Spalten, welche gefährliche Fallen bildeten, denn ein Beinbruch oder Verstauchung war, das wußte jeder, sicherer Tod. Zudem war der Schlitten durch Oberlast schwankend, und die gelähmten Leute konnten nicht so fest aufgebunden werden, um sie vor dem Herunterfallen zu sichern. Die Ladung betrug, obschon wir alles Entbehrliche beseitigt hatten, noch immer über 500 kg. Trotzdem ging unser Marsch während der ersten sechs Stunden recht gut. Durch kräftiges Anlegen und Lüften legten wir fast eine englische Meile in der Stunde zurück und erreichten das neue Eis, bevor wir ganz ermüdet waren. Unser Schlitten hielt die Probe trefflich aus. Ohlsen, durch Hoffnung gestärkt, hatte sich wieder an die Spitze der Schlittenzieher gestellt, und ich rechnete sicher darauf, daß wir die Halb= wegsstation vom vorigen Tage erreichen würden, wo wir unser Zelt ge= lassen hatten. Als wir aber noch neun Meilen davon entfernt waren, verspürten wir alle plötzlich und fast ohne Voranzeichen ein bedenkliches Nachlassen der Kräfte. Ich hatte das Klammgefühl infolge heftigen Frostes schon auf der ersten Reise erfahren und es mit den Wirkungen einer galvanischen Batterie verglichen; aber an die unüberwindliche Schlaflust hatte ich nicht geglaubt. Jetzt kam mir der Beweis in die Hände: Bonsall und Morton, zwei unserer festesten Männer, kamen und baten um die Erlaubnis, ein wenig schlafen zu dürfen. Sie frören nicht, sagten sie, sie litten nicht vom Winde; etwas Schlaf sei alles, was sie bedürften. Auf einmal fand man den Hans ganz steif unter einer Schneedecke liegen, und Thomas ging kerzengerade aber mit geschlossenen Augen, und konnte kaum noch ein Wort hervorbringen; endlich warf sich Blake in den Schnee und wollte nicht mehr aufstehen. Sie klagten nicht über Kälte, aber vergebens rang, boxte und lief ich mit ihnen, umsonst waren Vorstellungen, Spott und Tadel, es blieb nichts übrig, als sofort Halt zu machen.

Mit größer Schwierigkeit schlugen wir das Zelt auf, unsere Hände waren zu kraftlos, um Feuer zu machen, und so mußten wir uns ohne Speise und Trank behelfen. Selbst der Whisky zu den Füßen der Leute war trotz aller Pelzbedeckung gefroren. Wir legten die Kranken und Müden ins Zelt und stopften von den andern soviel nach, als darin Platz fanden. Dann ließ ich die Gesellschaft unter Mac Garys Obhut, ordnete an, daß sie nach vierstündiger Rast nachkommen sollten, und ging mit William Godfrey voraus. Meine Absicht war, das Zelt auf der Halb

scheid des Weges zu erreichen und bis die andern kämen, etwas Eis und
Pemmikan aufzutauen. Das Eisfeld war ganz eben und es ging sich ganz
ausgezeichnet darauf. Ich kann nicht sagen, wie lange wir über die neun
Meilen zubrachten, denn wir befanden uns in einer seltsamen Art von
Betäubung und bemerkten kaum etwas vom Zeitverlaufe. Wahrscheinlich
brauchten wir etwa vier Stunden. Wir erhielten uns dadurch wach, daß
wir uns gegenseitig zum fortwährenden Sprechen anhielten; es mag
zusammenhangslos genug gewesen sein. Ich erinnere mich dieser Stunden

Der Pinnakel-Eisberg.

als der elendesten, die ich je erlebt. Wir waren beide nicht bei klaren
Sinnen und hatten nur eine verworrene Erinnerung von dem, was sich
bis zu unserer Ankunft beim Zelte zugetragen. Doch erinnern wir uns
beide eines Bären, der gemächlich vor uns herging und dabei eine Jacke
verarbeitete, welche Mac Gary tags zuvor bedachtlos hingeworfen. Er
riß sie in Fetzen und ballte sie in einen Knäuel zusammen, machte aber
durchaus keine Miene, uns den Weg zu vertreten. Ich hatte eine dunkle
Befürchtung, daß unser Zelt und die Büffelröcke das Schicksal der Jacke
teilen möchten, und Godfrey, der bessere Augen hatte als ich, bemerkte
in der Tat von weitem, wie das Zelt eine solche bärenhafte Behandlung

erlitt. Auch ich glaubte es zu sehen, aber wir waren so kältetrunken, daß wir weiter gingen, ohne nur unsere Schritte zu beschleunigen.

Wahrscheinlich rettete unsere Ankunft den Inhalt des Zeltes. Es war unbeschädigt, obgleich der Bär es umgeworfen und die Büffelröcke samt dem Pemmikan in den Schnee geschleudert hatte; wir vermißten ein paar Flanellsäcke. Mit großer Mühe richteten wir das Zelt wieder auf, krochen in unsere Schlafsäcke von Renntierfell und schliefen die nächsten drei Stunden einen traumvollen, aber festen Schlaf. Als ich erwachte, war mein langer Bart eine Masse Eis, fest verwachsen mit dem Büffel= fell, und Godfrey mußte mich mit dem Messer losschneiden.

Wir vermochten Eis zu schmelzen und etwas Suppe zu kochen, bevor die übrige Gesellschaft nachkam. Sie hatten die neun Meilen in fünf Stunden zurückgelegt, waren wohlauf und bei trefflicher Laune. Der Tag war glücklicherweise windstill und sonnig. Alle erquickten sich an dem, was wir bereitet hatten; die Kranken wurden wieder eingepackt und wir machten uns rasch nach den Hummockreihen, die zwischen uns und dem Pinnakelberge lagen. Diese Widerstände waren durch eine Reihe Eisberge entstanden, die mit der Ebbe und Flut sanken und stiegen und dabei die horizontale Eisdecke gehoben und gebrochen und die Tafeln auf die Kante gestellt hatten. Es kostete verzweifelte Anstrengungen, uns einen Weg darüberhin zu bahnen; ja buchstäblich verzweifelte, denn unsere Kräfte verließen uns abermals, und wir verloren alle Selbstbeherrschung. Wir konnten uns nicht länger enthalten, Schnee zu essen; der Mund schwoll uns an, und einige wurden sprachlos. Glücklicherweise wurde die Luft durch den klaren Sonnenschein erwärmt; das Thermometer stieg bis —4° im Schatten (circa 16° Kälte nach R.); außerdem hätten wir er= frieren müssen. Wir machten öfter Halt und fielen halbschlafend in den Schnee, ich konnte es nicht hindern. Merkwürdigerweise erfrischte uns das. Ich wagte den Versuch selbst, nachdem ich Riley angewiesen, mich nach drei Minuten zu wecken, und fühlte davon so gute Folgen, daß ich auch die andern dazu anwies. Sie setzten sich auf die Schlittenkufen und wurden mit Gewalt munter gemacht, wenn ihre drei Minuten um waren.

Gegen 8 Uhr abends traten wir aus dem Eislabyrinth heraus; der Anblick des Pinnakelberges ermutigte uns wieder. Branntwein, ein un= schätzbares Hilfsmittel in dringenden Notfällen, war schon früher löffel= weise verabreicht worden. Jetzt machten wir eine längere Rast, nahmen einen stärkern Schluck und erreichten die Brigg um 1 Uhr morgens, ohne, wie wir glauben, noch einmal Halt gemacht zu haben.

Ich sage, wie wir glauben, und hierin liegt vielleicht der stärkste Beweis dafür, wie viel wir zu leiden hatten. Wir befanden uns in einem förmlichen Delirium und hatten aufgehört, die Dinge um uns mit gesunden Sinnen zu betrachten. Wir bewegten uns wie im Traume. An unseren Fußstapfen sahen wir nachmals, daß wir uns im Zickzack auf die Brigg zu bewegt hatten. Eine Art Instinkt muß uns geleitet haben, denn niemand hatte eine Erinnerung davon. Bonsall wurde vorausgeschickt und richtete seinen Auftrag auf dem Schiffe pünktlich aus, das er, Gott weiß wie, erreicht haben mochte, denn er taumelte und fiel einmal über das andere. Ein paar Leute kamen uns mit den Zughunden entgegen, und wir kamen nun alle unter die Hände des Doktors, der uns mit Reibungen und Morphium reichlich bediente. Er hielt unsere Gehirnsymptome nicht für bedenklich und nur von Erschöpfung herrührend. Ruhe und gute Kost würden schon helfen. Ohlsen blieb einige Zeit schielend und schnee=blind, zwei anderen mußten erfrorene Zehen abgelöst werden, aber zwei starben in der Folge trotz aller an sie gewandten Mühen. Vier Tage später war ich wieder gesund und bei Besinnung, nur daß mich alle Gelenke schmerzten. Die hereingeholten Kranken sind noch nicht außer Gefahr; ihre Dankbarkeit ist wahrhaft rührend.

Es erfolgten nun für mich Tage der Angst und Sorgen. Fast die ganze Expeditionsmannschaft, Retter und Gerettete, lag krank und vom Frost beschädigt danieder, einige Amputationen aushaltend, andere mit den fürchterlichen Vorzeichen des Starrkrampfes. Am Morgen des 7. weckte mich ein Ton aus Bakers Brust, so fürchterlich und unheilverkündend er jemals in das Ohr eines Arztes gelangen kann; der Kinnbackenkrampf hatte ihn erfaßt, dieses schwarze Gespenst, das seinen Schatten noch auf so manchen unter uns warf. Die Symptome nahmen rasch ihren Verlauf — am 8. April starb er. Wir legten ihn des anderen Tages in seinen Sarg, bildeten einen formlosen, aber tief bewegten Leichenzug und schafften die Leiche über den Eisfuß hinweg und den Felsen hinan, auf dem das Observatorium stand. Hier stellten wir den Sarg auf das Postament, das unsere Instrumente getragen hatte, lasen die Totengebete, streuten aus Mangel an Erde Schnee und ließen unseren Gefährten, nachdem wir den Eingang verschlossen, in seinem stillen Hause allein.

Während wir noch des Morgens an Bakers Sterbebett saßen, meldete die Deckwache, daß Leute vom Lande her, das Schiff anriefen. Ich ging hinauf, begleitet von allen, die noch die Treppe steigen konnten, und sah wirklich auf allen Seiten der felsigen Bucht, von Schnee und

Felsen abstechend, seltsam wilde, aber augenscheinlich menschliche Wesen. Als wir auf dem Deck erschienen, stiegen sie auf die höheren Stücke Land= eis, und standen da wie Opernstatisten, fast einen Halbkreis um das Schiff bildend. Sie schrieen und gestikulierten in einem fort, aber es war nichts zu verstehen, als „Hoe—he—keh—keh". Waffen schwangen sie nicht, wie ich bald bemerkte, auch waren ihrer nicht so viele und nicht von solcher Riesengröße, wie es einigen von uns anfänglich scheinen wollte. Ich war überzeugt, daß es Eingeborne seien, und so rief ich Petersen als Dolmetscher zu mir und ging, unbewaffnet und die leeren Hände schwenkend, auf eine sich vor den andern auszeichnende stämmige Figur zu. Der Mann sprang von seinem Eisblock herunter und kam mir halbwegs ent= gegen. Er war fast einen Kopf größer als ich, ungemein stark und gut gebaut, von schwärzlicher Hautfarbe und schwarzen, stechenden Augen. Seine Kleidung bestand aus einer mit Kapuze versehenen Pelzjacke, mit einigem Geschmack aus abwechselnden Streifen von blauem und weißem Fuchs zusammengesetzt, und aus Stiefelhosen von weißem Bärenfell, welche an den Zehen in die Klauen des Tieres ausliefen.

Kaum hatte meine Unterredung mit dem robusten Diplomaten be= gonnen, so strömten auch seine Gefährten herbei und umringten uns; sie ließen sich indes bald bedeuten, daß sie zu bleiben hätten, wo sie wären, während Metek mit mir auf das Schiff ging. Dies brachte mich in Vor= teil bei der Unterhandlung und gab mir einen wichtigen Mann als Geißel in die Hand. Er ging furchtlos mit mir, obgleich er noch nie einen Weißen gesehen, und seine Kameraden blieben auf dem Eise zurück. Der Koch trug ihnen hinaus, was er für seine größten Delikatessen hielt: Schnitte von gutem Weizenbrot, gesalzenes Schweinefleisch und mächtige Stücke weißen Zucker; aber sie wollten von allem nichts anrühren. Ich erfuhr später, daß sie uns mit unseren bleichen Gesichtern für ein sehr schwächliches Volk gehalten, während es unter ihnen Leute gab, die einen Einzelkampf mit dem weißen Bären und dem Walroß bestehen.

Zufriedengestellt mit unserer Unterredung in der Kajüte, ließ ich nun hinaussagen, daß die übrigen Eskimos an Bord kommen könnten. Obwohl sie nicht wissen konnten, wie es ihrem Häuptling an Bord er= gangen, stürzten doch sofort neun oder zehn Mann in stürmischer Eile herbei, andere brachten, als hätten sie uns eine recht lange Visite zugedacht, hinter dem Landeis hervor nicht weniger als 56 schöne Hunde mit Schlitten herbei und legten sie etwa 200 Schritt vom Schiffe fest, indem sie ihre Lanzen ins Eis trieben und die Hunde mit Riemen daran banden. Die

Kane und seine Gefährten.

Tiere verstanden vollkommen, was vorging, und legten sich auf der Stelle nieder, sowie die Arbeit begann.

Die Schlitten waren aus kleinen Knochenstücken zusammengesetzt, die mittels Riemen mit großem Geschick zu einem Ganzen verbunden waren. Der Kufenbeschlag, glatt wie polierter Stahl, war aus Walroßzähnen gemacht. Sie trugen als Waffe nur ein Messer, das sie im Stiefel stecken hatten. Ihre Lanzen aber, die sie an die Schlitten gebunden hatten, waren immerhin eine furchtbare Waffe. Die Schäfte bestanden teils aus dem Horn des Narwals, aus Schenkelknochen des Bären oder starken Knochen vom Walroß, die einzelnen Stücke stets mit großer Kunst verbunden. Holz hatten sie nicht. Ihre sämtlichen Messer stammten vielleicht von einem einzigen rostigen Reifen irgend eines angeschwemmten Fasses, aber die lanzettförmigen Lanzenspitzen bestanden unverkennbar aus Stahl, kunstvoll an den Schaft festgenietet. Sie erhielten, wie ich später erfuhr, das Metall tauschweise von südlicheren Stämmen.

Ihre Kleidung glich fast ganz der schon an Metek beschriebenen, und alle hatten, gleich ihm, den Bärenklauenausputz an den Füßen. Einen um den Hals gewickelten knotigen Lederstreifen, sehr schmierigen und fettigen Ansehens, den keiner einen Augenblick missen wollte, hielten wir anfangs für einen Zierat, bis wir später bei genauerer Bekanntschaft seine eigentliche mysteriöse Bestimmung kennen lernten.

Als sie zuerst an Bord kommen durften, waren sie sehr roh und schwer in Ordnung zu halten. Sie sprachen zu dreien und vieren zugleich, unter sich wie zu uns; lachten herzlich, daß wir so unwissend waren, sie nicht zu verstehen, und schwatzten trotzdem weiter. Sie waren in beständiger Bewegung, liefen überall herum, probierten die Türen, drängten sich durch enge Gänge, hinter Fässern und Kisten herum, befühlten und probierten alles, was ihnen in die Augen fiel, und alles wollten sie haben oder ver= suchten es zu stehlen. Es war um so schwerer, sie im Zaume zu halten, als ich nicht wünschte, daß sie auf den Gedanken kommen sollten, als hätten wir irgendwie Furcht vor ihnen. Auch gewisse Merkmale unserer miß= lichen Lage mußten ihnen verborgen bleiben; namentlich durften sie das Vorderkastell nicht betreten, wo die Leiche unseres armen Baker lag, und da alles Zureden nicht half, mußten wir endlich zu gelinden Zwangs= mitteln greifen. Unsere sämtlichen Streitkräfte wurden gemustert und auf den Beinen erhalten; aber wenn auch diese Sicherheitspolizei zuweilen etwas unhöflich drängte und knuffte, so verlief doch alles gemütlich, und die gute Laune blieb ungestört. Unsere Gäste fuhren fort, im Schiffe herum aus und ein zu laufen, Lebensmittel herein und wieder hinaus zu den Hunden zu schleppen und dabei die ganze Zeit über zu stehlen, was sie irgend konnten. Dies dauerte bis Nachmittag, wo sie, gleich des Spielens müden Kindern, sich zum Schlaf hinwarfen. Ich befahl, es ihnen im Schiffsraume bequem zu machen; man breitete ihnen einen großen Büffelpelz hin, nicht weit von einem geheizten Ofen. Sie gerieten gewaltig in Staunen ob des neuen Brennmaterials, das für Speck zu hart, für Feuerstein zu weich war, beruhigten sich aber endlich in dem Glauben, daß man wohl ebenso gut damit kochen könne, als mit Seehunds=speck. Sie ließen sich einen eisernen Topf mit Wasser geben und kochten einige Stücke Walroßfleisch; aber die Stammmahlzeit, etwa $1\frac{1}{2}$ kg auf den Kopf, zogen sie vor, roh zu essen. Bei alledem zeigten sie eine gewisse Feinschmeckerei in der Art, wie sie ihre Bissen von Fleisch und Speck zusammenordneten. Streifen von beiden wurden entweder gleichzeitig oder in genauer Abwechselung in den Mund gebracht, und zwar in regel=mäßiger Folge, daß das Kauwerk in beständiger Bewegung blieb.

Sie aßen nicht alle zugleich, sondern jeder, wie der Appetit ihn an=wandelte. Nach dem Essen schlief jeder, sein Stück Rohfleisch neben sich gelegt. Wenn einer erwachte, aß er sofort wieder und schlief dann aufs neue ein. Sie schliefen nicht liegend, sondern in sitzender Stellung, den Kopf auf die Brust gesenkt, und einige schnarchten gewaltig.

Am anderen Morgen, als sie fortwollten, pflog ich eine letzte Unter=redung mit ihnen, und es entstand ein förmlicher Traktat, kurzgefaßt, damit er nicht vergessen, und vorteilhaft für beide Teile, damit er leichter gehalten werde. Ich suchte ihnen begreiflich zu machen, mit welch einem mächtigen und reichen Herrn sie zu tun hätten, und wie vorteilhaft es für sie sein würde, wenn sie seine Wünsche erfüllten. Als Beweis meiner Gunst kaufte ich ihnen alles entbehrliche Walroßfleisch und vier Hunde ab und bereicherte sie dafür mit Nadeln, Glasperlen und einem Schatz von alten Faßdauben. In der Überfülle ihrer Dankbarkeit verpflichteten sie sich in einigen Tagen mit mehr Fleisch wiederzukommen und mir ihre Hunde und Schlitten zu einem nördlichen Ausfluge zur Verfügung zu stellen. Hiermit entließ ich sie. In weniger als zwei Minuten hatten sie ihre Hunde angeschirrt, saßen zu Schlitten, knallten mit ihren 6 m langen Lederpeitschen und jagten mit einer Schnelligkeit von 7 Knoten die Stunde über das Eis gen Südosten davon.

Sie kamen nicht wieder. Ich hatte genug von dergleichen Traktaten gelesen, um nicht allzusehr darauf zu bauen. Doch am nächsten Tage kam eine Gesellschaft von fünfen zu Fuße; zwei alte Männer, einer im mittleren Alter und zwei wohlgenährte Jungen.

Wir hatten gleich nach dem Abzuge der ersteren mehrere Gegenstände vermißt, eine Axt, eine Säge und einige Messer. Nachgehends fanden wir, daß sie in unsere Niederlage auf der Butlersinsel eingedrungen waren, denn wir waren zu wenig zahlreich, um eine Wache dorthin zu stellen, und bei einer Durchsuchung der Umgegend fanden wir eine Reihe Schlitten hinter Hummocks versteckt. Das alles sah verdächtig genug aus; aber gleichwohl durfte ich nicht wagen, mit den Schelmen zu brechen. Sie konnten uns bei unseren Schlittenfahrten ernstlich beunruhigen, konnten das Jagen um die Bucht gefährlich machen, und die beste Gelegenheit, das so notwendige frische Fleisch zu bekommen, war durch sie geboten. Ich behandelte die neuen Ankömmlinge mit besonderer Güte und reichte ihnen vielerlei Geschenke, gab ihnen aber deutlich zu erkennen, daß keiner vom Stamme das Schiff wieder betreten dürfe, bevor nicht alle vermißten Gegenstände zurückgegeben seien. Sie entfernten sich, mit vielen Pantomimen ihre Unschuld beteuernd; gleichwohl ertappte Mac Gary die unverbesser= lichen Schlingel, wie sie im Vorbeigehen von der Buttlersinsel ein Kohlen= faß mitgehen hießen, und beschleunigte ihre Heimreise durch Nachsendung einer Schrotladung. Dessenungeachtet gelang es einem, anscheinend dem Anführer des Trupps, unserm nachmaligen standhaften alten Freunde Schung=Huh, sich auf der Westseite herumzuschleichen, unser auf dem Eise gebliebenes Kautschukboot zu zerschneiden und sämtliches Holzwerk desselben fortzuschleppen.

Wenige Tage darauf kam ein gewandter langhaariger Bursche am hellen Tage über das Eis dahergefahren. Er war munter und hübsch, und sein Schlitten und Gespann waren wirklich nett. Er gab ohne weiteres seinen Namen an — Meiuk — und wo er wohne. Ich befragte ihn wegen des Bootes, aber er leugnete alle Wissenschaft ab und wollte weder ge= stehen noch bereuen. Er war erstaunt, als ich befahl, ihn in den Schiffs= raum zu sperren. Anfangs weigerte er sich zu essen und setzte sich in tiefster Betrübnis hin; aber nach einer Weile begann er zu singen, zu schwatzen, zu schreien und wieder zu singen, immer dasselbe kurze Solfeggio wiederholend:

und so ging es abwechselnd fort bis spät in die Nacht.

Es lag eine Einfachheit und Bonhommie in diesem Burschen, die mich sehr anzog, und ich war froh, am andern Morgen zu finden, daß der Vogel über Nacht durch eine Luke entflohen war. Wir argwöhnten, daß er Verbündete an der Küste habe, denn seine Hunde waren ebenso gewandt entkommen wie er selbst. Doch war ich überzeugt, daß er in bezug auf seinen Aufenthalt und die Zahl seiner Mitgenossen die Wahrheit gesagt hatte; meine Kreuz= und Querfragen hierüber hatten ein voll= ständiges und befriedigendes Resultat ergeben.

Es war eine traurige Pflicht für uns, in der nächsten Zeit nach diesen Besuchen nach dem Observatorium zu gehen, und Beobachtungen zu machen und einzutragen. Bakers Leiche lag noch immer auf dem Vorplatz, und nicht lange darauf hatten wir noch einen anderen ihm zur Seite zu setzen. Wir mußten an ihnen vorbei, so oft wir ein= und ausgingen, und die Mannschaften, geschwächt und nervös geworden, taten dies zur Nachtzeit sehr ungern. Als das Tauwetter kam und wir Steine genug zusammen= bringen konnten, bauten wir ein Grab in einer Einsenkung des Felsens und errichteten einen massigen Steinkegel über demselben.

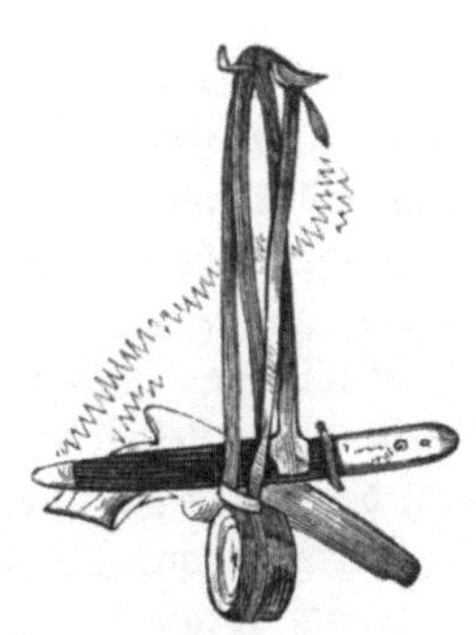

Auf der Reise.

Achtes Kapitel.

Neue Reiseunternehmungen. Küstenansichten. Der große Humboldtgletscher. Schlimmer Aus=
gang. Dr. Hayes' Expedition. Frühlings= und Sommerbilder. John Franklin. Seehunde
und Walrosse. Neue Schlittenpartie. Der Bär als Jagdrival. Schlechte Aussichten. Pflanzen=
und Tierleben.

Der April ging zu Ende, und die kurze Periode, in welcher arktische Expeditionen überhaupt tunlich sind, war herangekommen. Der Stand der Dinge an Bord war allerdings kein erwünschter, aber meine Gegenwart daselbst war durch nichts geboten, und es war mir klar, daß nun ans Werk gegangen werden mußte. Die solange betriebenen Vor= bereitungen für die neue Epedition war bald beendet. Ich besaß nun wieder sieben Hunde, die ich sehr gut miteinander eingefahren hatte. Ich überließ Ohlsen den Befehl auf der Brigg mit ausführlichen Verhaltungs= regeln, zumal in betreff des Verkehrs mit den Eskimos. Man soll sie mit Güte behandeln, aber zugleich sorgsam überwachen, sie streng an unsere Schiffsordnung binden und nicht ganz nach Belieben an Bord kommen lassen. Bestrafungen dürfen nur durch sie selbst oder in ihrer Gegenwart erteilt werden, und Feuerwaffen dürfen nur gebraucht werden, wenn es sich um Zurückschlagung eines Angriffs handelt. In solchem Notfalle aber ist scharf zu feuern und nicht über die Köpfe weg. Der Zauber der Feuerwaffe, dem Wilden gegenüber, muß unfehlbar sein.

Am meisten drückte mich der Gedanke, daß ich von der ganzen Mannschaft nur zwei leidlich Gesunde zurückzulassen hatte, und daß nur zwei Offiziere, nämlich der Doktor und Hr. Bonsall, Ohlsen Beistand leisten konnten. Unsere ganze Schiffsbesatzung bestand aus — vier Gesunden und sechs Invaliden.

Mein Reiseplan ging dahin, dem Eisgürtel bis zum großen Humboldt=gletscher zu folgen, dort aus unserer Niederlage vom vorigen Oktober Vorräte einzunehmen, dann den Fuß des nordwestlich laufenden Gletschers entlang zu gehen und zu versuchen, ob nach der amerikanischen Seite hinüberzukommen sei. Einmal auf glattem Eis an dieser Küste, ließ sich weiter vordringen und sehen, was sich jenseit der eisumpanzerten Fläche jener Bucht ergeben werde.

Mac Gary ging am 25. April mit dem Hauptschlitten ab, ich folgte mit Godfrey dem Plane gemäß zwei Tage später. Wir nahmen auf unseren neugebauten, leichten, nur 3 m langen Schlitten Pemmikan, Brot und Tee, ein kleines Zelt und zwei Schlafsäcke mit. Unsere Küche war ein Suppenkessel zum Schneeschmelzen und Teekochen, so eingerichtet, daß er sich sowohl mit Speck als mit Spiritus heizen ließ. Dazu kamen die notwendigsten mathematischen Instrumente. Der vordere Schlitten führte wenig Vorräte, da er sich aus den Niederlagen versorgen sollte. Seine Ladung bestand meist in Brot, das wir bei gekochten Speisen nur ungern entbehrten. Es wickelt auch das Fett des Pemmikans ein, das sonst dem Magen leicht zuwider wird.

Das Zelt bekam eine Abänderung in seiner Einrichtung, welche die Erfahrungen der Herbstreisen an die Hand gegeben hatten. Ein großer Übelstand beim Kampieren unter einem Zelt im Norden war der, daß der gefrierende Hauch sich in langen Federn an die schrägen Zeltwände, also wenige Zentimeter vom Munde des Schläfers, anhing und sammelte und beim etwaigen Schmelzen auf ihn herabtropfte. Diesem Übelstande ab=zuhelfen, ließ ich die Zeltstangen erst etwa in 40 cm Höhe vom Boden durch die Leinwand gehen, so daß das untere Stück senkrecht herabfiel und dann als Bodendecke nach innen lief. So wurde eine genügende Höhe zum unbehinderten Atmen gewonnen.

Die jetzt angetretene Reise mußte eine harte werden, selbst unter den günstigsten Umständen und für noch ungebeugte Männer. Sie sollte der ganzen Expedition die Krone aufsetzen. Man wollte bis an das äußerste Ende Grönlands vordringen, die Eisküste zwischen ihm und dem unbekannten Westland durchmessen und rundum nach einem Ausgange zu dem geheimnisvollen Nordpole suchen. Der Plan konnte nicht völlig durchgeführt werden, wurde jedoch weit genug verfolgt, um zu zeigen, was später noch zu tun sei, und um manche geographisch-interessante Punkte feststellen zu lassen.

Hat der Leser den Lauf unserer kleinen Brigg bis hierher verfolgt, so hat er bemerkt, daß die Küste von unserem ersten Asyl, dem Zufluchts=hafen aus, eine ganz veränderte Richtung nimmt. Vom Kap Alexander an beinahe nördlich laufend, biegt sie nunmehr fast im rechten Winkel nach Osten um, bis über den 65. Längengrad. Zwischen dem Zufluchts= und Rensselaer=Hafen gibt es keine tiefen Einbuchtungen und keine Gletscher; von letzterem Punkte aus aber, wo sich die Küste wieder mehr nördlich wendet, beginnen die tiefen Landeinschnitte und die eisigen Fjorde wieder, wie sie schon in der Smithstraße sich zeigen.

Der geologische Charakter wird ebenfalls ein anderer, und die Klippen der Küste bilden eine Folgereihe höchst mannigfaltiger und malerischer Gebilde, bei denen die Einbildung nur wenig zu tun hat, um in ihnen Ruinen menschlicher Riesenbauwerke zu sehen. Sie treten kühn an die Wasserlinie heran, manchmal über 300 m sich erhebend, und die Schuttkegel an ihrer Basis mischen sich mit dem Eisfuß. Die Küste be=hält diesen Charakter bis zum großen Humboldtgletscher hin. Sie hat vier große Buchten, die alle im Hintergrunde in tiefe Schluchten über=gehen, durch welche Wasserströme von inneren Gletscher herabfließen. Das Tafelland selbst, wie es an den Humboldtgletscher herantritt, kann durchschnittlich an 280 m Höhe haben.

Die malerischsten Partien finden sich zwischen Kap Roffel und der Dallasbucht. Hier kontrastiert der rote Sandstein sehr vorteilhaft mit der blendenden Weiße und bringt in die kalten Töne der melancholischen Polarlandschaft etwas von südlicher Wärme. Die Witterungseinflüsse haben auf die verschiedenen Schichten der Klippen so eingewirkt, daß sie wie Mauerwerk aussehen, und ein schmaler Streifen Grünstein zu oberst bildet recht gut die Zinnen nach. Eines dieser interessanten Naturspiele nannten wir die Dreibrüdertürme. Die Schuttböschung am Fuße der mauersteilen Küste führte wie eine künstlich angelegte Rampe hinauf in eine Schlucht, welche von der Mittagssonne hell beleuchtet war, während alle übrigen Felsen im schwärzesten Schatten standen. Gerade am Rande dieser sonnenhellen Öffnung erhob sich das phantastische Bild einer von drei Türmen flankierten Burg, völlig freistehend, in scharfen Umrissen. Dies waren die Dreibrüdertürme. Ein Stück weiter zeigte sich ein noch überraschenderes Naturgebilde. Eine einzelne Grünsteinklippe, noch mit den Zeichen ihrer ehemaligen Einhüllung durch Kalkschiefer, erhebt sich aus Sandsteintrümmern wie der glatt behauene Steinwall einer alten Festung. Auf ihrem nördlichen Ende, am Rande einer tiefen Schlucht, welche sich in den Trümmern verliert, steht eine einsame Säule oder ein Spitzturm so fix und fertig, als ob sie für den Vendomeplatz bestimmt sei. Die Höhe des Schaftes allein ist 150 m, und sie erhebt sich auf einem Unterbau, der wieder etwa 90 m mißt. Unvergeßlich ist mir die Bewegung meiner Begleiter beim ersten Anblick dieses Naturgebildes. Wir nannten es Tennysons Denkmal. Hinter diesem Punkte liegt die Gesellschaft kleiner Inseln, deren jede nunmehr den Namen eines derjenigen trägt, welche die Wechselfälle dieser Expedition geteilt haben, und östlich von hier streckt sich der große Humboldtgletscher hin.

Meine Erinnerungen an diesen Gletscher sind noch sehr lebhaft. Es war ein schöner, klarer Tag, als ich ihn zum erstenmal erblickte, und ich besitze noch eine Anzahl Skizzen, die ich aufnahm, während wir uns längs desselben hin bewegten. Sie genügten mir freilich nicht, da sie zu viel von der weißen Oberfläche und den verschwimmenden Entfernungen geben, und die Großartigkeit der von der Natur gezeichneten kühnen und einfachen Linien fast ganz verloren geht.

Ich will nicht versuchen, durch eine poetische Schilderung in den Rhapsodienstil zu verfallen. Meine Aufzeichnungen sprechen einfach von der langen, ewig strahlenden Eisklippe, die sich durch die Perspektive in einen scharf gespitzten Keil verjüngt, und von der glänzenden Eiswand, die sich in langer Bogenlinie aus dem niedrigen Innern erhebt, die Vorderseite grell von der Sonne beleuchtet. Aber diese Eisklippe stieg wie eine massive Glaswand 100 m über die Wasserfläche empor und verlor sich nach unten in eine unbekannte, unergründliche Tiefe, und ihr gekrümmter Lauf, von dem einen Kap zum andern 15 geographische Meilen lang, verschwand im unerforschten Raum, eine einzige Eisenbahn-Tagreise vom Nordpol.

Das Binnenland, mit welchem der gewaltige Gletscher zusammenhing und aus welchem er hervorgegangen ist, war ein unermeßliches Eismeer, das dem Auge nirgends eine Grenze bot. Er war in voller Sicht, gleich einem kristallenen Katarakt, der von der Nordseite des Kontinents Grönland herabfiel. Ich sage Kontinent, denn Grönland, möge es sich schließlich auch als eine Insel erweisen, bildet eine ganz kontinentale Landmasse. Seine Achse, vom Kap Farewell bis zur Linie dieses Gletschers gemessen, hat, gering genommen ein Länge von 300 (deutschen) Meilen, kaum weniger als der längste Durchmesser von Australien. Man denke sich nun das Innere eines solchen Kontinents fast in seiner ganzen Ausdehnung von einem tiefen, ununterbrochenen Eismeer bedeckt, das durch die Wassergüsse von ungeheuren schneebeladenen Bergen und durch die sonstigen atmosphärischen Niederschläge einen alljährlichen Zuwachs erhält. Man denke sich dieses vorwärts rollend wie ein großer Eisstrom, in jedem Tal und Fjord Auswege suchend und eisige Katarakte in das Atlantische und Grönländische Meer wälzend, bis es, nachdem es die nördliche Grenze seines Geburtslandes erreicht hat, sich als ein mächtiger gefrorener Strom in den unbekannten arktischen Raum hineinstürzt. So und nur so kann man sich einen richtigen Begriff von einem Phänomen, wie dieser Gletscher, bilden. Ich hatte mich in Gedanken auf eine solche Erscheinung gefaßt gemacht, wenn ich je das Glück haben sollte, Grönlands Nordküste zu sehen. Aber da sie nun vor mir lag, konnte ich kaum an die Wirklichkeit glauben. Zu Hause, im ruhigen Studierzimmer, hatte ich mir die von Forbes und Studer so schön durchgeführte Analogie zwischen einem Wasserstrom und einem Gletscher vergegenwärtigt; aber diese vollständige Substitution von Eis für Wasser konnte ich anfangs doch nicht begreifen. Nur langsam dämmerte in mir die Überzeugung auf, daß ich das Gegenbild des großen Stromsystems des arktischen Asien und Amerika vor mir habe. Aber hier gab es keine Wasserzuflüsse von Süden; jedes Atom von Feuchtigkeit hatte seinen Ursprung im Polarkreise und war in Eis verwandelt worden. Hier waren keine ungeheuren Anschwemmungen, keine Spuren von Wald= oder Tierleben, wie sie auf jenen flüssigen Strömen hinabgetragen werden. Hier war eine plastische, bewegliche, halbfeste Masse, alles Leben begrabend, Fels und Eilande verschlingend und mit unwiderstehlicher Gewalt sich durch die Kruste des umgürtenden Meeres ihren Weg bahnend.

Wir waren dem ersten Schlitten am 27. April gefolgt und holten ihn zwei Tage später ein. Die Hunde waren in gutem Reisezustande, und außer Schneeblindheit schien sich kein Hindernis entgegenzustellen. Aber schon als wir die Marschallsbucht passierten, fanden wir so hohe Schneewehen, daß wir mit dem Schlitten stehen blieben. Wir mußten abladen, das Gepäck auf den Rücken nehmen und für die Hunde eine Bahn treten. So schlugen wir uns durch bis an die Mündung des Mary Minturnflusses, wo das Wasser erst später zugefroren war und wir daher eine lange Strecke ebene Bahn fanden. Wir kamen nun rascher vorwärts und gelangten am 4. Mai an den Fuß des großen Gletschers. Dieser Erfolg wurde jedoch teuer erkauft. Schon vom 3. an zeigte sich der

Grünsteinklippe: Tennysons Denkmal.

Skorbut wieder in bedenklicher Weise. Wir versanken bei unserer Reise
längs der Küste oft bis an die Hüften im Schnee, und die Hunde waren
so vergraben, daß man nicht daran denken konnte, sie zum Ziehen zu ge=
brauchen. Die außerordentliche Schneeablagerung hatte wahrscheinlich
ihre Ursache in kalten, niederschlagenden Winden, welche von dem be=
nachbarten Gletscher abprallen; denn im Rensselaer Hafen hatten wir
durchschnittlich nur 10 cm Schneetiefe. So mußten wir wiederholt die
Schlitten abladen und dieselben auch selbst schleppen, eine Anstrengung,
welche wassersüchtige Anschwellungen und große Hinfälligkeit zur Folge
hatte. Drei Leute wurden von der Schneeblindheit befallen, ein vierter
bekam zu seinem Skorbut noch Anfälle von Brustkrankheit, und am 4. Mai
wurde noch ein fünfter dienstuntauglich. Vielleicht wären wir dennoch
weiter gegangen, aber zu allen Übeln kam noch das größte, daß die Bären
unsere Proviantverstecke gefunden und erbrochen hatten, und so war die
Hoffnung vernichtet, unsere Vorräte aus den verschiedenen Depots er=
gänzen zu können. Dies war gewiß ein unverschuldetes Unglück, denn
die Offiziere, welchen die Anlegung der Depots anvertraut war, hatten
alles Mögliche getan, um sie sicherzustellen. Die Pemmikanfässer waren
mit Steinblöcken bedeckt, zu deren Handhabung drei Männer erforderlich
waren; aber die außerordentliche Kraft des Bären befähigt ihn, die
schwersten Felsklumpen zu beseitigen, und mit seinen Klauen hatte er
die eisernen Fässer buchstäblich zerfetzt. Das Spiritusfaß, dessen Her=
schaffung im vorigen Herbst mich eine besondere Reise gekostet, war so
vollständig zerstört, daß nicht eine Daube davon mehr aufzufinden war.
Auf der Höhe von Kap James Kent, ungefähr zwei deutsche Meilen von
den Drei Brüdern, wurde ich selbst, während ich die geographische Breite
aufnahm, von Krämpfen und Ohnmacht befallen. Meine Glieder waren
steif, und es zeigten sich Symptome unseres Winterfeindes, des Starr=
krampfes. Ich wurde auf den Schlitten gebunden, und weiter ging die
Reise, wie bisher. So konnte man nur zwei Meilen des Tages zurück=
legen; aber meine Kräfte sanken so rasch, daß mir selbst die sonst so be=
hagliche Temperatur von 3° unter Null (— 15° R.) unerträglich war. Es
erfror mir der linke Fuß, was einen störenden Aufenthalt verursachte, und
in der Nacht zeigte sich deutlich, daß die Gliedersteife von wassersüchtigen
Ergüssen herrührte. Am 5. Mai bekam ich Delirium und wurde jedesmal
ohnmächtig, wenn man mich aus dem Zelte auf den Schlitten brachte.

Meine Kameraden stellten mir vor, daß es selbst bei guter Gesundheit
unmöglich sei, weiter zu kommen. Der Schnee wurde immer tiefer, manche

Wehen waren gar nicht zu passieren. Auch unter der übrigen Mannschaft war der Skorbut mit ähnlichen Symptomen wie bei mir ausgebrochen; selbst Morton, der stärkste von allen, wurde hinfällig. So wenig mir aus jener Periode erinnerlich ist, so weiß ich doch, daß ich diesen fünf braven Männern, Morton, Riley, Hickey, Stephenson und Hans, meine Rettung zu danken habe.

Obwohl sie selbst kaum noch fortkommen konnten, schafften sie mich doch in forcierten Märschen zurück, nachdem sie unsere Vorräte und das Gummiboot bei der Dallasbucht versteckt hatten. Am 14. Mai wurde ich in die Brigg wieder aufgenommen und schwebte eine Woche lang zwischen Leben und Tod. Nach des Doktors Befund hatte ich neben dem Skorbut auch noch ein typhöses Fieber. Stephenson wurde in ähnlicher Weise ergriffen. Unsere schlimmsten Symptome waren wassersüchtige Ergüsse und Nachtschweiße.

Der arme Schubert, unser lustiger französischer Koch, mit seinem reichen Schatz Bérangerscher Lieder, war unterdes in eine bessere Welt heimgegangen. Sein stets heiteres Gesicht und die Schnurren vermißten wir sehr in unserer traurig=engen Wohnung.

Als wir vor einem Monat gegen Norden aufbrachen zu einer Reise, die bis in die Mitte des Juni hätte dauern sollen, hatte ich angeordnet, die Niederlage auf der Butlersinsel einzuziehen und die Vorräte rund um das Schiff aufs Eis zu legen. So wurde den Eskimos die Versuchung und Möglichkeit des Plünderns benommen, und die Sachen waren zum sofortigen Einladen zur Hand, wenn irgend ein Zwischenfall dies erforderlich machen sollte. Ohlsen hatte die Weisung erhalten, das Einladen allmählich zu betreiben, die Winterbedachung des Schiffes abzunehmen und das Vorderkastell wieder bewohnbar zu machen. Alles war bei meiner Rückkunft gut und tüchtig ausgeführt, und ich fand das Schiff so geladen und hergerichtet, daß wir in vier Tagen in See hätten gehen können. Das Quarterdeck hatte nun allein noch seinen Überbau, und hier wohnten die Offiziere und sämtliche Kranke. Der Wind spielte zwar etwas in diesem Bretterhause, aber dies war für die Kranken weit wohltätiger als die weniger gelüfteten Räume unterhalb.

Den Hans dispensierte ich nunmehr von allen andern Geschäften und stellte ihn lediglich zur Jagd an, versprach ihm auch ein Geschenk für seinen Schatz, wenn wir nach Fiskernaes kämen. Er schoß sofort die zwei ersten Renntiere, was uns 70 kg schönen Wildbraten verschaffte, eine wahre Wohltat für unsere kranken und herabgekommenen Leute. Über=

haupt war nun die Zeit des Entbehrens vorüber, und mit dem Tageslicht
auch die Aussicht wiedergekehrt, daß wir keinen Mangel an gesunder
Nahrung mehr leiden würden. Schon am 1. Mai waren die freundlichen
Schneeammern zu unseren Felsen zurückgekehrt, die uns erst am 4. Nov.
verlassen, und erfüllten die Luft wieder mit ihrem lieblichen Gezwitscher.
Von Seehunden fing es buchstäblich an zu wimmeln. Ich habe gelernt,
ihr Fleisch dem des Renntieres vorzuziehen, wenigstens das der weiblichen
Robbe, das von dem widerlichen Geruche frei ist, welcher dem Männchen
anhängt.

Seit dem 12. Mai waren die Seiten der „Advance" frei von Schnee
und das Takelwerk rein und trocken. Die Eisfelder gingen in raschem
Verlauf die merkwürdigen Prozesse des Zerfallens durch, und das Winter=
eis war nur zwei Meter dick. Am 20. brachte man die Neuigkeit, daß
eine Burgemeistermöwe gesehen worden sei, eines der frühesten und
sichersten Zeichen des wiedererscheinenden offenen Wassers. Es war kein
Wunder, daß wir in Eis vermauerten Einsiedler auf solche Dinge achteten
und uns ihrer freuten; sie waren Pfänder des wiederkehrenden Lebens,
ein Ölzweig in dieser traurigen Wüste. Wir fühlten den Frühling in
jedem Pulsschlage.

Das erste, was ich nach meiner Rückkehr tat, war die Absendung
Mac Garys nach dem Süden, um zu untersuchen, ob unser erstes Provisions=
versteck mit dem Rettungsboote noch in guter Beschaffenheit sei. Er machte
die Reise im Hundeschlitten binnen vier Tagen und kehrte mit der sehr
erfreulichen Nachricht zurück, alles sei wohlerhalten. Die angenehmste
Erscheinung auf seiner Reise war ihm aber eine Spalte offenen Wassers,
die sich wie eine Zunge nach dem Zufluchtshafen hin erstreckte.

Sobald ich mich etwas besser fühlte, begann ich darauf zu denken,
wie das Fehlschlagen unseres nördlichen Ausflugs wieder gut zu machen
sei. Leider waren unsere Mittel und Kräfte sehr zusammengeschmolzen.
Schubert war gestorben und sein Tod hatte einen ungünstigen Eindruck
auf die Gemüter hinterlassen. Nur drei Mann waren dienstfähig; von
den Offizieren lagen Wilson, Brooks, Sontag und Petersen danieder.
Außer Sontag, Hayes und mir verstand niemand eine Landaufnahme zu
leiten, und von uns dreien war nur Dr. Hayes auf den Füßen.

Nach den Hindernissen, welche unseren Fortschritten am Humboldt=
gletscher ein Ziel setzten, blieb uns noch übrig, die westliche Küste des
Sundes, von Kapitän Inglefields Kap Sabine an, aufwärts zu unter=
suchen. Es war nötig festzustellen, ob der Smithsund in seiner weitern

Erstreckung in noch weiter entlegene Kanäle ausmünde, und dies war uns um so näher gelegt, als unsere Beobachtungen uns gezeigt, daß die nördliche Küste nach Osten umbiege und nicht nach Westen, wie unser Vorgänger angenommen. Der Winkelunterschied von 60° zwischen seiner Karte und der unserigen war nicht geeignet, über die wahre Beschaffenheit jener unbekannten Breiten Aufschluß zu geben. Ich beschloß, mich bei diesen bevorstehenden Reisen fast ganz auf die Hunde zu verlassen und die Erforschungspartien eine nach der andern abgehen zu lassen, so rasch es die Hunde würden ausführen können. Dr. Hayes wurde zur Ausführung dieses Vorhabens ausersehen; ich selbst war erst soweit, daß ich mit einiger Unterstützung die Runde an den Krankenbetten machen konnte, und so mußte ich mich damit begnügen, in dieser Art dienstlich zu sein.

Ich gab dem Doktor, der noch keine Reise unternommen hatte, einen Schlittenzug und unseren besten Treiber, Godfrey, mit. Er sollte in so gerader Linie als möglich über den Sund und auf Kap Sabine zu gehen. Längs des jenseitigen Küstenzuges konnte leicht das Eis ebener und fahrbarer sein, als auf der grönländischen Seite, wo der große Gletscher seine Massen von Eisbergen aussendet, die das Eis in Aufruhr bringen. Die beiden erhielten den von Ohlsen gebauten kleinen Schlitten. Der Schnee war jetzt so wässerig, daß fast kein Feuer nötig war, um Wasser zu bekommen; sie konnten also Spiritus und Talg missen und um so mehr Pemmikan mitnehmen. Die Hunde waren wieder in ausgezeichnetem Stande. Voll lobenswerten Eifers verließ die Partie am 20. Mai das Schiff. Sie hatten prächtiges Wetter, einen klaren, milden Sonnenschein, der die Robben haufenweise aus ihren Löchern auf das Eis lockte. Die Anzeichen des nahenden Sommers mehrten sich, und wir hatten fleißig acht darauf, da uns die Schwäche wenig Ernsthaftes zu tun erlaubte. Die Andromeda (eine Heidepflanze) fand sich um diese Zeit bereits mit jungen Trieben unter dem Schnee. Das Eis verlor rasch an Zusammenhang; es fiel Schnee, der wieder zerfloß. Leichter Nebel umzog in den letzten Maitagen das Land; die bisherige Klarheit der Atmosphäre hörte auf, und der Himmel nahm sein asch= oder perlfarbiges Sommerkolorit an. Wir konnten nun süßes Wasser aus den Felsspalten holen, und die Eisberge ließen kleine Wasserfäden herabrinnen. Der Eisgürtel war kaum noch erkennbar, abgerundet, gesunken und gebrochen, seine Basis mit Wassertümpeln überflutet. Jetzt war er dem Schiff, das er durch sein fortwährendes Wachsen im Winter bereits nach hinten gehoben, nicht mehr gefährlich.

Die Eisberge fingen in der Tat viel eher an zu schwinden, als sich die Thermometer bis auf den Taupunkt hoben. Die Veränderungen dieses Eises bei Temperaturen weit unter dem Gefrierpunkt bestätigen meine schon früher gewonnene Ansicht, daß die Wirkungen des direkten Auftauens nicht die Hauptsache sind. Ich bin überzeugt, daß die Ausdehnung des Eises nach sehr niedrigen Temperaturen, die Sprünge und Einsickerungen in deren Folge, die Temperatur-Verschiedenheiten zwischen Eis und See= wasser, und die chemischen Beziehungen zwischen beiden, die mechanischen Wirkungen durch Druck, Einsturz, Bruch und Reißen, die Wirkungen der sonnebeschienenen Schneeflächen, das Fallen warmen Schnees, Ströme, Winde, Eistreiben und Wogenschlag im Verein tätig sind, die große Masse des Polareises beim Nachlassen der extremen Kälte so zerbrochen und zusammenhanglos zu gestalten, daß in den wenigen Wochen des Sommertauwetters nicht mehr viel zu tun bleibt, um es vollends auf= zureiben.

Robben von der zottigen Abart, die Netsik der Eskimos und Dänen, werden immer zahlreicher auf den Eisfeldern. Sie legen sich vorsichtig in die Sonne neben ihre Eislöcher. Mit Hilfe des Eskimo=Jagdkunststücks, daß ein weißer Schirm auf einem Schlitten langsam vorgeschoben wird, bis der Jäger in Schußweite kommt, hat Hans vier von ihnen geschossen. Wir haben jetzt mehr frisches Fleisch, als wir genießen können; wir haben in den letzten drei Wochen, außer den Seehunden Schneehühner, Kaninchen und zwei Renntiere. Dies befreit uns rasch vom Skorbut.

Wie könnte ich bei all diesen so plötzlich gekommenen Hilfsmitteln an dem Schicksal Franklins und seiner Genossen verzweifeln? Können sie noch leben? Vier Monate früher, in Dunkelheit gehüllt und von Krankheit gebeugt, hätte ich wohl mit nein geantwortet. Aber mit der Rückkehr des Lichts kommt ein wildes Volk herunter zu uns, das nur die rohesten Jagdgeräte besitzt und das sich 40 Meilen von unserem Anker= grunde fett gemästet hatte, während ich der Gegend alle Hilfsmittel ab= sprach. Offene Wasserstellen finden sich, wie wir nun wissen, selbst im härtesten Winter hier und da, und an solchen gibt es Seehunde, Walrosse und zeitig ankommende Vögel in Menge.

In einem Punkte habe ich meine Meinung geändert, nämlich über die Befähigung des Europäers oder Amerikaners, sich an das Klima des hohen Nordens zu gewöhnen. Gott möge allerdings jeden zivilisierten Mann vor dem Schicksal bewahren, eine Reihe von Jahren in dieser auf= reibenden Finsternis zubringen zu müssen. Aber um den Polarkreis, selbst bis zum 72. Grade hinauf, wo es nur darauf ankommt, der Kälte zu widerstehen, können sich Menschen akklimatisieren, denn es ist hell genug, um im Freien arbeiten zu können.

Ich kann mir kaum denken, daß von den 138 auserlesenen Männern Franklins, worunter Bewohner der Orkneyinseln, Walfischfänger, junge, abgehärtete Männer, unter so intelligenter Führung, nicht noch einige am Leben sein sollten. Vielleicht haben doch ein oder einige kleine Trupps, mit oder ohne Hilfe der Eskimos, einen Jagdgrund gefunden, wo sie von

Die Brigg im Monat Mai.

Sommer zu Sommer Speise und Brennstoff und Renntierhäute genug eintragen konnten, um drei, vier Winter sich zu halten.

Die rätselhaften Vorgänge im Körper, wenn er sich einem fremden Klima anbequemt, sind hier noch weit auffallender als unter den Tropen. Ungleich den schleichenden, bösen Einflüssen eines heißen Klimas, sind im Polarkreis die Anfälle unmittelbar und plötzlich; sie entscheiden rasch. Es bedarf kaum eines einzigen Winters, um sagen zu können, wer ein Hitze erzeugender, akklimatisierter Mann werden wird. Petersen z. B., der sich zwei Jahre in Uppernivik aufgehalten hat, betritt selten einen ge= heizten Raum. Ein anderer von uns, Georg Riley, hat sich so an die

Kälte gewöhnt, daß er auf unseren Schlittenreisen ganz ohne andere Decke als seine Kleidung schläft, während draußen eine Temperatur von 30° unter Null herrscht. Die Mischlinge auf der Grönlandsküste nehmen es ebenfalls mit den Eskimos in Ertragung von Kälte auf. Solcher Männer mußten viele unter Franklins Leuten sein. Ich kann mir, wie gesagt, eine Katastrophe, welche den Untergang der gesamten Mannschaft herbeigeführt, gar nicht vorstellen. Ich denke, sie werden sich in kleine Abteilungen aufgelöst haben, und eine oder die andere hat doch eine Wasserstelle gefunden, die infolge von Flutschnellen offen bleibt, wo sie Füchse fangen, Bären, Seehunde, Walrosse und Walfische erlegen können.

Es ist nunmehr gerade ein Jahr, daß wir New York verließen; ich bin nicht mehr so sanguinisch wie damals; Zeit und Erfahrung haben mich ernüchtert. Alles um mich her ist dazu angetan, Enthusiasmus und selbst mäßige Hoffnung daniederzuhalten. Ich liege hier in gezwungener Untätigkeit, ein gebrochener Mann, von Sorgen gebeugt, mit noch vielen Gefahren vor mir und einem harten Winter hinter mir, der mir zwei meiner besten Genossen raubte. Und doch bleibe ich noch jetzt, nach zwei unergiebigen Forschungsexpeditionen, bei meiner eben ausgesprochenen Meinung stehen.

Am 1. Juni morgens kündigte Hundegebell von außen die Rückkehr von Dr. Hayes und Godfrey an. Beide waren völlig schneeblind, und der Doktor mußte, um seinen Bericht abzustatten, an mein Bett geführt werden. Er war so erschöpft, daß ich ihn nicht reden ließ und meine Neugier bezähmte, bis er sich ausgeruht und gestärkt hatte. Auch die Hunde hatten viel gelitten und wurden, als die Unentbehrlichen, in sorgsame Pflege genommen. Sie waren schneller wieder auf den Beinen als ihre Herren.

Hayes nahm, nachdem er das Schiff verlassen, eine genau nördliche Richtung, traf dabei auf das uns vom März her bekannte zerquetschte Eis und wandte sich daher östlich. Ich hatte ihn angewiesen, nach dem Smithsund hinabzugehen, in der Meinung, daß weiter unten weniger Eisberge sich finden, und auch wegen größerer Nähe der beiden Küsten der Übergang leichter sein würde. Der Doktor hatte aber eine weniger gekrümmte Route vorgezogen und war am 21. Mai schon so weit, daß er von einem Eisberge aus viele Punkte der gesuchten Küste in Sicht bekam. Am 22. Mai stießen sie auf einen Wall von Hummocks, mehr

als 6 m hoch, der sich weithin nach Nordost erstreckte. Sie brauchten
drei Tage, um sich durch diese Trümmerwüste hindurchzukämpfen, wurden
zuweilen von Nebeln befallen, sahen ab und zu die gesuchte Küste in
Nordwest und erreichten sie am 27. Mai. Ohne die Hunde, sagt Dr. Hayes,
hätten sie oft keinen Schritt weiter vorwärts gekonnt. Tiefe Höhlungen
und Spalten, mit trügerischem Schnee ausgefüllt, lagen zwischen den Eis=
barrikaden versteckt; häufig stürzte der Schlitten um und kollerte mit
Hunde und Ladung in irgend eine Tiefe hinab. Sie hatten, um die ganz
undurchdringlichen Partien des Eislabyrinthes zu umgehen, ungeheure
Umwege machen müssen, denn zwischen dem Rensselaer Hafen und dem
zuerst erreichten Punkte der gegenüberliegenden Küste beträgt die direkte
Entfernung nicht mehr als 22 deutsche Meilen, während die Reisenden
nach allgemeinem Überschlag wenigstens 70 zurückgelegt hatten.

Ihre schlimmste Feindin war die Schneeblindheit; sie wurde so schlimm,
daß sie ein paar Tage geradezu liegen bleiben mußten, bis ihre Sehkraft
sich wieder gestärkt hatte. Ein Glück war es, daß bei diesem gezwungenen
Halt das Wetter mild und erträglich war. Von dieser Station aus nahmen
sie in verläßlicher Weise die Küstenlinie auf und bestimmten die geogra=
phische Breite auf 79° 24′ 4″. Ein schönes Vorgebirge nannte ich schuldiger=
maßen nach dem Entdecker Hayes.

Die Reisenden folgten nun auf dem Eise der Küste vorwärts; mit
Aufnahme derselben beschäftigt, trafen sie aber bald auf neue Schranken
zerbrochenen Eises, die ihre letzten Kräfte in Anspruch nahmen. Am
26. Mai brach Godfrey, einer der tüchtigsten Reisenden, zusammen, und
die unentbehrlichen Hunde waren in schlechter Verfassung. Das rohe
Geschirr, das fort und fort dem Verwickeln und Reißen ausgesetzt ist,
war so oft und ungenügend ausgebessert worden, daß es fast unbrauchbar
wurde. Dies ist bei solchen Schlittenreisen eines der größten Übel, das
einem begegnen kann. Der Eskimohund zieht an einem einzelnen Riemen
von Seehund= oder Walroßhaut, und die Anspannung geschieht immer
nebeneinander. Diese verschiedenen Riemen, 7, 9—14, verschlingen und
verwirren sich natürlich fortwährend, wenn die halbwilden oder gescheuchten
Tiere links und rechts von der eigentlichen Richtung abspringen. Bei Tau=
wetter werden diese Zugriemen äußerst glatt und geschmeidig, und dann
kann auch die bloße Hand mit einiger Geduld eine solche Verfitzung lösen;
bei strenger Kälte aber bietet das Messer das einzige Hilfsmittel, und
zwar, wenn oft dazu gegriffen wird, ein gefährliches, denn durch jeden
Schnitt und neuen Knoten werden die Riemen verkürzt, und es kommen

die Hunde endlich so nahe an den Schlitten, daß sie keinen gehörigen Spielraum mehr haben. Nur durch Aufopferung eines guten Teils seiner Seehundshosen gelang es dem Doktor, die zerstückten Zugriemen wieder zu ergänzen. Aber diese Tat wurde auch belohnt; man fand kurz darauf ein altes Eisfeld, auf welchem sie glücklich die bis dahin unnahbare Küste erreichten. Dies war der erste gelungene Versuch, zu dem nördlichen Lande vorzudringen, denn die drei ersten organisierten Fußpartien waren durch das Eis in ihren Erfolgen vereitelt worden. Der erreichte Punkt liegt unter 79° 42′ nördlicher Breite und 69° 12′ westlicher Länge. Man konnte die Küste auf etwa acht deutsche Meilen weit nördlich und östlich überschauen. Hier war der Endpunkt dieser Reise, den zwei große Vor= gebirge, Kap Joseph Leidy und John Frazer, bezeichnen. Die Klippen bestanden aus Kalk= und Sandstein, wie die gegenüberliegenden der Peabodybai, und stiegen im Norden höher als 600 m. Der Eisgürtel war zwischen 15 und 50 m breit und stand gegen die von den Klippen herabgestürzten schwarzen Trümmer wie ein blanker Sims von blendendem Weiß. — Am 28. Mai beschäftigten sich die Reisenden damit, ihren Schlitten auszubessern, der völlig zerbrochen war, und pflegten ihre Hunde so gut sie nur immer konnten. Es waren nur 9 kg Pemmikan vorhanden und keine Aussicht, etwas zu jagen; die Umkehr war daher eine Not= wendigkeit. Die Fahrt ging nun in der entgegengesetzten Richtung auf Kap Sabine zu, und nachdem sie diesen Punkt bestimmt und mit der neu= entdeckten Küstenlinie in Verbindung gebracht hatten, gingen sie daran, in mehr südlicher Richtung über die Bai zu setzen.

Glücklicherweise fanden sie diese Passage frei von Eisbergen; aber ihre Lebensmittel waren fast aufgezehrt und die Hunde erschöpft. Sie warfen ihre Schlafsäcke und mehrere von ihren Kleidungsstücken weg und gewannen dadurch eine Erleichterung um beinahe 25 kg. Jetzt ging die Fahrt besser von statten und endete am 1. Juni mit ihrer Ankunft an Bord des Schiffes.

Durch diese Reise wurde ein großes Stück Küste entdeckt und mit den Aufnahmen meines Vorgängers in Verbindung gesetzt; aber es wurde durchaus kein Ausgang aus dieser Bai gefunden. Und doch war ich überzeugt, daß solch ein Ausgang existieren müsse; diese große Kurve konnte keine Sackgasse sein. Die allgemeine Bewegung der Eisberge, Fluten und Strömungen und die aus der physischen Geographie geschöpften Analogien führten entschieden zu dieser Annahme. Um hierüber ins klare zu kommen, bereitete ich eine neue Expedition vor, welche nunmehr

in nordöstlicher Richtung operieren sollte. Nur in dieser Richtung war
es möglich, neues zu finden, und diese Expedition der letzte Einsatz, den
ich überhaupt noch machen konnte. Sie sollte mittels Hundeschlitten aus=
geführt werden, und eine Partie zu Fuße sollte sie unterstützen, indem sie
Lebensmittel bis zum großen Gletscher herausschaffte. Ich selbst konnte
sie leider nicht begleiten, denn ich lag noch immer am Skorbut danieder.

Mac Gary, Bonsall, Hickey und Riley waren für die erste Abteilung
der neuen Expedition bestimmt; sie begleitete Morton mit der Weisung,
sich so wenig als möglich anzustrengen, um recht frisch das ihm zugewiesene

Reise durch die Eispässe.

Stück der zu erforschenden Linie aufnehmen zu können. Den Hans behielt
ich noch zurück bei den Hunden, damit er uns auch durch seine Jagd noch
so lange als möglich nützlich sein konnte.

Die Gesellschaft zog am 4. Juni ab, mit leichtem Gepäck und einem
großen, breitkufigen Schlitten, um besser durch den Schnee zu kommen.
Sie sollte unsere letzte Reiselinie verfolgen, und sich aus den unterwegs
niedergelegten Vorräten versorgen und bis zum großen Gletscher vor=
dringen. Hans sollte ihnen sodann mit den Hunden nachfolgen, und
während Mac Gary mit drei Mann versuchen sollte, den Gletscher zu
besteigen und zu messen und einen Blick ins innere Land zu tun, sollten
Morton und Hans mit dem Hundeschlitten die Bai des Gletschers über=
schreiten und die jenseits liegende Küste besichtigen.

An die Möglichkeit, den Gletscher zu ersteigen, glaubte ich nicht. Die meiste Erwartung hegte ich von Morton, einem Manne von Intelligenz, Mut und Ausdauer; er hatte einen Sextanten, einen künstlichen Horizont und einen Taschen-Chronometer mit sich genommen.

Wir sind nun allein und können nichts weiter tun als warten, bis das Eis uns gestatten wird, uns aus unserer Gefangenschaft zu befreien. Die Sonne scheint warm, und die Luft gemahnt uns an einen heimischen Sommer. Wir sind eine Gesellschaft von Patienten, denn außer Ohlsen und Whipple ist kein gesunder Mann mehr an Bord. Wir benutzten unsere Muße, um den Witterungswechsel, und was der Sommer an Vögeln, Insekten und Gewächsen mit sich bringt, zu beobachten. Eine Fliege schwirrt heute (6. Juni) um Godfreys Ohr; Petersen brachte einen Cocon, aus dem sich das Insekt bereits herausgefressen. Hans bringt täglich einen oder ein paar Seehunde, und mitunter ein Schneehuhn oder einen Hasen. Auch eine Schnepfe wurde gleich am Tage ihrer Ankunft glücklich erlegt. Die Andromeda zeigt frisches Grün zwischen ihren alten, rotbraunen Stengeln; die Weiden stehen in Saft und Trieb, und die vorjährigen Kätzchen fallen ab. Auch Hungerblume, Sternblume und Flechten kann ein an diese schlummernde Vegetation gewöhntes Auge entdecken; die Steinbrechrasen sind im Innern schon grün und saftig, aber dies liegt noch tief unter dem Schnee versteckt. So sind wir sicher, daß der Sommer kommt, obgleich unser Eisloch noch allnächtlich zufriert und die Eisdecke so fest als jemals ist. Die Seehunde, die wir jetzt hier jagten, sind alle von der rauhen oder borstigen Art; das Fleisch dieser Robben wird von den Dänen auf Grönland allgemein gegessen und bildet beinahe die Hauptkost des Eskimos. Im rohen Zustande hat es ein schwabbeliges Ansehen, eher wie geronnenes Blut als wie wirkliches Muskelfleisch; gekocht wird es kohlschwarz. Es ist dann fester, aber mürbe und zart, mit nur ganz wenig Ölgeschmack, da der frische Speck um diese Zeit lieblich und schmackhaft ist.

Man schießt die Robben, während sie bei ihren Atlucks oder Atemlöchern liegen. Gegen die Mitte des Sommers hin kann man ihnen leichter beikommen; ihre Augen sind dann so vom Sonnenlicht angegriffen, daß sie zuweilen fast blind sind. Es ist merkwürdig, daß, wenn ein frischgetöteter Seehund ein paar Stunden der Sonne ausgesetzt ist, die Haut blasig aufgetrieben und zerstört, oder, wie die Seeleute sagen, gekocht wird. Wir haben mehrere Häute auf diese Weise verloren. Außer der erwähnten Robbenart besuchte nur noch die bärtige Robbe den Rensselaer Hafen.

Ich habe an einigen 3 m Länge und $2^1/_2$ m Umfang gemessen; infolge seiner plumpen Größe verwechselten wir das Tier nicht selten mit dem Walroß.

Der borstige Seehund kann nur Eis von einem Jahresalter durchbrechen und erscheint mithin da, wo das Jahr vorher offenes Wasser war. Die bärtige Robbe macht gar keine Atlucks und ist mit ihrem Luftbedarf auf zufällige Eisspalten angewiesen. Sie zieht sich daher nach Stellen, wo Eisberge und Felder in Bewegung gewesen sind, und verbreitet sich über größere Räume, während ihre kleineren borstigen Brüder sich in volkreiche Haufen zusammendrängen.

Als ich einmal nach den Eskimohütten unterwegs war, sah ich eine große bärtige Robbe auf dem Eise sich sonnen und schlafen. Um ihr näher zu kommen, gebrauchte ich das erfrischende Mittel, mich auf den Bauch zu legen, und so, gedeckt von kleinen Eisbuckeln, allmählich vorwärts zu kriechen. Als ich endlich in Schußweite kam, sah ich das Tier eine plumpe Seitenwendung machen und plötzlich den Kopf heben. Augenscheinlich hatte dies keinen Bezug auf mich, denn es wandte den Kopf fast in die entgegengesetzte Richtung. Nunmehr sah ich aber auch, daß ich einen Jagdnebenbuhler hatte, und zwar einen großen Bären, welcher, gleich mir auf dem Bauche liegend, mit löblicher Geduld auf Gelegenheit zum Näherkommen wartete. Was war hier zu tun? Der Bär war mir natürlich mehr wert als die Robbe, aber diese war in Schußweite und jener ein Sperling auf dem Dache. Anderseits war ich wehrlos, sobald ich meine Kugel auf die Robbe abgegeben hatte. Ich hätte dem Bären einen Braten geschossen und konnte mit meiner Person als Dessert dienen. Diese Betrachtungen fanden bald ihr Ende, denn eine zweite Bewegung der Robbe erregte mein Jägerblut so, daß ich abdrückte. Es ging nur das Zündhütchen los. Augenblicklich platschte die Robbe ins Wasser und verschwand in der Tiefe; der Bär machte drei bis vier Sätze und stand verdutzt auf dem Platze, den noch eben die Robbe eingenommen hatte. Einen Augenblick starrten wir uns gegenseitig an; dann wandte sich der Bär mit jener Selbstbeherrschung, welche den Starken ziert, und lief in der einen Richtung weg, während ich in der andern das Gleiche tat.

Die allgemeine Annahme, daß der Polarbär mit dem Walroß kämpfe, findet bei den Eskimos am Smithsund keinen sonderlichen Beifall. Meine eigne Erfahrung widerspricht dem gänzlich. Das Walroß entfernt sich nie weit vom Wasser, und in diesem seinem Elemente hat es keinen

Rivalen. Ich habe den Bären dem bärtigen Seehund nachtauchen sehen, aber bei der dicken Haut und der großen Kraft des Walrosses ist ein solcher Angriff untunlich.

Am 9. Juni konnte ich den ersten Gang wieder ins Freie machen. Ich war sehr erstaunt über die Beschaffenheit der Eisdecke. Bisher hatte ich mich auf die Aussagen meiner Gefährten verlassen müssen und glaubte den Auftauprozeß in vollem, raschem Gange. Aber sie waren im Irrtum; ich sah, daß wir einen späten Sommer haben würden. Der Eisgürtel hatte sich weder in der Breite noch in der Höhe wesentlich vermindert, sein Fuß war kaum von den Fluten angegriffen. Die Eisebene zeigte sich weniger verändert, als zu erwarten war, und ich mußte mich auf die Möglichkeit gefaßt machen, daß wir für diesmal nicht aus dem Eise frei werden würden. Und das war schlimm genug, denn wir hatten keine Kohlen für eine zweite Durchwinterung, unsere Vorräte frischen Fleisches waren erschöpft, und die Kranken bedurften einer Veränderung, wenn es besser mit ihnen werden sollte.

Auf einem andern Ausgange an die Küste, am 11. Juni, traf ich die Andromeda in Blüten und die Steinbrecharten und Riedgräser grünend zwischen den vorjährigen trockenen Stöcken. Dieses rasche Vorschreiten der Vegetation hat etwas absonderlich Anziehendes. Die Andromeda tetragona ist rasch bis zum Fruchtansatz vorgeschritten, ohne daß noch die Stengel und Blättchen sich entsprechend entwickelt hätten. Allerdings haben alle Heidekräuter — und es wachsen drei Arten um unseren Hafen — nur ein kümmerliches, torfmooriges Ansehen. Statt des graziösen Wuchses, der sie anderwärts auszeichnet, bildet sie hier einen niedrigen, torfigen Filz, doch dicht mit Blüten besetzt.

Wenige bei uns zu Hause werden die Schutzkraft dieser warmen Schneedecke richtig zu würdigen wissen. Keine Eiderdaunen können das Kind in der Wiege sanfter betten, als es die Schlafdecke dieses schwachen Pflanzenlebens tut. Der erste warme August= und Septemberschnee legt sich über einen dichten Teppich von Gräsern, Heiden, Weiden und Blumen, und schließt alles wie in eine warme Kammer ein. Bis zum Eintritt des harten Winters wächst die Decke 2 bis 3 m dick; der obere Schnee ist fein und dicht, die untere Lage locker und porös, und in ihr erhalten sich die Pflanzen ihre Lebenskraft. Der Frost des Erdreichs dringt nicht bis zu dieser flachen Vegetationszone. Ich habe mitten im Winter bei $78^1/_2{}^0$ Breite den Boden so feucht gefunden, daß man ihn zerreiben konnte, und in dem Schnee auf den Eisfeldern fand ich, bei einer Außen=

temperatur von — 30°, bei $\frac{1}{2}$ m Tiefe — 8°, bei 1 m + 2°, und bei $2\frac{1}{2}$ m + 26° (circa 3° Kälte nach R.).

Am 16. Juni besuchten uns zwei langschwänzige Enten, schöne Tiere, sowohl im Fluge als in Ruhe. Außer ihnen hatten wir um diese Zeit zu Gesellschaftern in unserer Einöde Schneeammern, Schnepfen, die Burgemeistermöwe, Schneehühner, nordische Taucher; aber nur vereinzelte Paare, die Schneeammern ausgenommen, die in Scharen unsere Felsen bevölkern und uns mit ihrem Gesang an die Heimat gemahnen. Am 20. Juni brachte mir Petersen zu meinem Erstaunen eine ganze Hand voll Scharbockfraut, das ich früher hier weder bemerkt noch vermutet hatte. Ich nahm es dankend an und aß es alsbald auf, ohne erst zu tun, als wollte ich den andern etwas davon geben. Die Pflänzchen waren etwa zollhoch, aber mit aufbrechenden Blüten versehen.

Am 21. Juni, zum Sommersolstitium, fiel bereits wieder ein feuchter, flockiger Schnee, der auf unserem Deck schmolz und der großen schmutzigen Eisfläche ein reines Gewand anzog. Es ließen sich nun auch Eidergänse sehen, hielten sich aber nicht auf, sondern flogen gen Süden. Sie schienen Brüteplätze zu suchen, aber das viele Eis mochte sie verscheuchen. Ohlsen und Petersen sahen bei einem Ausflug ans Land Renntiere und brachten ein schönes Exemplar der Königsente mit. Es war ein vereinzeltes Männchen, glänzend an Kopf und Nacken in Orange, Schwarz und Grün.

In dem Befinden unser aller ist zwar eine langsame, doch merkliche Besserung eingetreten. Ich gebe den Leuten leichte Beschäftigung und lasse sie fleißig sich sonnen. Des Nachmittags wandeln wir an die Küste und suchen im Schnee nach saftigen Pflanzen. Unter diesen erweist sich Weidenrinde als ein ausgezeichnetes tonisches und hoffentlich antiskor= butisches Mittel.

Ein Bärenbesuch im Zelte.

Neuntes Kapitel.

Mac Garys und Bonsalls Reise. Der Bär im Zelte. Plünderungen durch Bären. Reise von
Morton und Hans. Offenes Wasser. Der Kennedy-Kanal. Vögelscharen. Eine Bärenjagd.
Franklins und Lafayettes Inseln. Kap Constitution. Nördlichste Umschau und Rückkehr.

Am 26. Juni abends kehrte Mac Gary und Bonsall mit Hickey und
Riley zurück. Sie waren wohlauf, nur hatte der Schnee ihre Augen
stark angegriffen. Mac Gary war völlig blind. Ihre Aufträge hatten sie
vortrefflich erfüllt. Sie brachten eine fortlaufende Reihe von Beobach=
tungen mit, welche vollkommen mit den von mir und Sontag früher
gemachten übereinstimmten. Die Aufnahme der grönländischen Küste im
ganzen konnte nun als genügend erscheinen, und auf der gewonnenen
Basis konnten die kleineren Details nachgetragen werden.

Die Reisenden hatten den Humboldtgletscher am 15. Juni, also nach
nur zwölftägigem Marsche, erreicht. Sie hatten bei Überschreitung der
Gletscherbucht viel Umsicht an den Tag gelegt, und würden, obwohl überall
durch tiefen Schnee gehemmt, doch weit länger haben ausbleiben können,
hätten nicht die Bären die Lebensmitteldepots zerstört gehabt. Den Glet=
scher konnten sie, wie ich mir gleich gedacht, nicht besteigen, trotz Eis=
sporen, Alpstöcken und anderem Kletterapparat. Nach ihren Schilderungen
wäre jeder Versuch, die horrible Eismasse zu erklettern, Wahnsinn ge=
wesen, und sie taten wohl, davon abzustehen, ehe ein Unglück passierte.

Der tiefe Schnee war, wie gesagt, ihr größtes Hindernis. Er hatte sich hauptsächlich zwischen den Landspitzen der Buchten angesammelt, und da er von der warmen Sonne bereits angegriffen war, so war große Vorsicht bei der Überschreitung nötig. Sie trafen auf Triften, die gänzlich unpassierbar waren und auf langen Wegen umgangen werden mußten, wobei man sich von den Spitzen der Eisberge aus orientierte.

Jedenfalls war dies die Zeit, wo die Bären am meisten auf den Beinen sind. Ihre Spuren zeigten sich an der Küste und auf dem Eise allerwärts und in Unzahl. Einer derselben hatte sogar die Keckheit, der Gesellschaft einen Besuch zu machen, während sie auf dem Eise rastete. Es war etwa halb ein Uhr nach Mitternacht, während alle nach einem anstrengenden Tagesmarsch schliefen, als Mac Gary hörte und fühlte, wie dicht neben seinem Kopfe etwas im Schnee kratzte. Er wurde wach und erkannte, daß ein großes Tier sich emsig damit beschäftigte, das Zelt ringsum zu untersuchen. Sein Aufschrei weckte die anderen, ohne daß der unwillkommene Besucher sich stören ließ. Das Schlimmste war, daß alle Gewehre draußen beim Schlitten geblieben waren — nicht ein Gehstock befand sich im Zelte. Natürlich herrschte jetzt in dem kleinen Kriegsrate einige Konfusion. Der erste Gedanke, einen Ausfall nach den Gewehren zu machen, versprach überhaupt nicht viel und zeigte sich bald als ganz unausführbar, denn der Bär, mit seiner äußeren Inspektion fertig, erschien nunmehr im Zelteingange. Verschiedene Salven von Zündhölzchen und einigen aus Zeitungspapier rasch improvisierten Fackeln wurden gegen ihn geschleudert, ohne ihn irgend zu inkommodieren. Nach einer Weile pflanzte er sich an den Eingang hin und fing an eine Robbe zu verspeisen, die tags zuvor geschossen worden war. Tom Hickey war der erste, der an einen Ausfall nach hinten dachte. Er schnitt ein Loch in das Zelt, dem Eingange gegenüber, und kroch hinaus. Jetzt machte er einen Bootshaken los, der mit zur Stütze der Zeltdachstange diente, und benutzte ihn zum Werkzeug eines tapferen Angriffs. Ein wohlangebrachter Schlag auf des Bären Nase veranlaßte ihn, sich für den Moment einige Schritte hinter den Schlitten zu retirieren. Tom maß seine Distanz prächtig ab, rannte gegen den Schlitten, packte ein Gewehr und zog sich auf seine Kameraden zurück. Ein paar Sekunden später hatte Bonsall dem Feinde eine Kugel durch und durch gejagt. Er lief noch hundert Schritte und stürzte dann tot nieder. Seit dieser Zeit wurde es Regel, stets eine Wache und Feuergewehr im Zelte zu halten.

Das nördlichste unserer im vorigen Sommer angelegten Proviantdepots, auf das ich soviel gerechnet hatte, fand ich von den Bären völlig zerstört. Es war mit äußerster Sorgfalt aus Felsstücken gebaut worden, die man mit der größten Anstrengung herbeigeschafft hatte. Der ganze Bau war nach unserer Meinung so tüchtig und widerstandskräftig, wie nur möglich. Aber diese Tiger des Eises scheinen daran kaum ein Hindernis gefunden zu haben. Nicht ein Bissen Pemmikan war geblieben, außer in den zylinderförmigen, eisernen Fässern mit konischen Enden, welche doch ihren Klauen und Zähnen widerstanden hatten. Sie hatten dieselben nach allen Richtungen umhergerollt und wie Federbälle herumgeworfen, obwohl jedes derselben über 40 kg wog. Ein Spiritusfaß, stark mit Eisen gebunden, war in kleine Trümmer zerschmettert und eine zinnerne Spirituskanne fast zu einer Kugel gedreht und gekaut.

Salzfleisch hatten sie verschmäht; für gemahlenen Kaffee dagegen hatten sie eine offenbare Vorliebe gezeigt und am Segeltuch hatten sie aus irgend einem Grunde ein besonderes Gefallen. Selbst die amerikanische Flagge, das Zeichen unserer Besitznahme, war bis auf den Stock abgenagt.

Die Bären mußten sich ein wahres Fest gemacht haben. Sie hatten die Brotfässer über den Eisgürtel ins gebrochene Eis hinunter gekollert, und die Gummiröcke, die ihnen wahrscheinlich zu zäh waren, hatten sie zu unförmlichen harten Knoten zusammengearbeitet. Der ganze Plan ringsherum war von ihren Fußspuren bedeckt, und ein benachbarter, mit Eis überzogener Felsenabhang von 45° Neigung war so zertreten und mit Bärenhaar bestreut, daß man nicht anders denken konnte, als sie hätten hier zu ihrem Vergnügen eine Rutschpartie gehalten.

Es begann mir jetzt bange zu werden um Morton und Hans, die noch immer nicht zurück waren, obwohl das Eis bereits anfing für Schlittenreisen ungangbar zu werden, denn die Eisfelder bedeckten sich mit Wassertümpeln, die bei dem schnellen Auftauen sich rasch vermehrten und ineinander flossen. Unser Schiff war schon so losgetaut in seinem Eisbette, daß es gefährlich wurde, ohne Laufplanke hinunterzusteigen. Unser Jäger kam stets gänzlich durchnäßt nach Hause. Große Freude empfand ich daher, als ich am 10. Juni abends bei einem Spaziergange ein fernes Hundegebell vernahm. Diese treuen Gefährten kündigen sich in der Regel schon aus großer Ferne an, kommen aber so wild angesaust, daß ihr Gruß und ihre Ankunft kurz aufeinander folgen. Diesmal war es anders. Hans und Morton wankten neben den lahmen Hunden her, und einer der letzteren saß als Passagier auf dem Schlitten.

Am 15. Juni hatte Morton mit den übrigen den Gletscher erreicht und am andern Tage war Hans mit den Hunden nachgekommen. Man gab den Tieren einen Ruhetag, und am 18. gegen Mittag brachen die

beiden für ihre weitere Expedition auf. Sie gingen in paralleler Rich=
tung mit dem Gletscher und in $1^1/_2$—2 deutschen Meilen Entfernung
von ihm über das Eis nordwärts. Es gab hier keine Hummocks, aber
sie mußten knietief im Schnee waten. Bei ihrer ersten Rast konnten sie,
vermöge einer Spalte, die Eisdicke messen; sie betrug $4^1/_2$ m. Das
Thermometer besagte um 6 Uhr abends + 28° F. in der Luft und
+ 29,2 im Wasser. Weiterhin wurde der Schnee allmählich fester, so
daß er den Schlitten tragen konnte, den bisher die Reisenden selbst ge=
tragen; nunmehr ging es rascher vorwärts, bis sie die Mitte der Peabody=

überfall des Depots durch Eisbären.

bai erreichten und sich nun zwischen denselben Eisbergen befanden, welche
schon den früheren Expeditionen das Weiterkommen verwehrt hatten. Sie
waren im allgemeinen sehr hoch und hatten sich augenscheinlich erst vor
kurzem vom Gletscher losgetrennt. Ihre Oberfläche war neu, glasartig,
unähnlich dem, was man gewöhnlich in der Baffinsbai sieht; das Eis war
wenig abgenagt, blauer von Farbe und in jeder Hinsicht das Ebenbild
des Gletschereises. Viele Berge waren rechtwinkelig, manche regelrechte
Quadrate mit $^1/_2$ Viertelstunde langen Seiten, andere mehr als $^1/_2$
Stunde lang.

Die Reisenden konnten gewöhnlich nicht weiter als eine Schiffslänge
vor sich sehen, so dicht standen die Eisberge beieinander. Alte Eisberge
haben unter dem Wasser Vorsprünge, Zungen, welche ein dichtes Anein=
anderschließen verhindern; an diesen aber sah man, daß sie erst vor kurzem

in See gegangen waren, denn sie traten einander so nahe, daß die Rei=
senden sich oft durch Öffnungen von 1 m Weite quetschen mußten, wo die
Hunde den Schlitten nur eben noch durchbrachten. Zuweilen fanden sie
gar keinen Ausgang zwischen zwei Bergen, so viel zerquetschtes Eis fand
sich zwischen ihnen aufgetürmt. Unter solchen Umständen zogen sie den
Schlitten entweder über die niedrigen Zungen des Berges, oder kehrten
um und suchten auf dem Treibeise einen anderen, praktikableren Weg.
Einen solchen fanden sie nicht immer, und im besten Falle war es stets
ein langweiliges und manchmal gefährliches Auskunftsmittel, denn oft
war der Übergang untunlich, und wenn sie das Hindernis zu umgehen
suchten, so machte sie wieder der Kompaß, ihr einziger Führer, durch
seine Abweichungen irre. So brauchten sie lange Zeit, ehe sie auf glattes
Eis kamen. Manchmal öffnete sich eine ziemlich weite Durchfahrt zwischen
zwei Bergen, in die sie sich gern hineinbegaben; dann wurde sie schmäler
und hatte schließlich gar keinen Ausgang, so daß sie umkehren und anders=
wo von vorn beginnen mußten. Trotz diesen vielen fortwährenden Täu=
schungen wurden sie in ihrem kühnen Vorwärtsstreben nicht müde, und
so fanden sie schließlich wirklich eine Gasse, die sie etwa sechs Meilen nach
Westen und auf den richtigen Kurs leitete. Aber sie waren von 8 Uhr
abends bis 2 bis 3 Uhr morgens in dem Eislabyrinth herumgeirrt, wie
ein Blinder in den Straßen einer fremden Stadt.

Am 19. Juni morgens hielten sie Rast. Morton erklomm einen
Eisberg, um nach dem besten Wege auszuschauen. Zwischen einigen
Bergen hindurch gewahrte er stückweise eine große weiße Ebene; es war
der Gletscher, den man hier weit ins Innere verfolgen konnte. Von
einem näheren und höheren Eisberge aus sah er auch dessen Absturz nach
der Bucht zu. Das nördliche Ende des Gletschers war hier nahe. Es
war voller Steine und Erde und große Felsbrocken ragten hier und da
aus ihm hervor.

Die Reisenden rasteten bis halb elf Uhr; sie waren bisher zu Fuße
gegangen, um die Hunde zu schonen. Jetzt brachen sie auf und legten
weitere $2^{1}/_{2}$ Meilen zurück, wurden jedoch nunmehr durch breite Eis=
spalten, Berge und vieles Brucheis am weiteren Vordringen verhindert.
Sie kehrten um und erreichten um Mitternacht ihren ersten Lagerplatz
wieder. Von hier wendeten sie sich westwärts, fanden nach verschiedenen
Versuchen einen Weg, und die Hunde liefen tüchtig dem Ziele zu. Sie
hatten zwei Stunden gebraucht, um das bessere Eis zu erreichen, denn die
Berge standen in einem schmalen Gürtel beisammen. Die Spalten zwi=
schen denselben waren oft 1 m breit und mit Wasser gefüllt. Sie über=

brückten dieselben in unserer gewöhnlichen Weise, d. h. sie schlugen von den nächsten Hummocks mit ihren Äxten große Stücke ab und wälzten diese in die Spalten, so daß sie sich ineinander einkeilten. Dann füllten sie die Zwischenräume, so gut es gehen wollte, mit kleineren Stücken aus und erlangten so eine Art roher Überbrückung, über welche sie die Hunde nur mit Hilfe von Schmeicheleien wegbrachten. Ein solcher Bau und seine Überschreitung nahm in der Regel $1^1/_2$ Stunde Zeit in Anspruch.

Nachdem sie die Region der Eisberge hinter sich hatten, sahen sie die nördliche, d. h. die jenseitige Küste des Kanals, das Westland, gebirgig und kuppig, aber noch 12—15 deutsche Meilen entfernt. Sie trieben gerade nördlich über so gutes Eis, als sie noch nicht angetroffen. Nachdem sie etwa sieben Meilen längs des Gletschers zurückgelegt und gegen drei Meilen jenseitige Küste gesehen hatten, hielten sie nach sieben Uhr morgens darauf neue Rast. Sie befanden sich jetzt dem Nordende des großen Gletschers fast gegenüber. Sein Eis war mit Erde und Felsen gemischt, der Schnee böschte sich vom Lande aufs Eis, und dieses Durcheinander schien sich noch 2—$2^1/_2$ Meilen weiter nördlich zu erstrecken, wo dann die Küste zu Festland wurde und der Gletscher verschwunden war. Die Erhöhung dieses Landes war höher als die des Gletschers und betrug 100 m.

Um halb zwölf Uhr setzten sie ihre nördliche Fahrt fort und hielten auf ein Vorgebirge zu, wie Morton meinte; denn es zeigte sich eine Lücke zwischen diesem und dem Westlande. Das Eis war gut, eben und frei von Bergen, deren sie nur zwei oder drei sahen. Infolge der nebeligen Luft wurde das Westland, das bisher in matten Umrissen zu sehen war, unsichtbar. Sie konnten nur das Kap erblicken, auf welches sie losgingen. Die Kälte stieg, als ein schneidender Wind aus NNO. sich erhob. Am 22. Juni morgens erreichten sie die Lücke westlich von dem Kap; es war eine Durchfahrt, denn als der Nebel sich plötzlich teilte, sahen sie sowohl das Kap als die Westküste.

Mittlerweile waren sie bei ihrem raschen Vorgehen auf schwaches, mürbes Eis gekommen, ohne es zu bemerken, und die Hunde fingen an zu zittern. Ihr Kurs ging bald auf der Mitte des gefundenen Kanals hinauf; sie wandten sich nun schnell möglichst rechts und erreichten auf einem Umwege die Küste. Die Hunde legten sich, ihrer Gewohnheit nach, anfangs nieder, zitterten heftig und wollten nicht weiter. Das einzige Mittel, die erschrockenen und störrischen Tiere vorwärts zu bringen, bestand darin, daß Hans nach einer weißeren Stelle ging, wo das Eis dichter war, denn das mürbe sieht dunkel aus, und nun jeden Hund schmeichelnd und lockend beim Namen rief, worauf dann die Tiere auf dem Bauche nachgekrochen kamen. So gelangten sie endlich mit vieler Mühe wieder auf das feste Eis zurück.

Inmitten dieser Gefahren hatten sie zum öfteren beim Zerreißen des Nebels offenes Wasser erblickt und sahen es nun deutlich vor sich. Es lag eine halbe Meile vorwärts von ihrem Standpunkte, ein vollkommen ruhiger Wasserspiegel, von keinem Winde bewegt. Hans konnte kaum seinen Augen trauen, und ohne die Vögel, die sich scharenweise zeigten, hätte Morton selbst, wie er sagte, die Wirklichkeit bezweifelt. Die Eisdecke des Kanals schnitt gegen das Wasser hin hufeisenförmig ab. Sie erklommen nunmehr das Land und gingen, unter Zurücklassung der Hunde, ein Stück nach dem Kap zu. Sie fanden einen guten, breiten Eisgürtel, der sich bis zu dem Kap hinstreckte, sahen auch eine große Anzahl Eidergänse und andere Vögel auf dem Wasser, und die Felsen an den Küsten wimmelten von Seeschwalben. Das Eis hatte ganz aufgehört, es trat Nebel ein, und sie kehrten zu ihren Hunden zurück.

Es galt nun, auch diese und den Schlitten auf den etwas über 2 m hohen Eisrand hinaufzubringen. Sie luden deshalb den Schlitten ab und warfen die Lebensmittelpakete einzeln hinauf. Dann machte Morton den Schlitten zur Leiter, stieg nach oben und zog die Hunde an Stricken in die Höhe, während Hans von unten nachhalf. Zuletzt zogen sie den Schlitten nach.

Wie sie schon in der Nacht vorher bemerkt hatten, verlor der Eisgürtel in der Nähe des Kaps seine gute Beschaffenheit. Er wurde zu einer schmalen, an den Klippen hinlaufenden Leiste, und sah aus, als wollte er jeden Augenblick ins Wasser hinabstürzen. Morton fürchtete sehr, bei der Rückkehr gar kein Eis mehr anzutreffen. Nunmehr sollte versucht werden, an den Klippen selbst hinzuklettern. Man wählte einen neuen Pfad, der 16 m höher lag, aber er wurde bald so schmal, daß es unmöglich war, mit den Hunden und dem beladenen Schlitten durchzukommen. Man versteckte jetzt eine Quantität Lebensmittel für den Notfall, daß bei der Zurückkunft der Eisrand verschwunden sein könnte. An der Spitze des Kaps war dieser kaum 1 m breit; man mußte die Hunde abspannen und allein vorwärts treiben. Den Schlitten stellte man auf die schmale Kante, und so gelang es, ihn über die schmalste Stelle hinwegzutragen.

Die Flutströmung war sehr rasch. Die schwersten Eisstücke schwammen so schnell, wie ein Mann geht, die kleinen, flach schwimmenden noch viel rascher. Die Nacht vorher ging die Strömung von Nord nach Süd und hatte sehr wenig Eis geführt; jetzt verlief sie eiligst nördlich, und das mitgeführte Eis schien aus Bruchstücken des Landeises vom Kap und vom lockeren Rande des Südeises zu bestehen. Das Wasser hatte $+ 36^0$ F. (circa $+ 2^0$ R.).

Nunmehr wurden die Hunde wieder eingespannt, und es ging auf der schlechtesten Sorte lockeren Eises etwa $1/2$ Stunde Weges weiter. Nach=dem sie das Kap passiert, sahen sie vor sich nichts als offenes Wasser. Das Land im Westen schien gegen das, auf dem sie standen, eine bedeu=

Besteigung eines Eisrandes.

tende Strecke vorzuspringen; der ganze Raum dazwischen war offenes Wasser. Hinter dem Kap, das nach Andr. Jackson benannt worden ist, fanden sie wieder einen guten, glatten Eisgürtel an der in eine Bucht (Rob. Morris) einlaufenden Küste. Auf dieser glatten Bahn liefen die Hunde wenigstens zwei Meilen in der Stunde; es war dies die beste Tagesreise, die sie je gemacht hatten. Nachdem sie vier steile Felspartien längs des Buchtrandes passiert, wurde das Land niedriger, und bald zeigte sich zwischen großen Vorgebirgen eine weite mit runden Hügeln besetzte Ebene. Eine Herde Rotgänse flog über dieselbe, und Haufen von Enten sah man auf dem Wasser. Auch Eidergänse und verschiedene

Möwenarten waren da, Meerschwalben bildeten dichte Schwärme und waren so zahm, daß sie den Reisenden bis auf wenige Schritte nahe kamen. Niemals hatten sie so viele Vögel beisammen gesehen, und so weit sie noch kamen, sahen sie allezeit Vögel in der Luft schweben, auf dem Wasser ihre Nahrung suchen oder auf den Felsen ruhen.

Weiter hinauf trafen sie, gegen einen Landvorsprung gelagert, noch etwas Eis und auf demselben zahlreiche sich sonnende Seehunde. Der ganze große Kanal (Kennedykanal) zeigte sich fortwährend offen; nur einzelne Bruchstücke von Eis schwammen in weiten Abständen darauf herum. Ein Schiff hätte überall bequeme Durchfahrt gehabt. — Ein starker Nordwind, der drei Tage anhielt, wurde zuweilen zum Sturme, und da er sehr feucht war, so wurden die Hügelkuppen in dicke Nebelwolken eingehüllt, und der fallende Nebel versperrte alle Aussicht in einige Ferne. Dennoch sahen sie die ganze Zeit über kein Treibeis aus Norden kommen; im Gegenteil gewahrten sie den Kanal von einer Küste zur anderen vollkommen frei.

Am 22. Juni schlugen die Reisenden halb 9 Uhr des Morgens auf einem niedrigen Felsrande ihr Lager auf, nachdem sie zwölf deutsche Meilen in gerader Richtung zurückgelegt. Nach Mortons Meinung waren sie jetzt wenigstens zehn Meilen im Kanal vorgedrungen. Das Eis bewegte sich hier mit der Flut südwärts. Der Kanal läuft nördlich und ist etwa neun Meilen breit.

Die jenseitige Küste ist hoch, mit hohen, zuckerhutförmigen Bergen reihenweise besetzt. Es war zu nebelig, um Beobachtungen anzustellen, doch gelang dies mehrmals weiter nördlich. Die Eidergänse waren hier so zahlreich, daß Hans mit einem Schusse ihrer zwei erlegte.

Am 23. Juni konnten die Reisenden des Sturmes wegen erst eine halbe Stunde nach Mitternacht aufbrechen. Sie legten etwa zwei Meilen zurück und wurden dann durch zerbrochenes Küsteneis aufgehalten. Mit der größten Anstrengung war es nicht möglich, den Schlitten weiter zu bringen; sie banden daher die Hunde an ihn fest und gingen dann weiter, um sich die Dinge anzusehen. Das Landeis wurde immer schlechter und schlechter, bis es endlich ganz aufhörte und die Wogen sich unmittelbar an den steilen Felsen brachen. Sie setzten ihren Weg über Land fort, bis sie an die Mündung einer Bucht kamen, von wo aus sie nördlich ein jenseitiges Kap und eine Insel gewahrten. Sie kehrten darauf um, sahen wieder Scharen von Vögeln und machten sich fertig, weiter vorzudringen.

Die Stelle war grüner als alle, die sie vom Anfange des Kanals her gesehen hatten. Einige Schneeflecke lagen in den Tälern, und von

Der Kennedykanal.

den Felsen träufelte Wasser. So früh im Jahre es war, so war doch schon das Pflanzenleben rege. Hans aß junge Schößlinge der Grasnelke und brachte die trockene Samenschote einer Hesperis mit zurück, welche die Schicksale des Winters überdauert hatte. Morton war besonders erstaunt über die Menge kleiner Steinsamenpflänzchen, nur eine Erbse groß.

Nachmittags wurde von neuem aufgebrochen. Die Reisenden nahmen 4 kg Pemmikan und zwei Brote mit, daneben den künstlichen Horizont, den Sextanten und den Kompaß, eine Flinte und den Bootshaken. Nach zweistündigem Wandern kam besserer Weg, und als sie sich in einer Entfernung von etwa zwei deutschen Meilen von der Stelle, wo sie den Schlitten gelassen hatten, einer Ebene näherten, hatten sie die Freude, auf eine Bärin mit ihrem Jungen zu stoßen. Sie glaubten die Hunde recht fest angebunden zu haben, aber Tubla und vier andere hatten sich trotzdem losgemacht und waren schon nach einer Stunde ihren Herren nachgekommen. So war man glücklicherweise imstande, der Bärin alsbald zu Leibe zu gehen. Anfangs floh sie; aber da das Junge nicht so rasch folgen konnte, so wandte sie sich, schob den Kopf unter seinen Bauch und schleuderte es ein Stück vorwärts. Sodann machte sie Front gegen die Hunde, um dem Jungen Zeit zum Fortlaufen zu verschaffen; dieses aber blieb jederzeit stehen, wo es auf die Füße kam, bis die Alte herzukam und es wieder weiter warf. Es wollte nicht ohne die Mutter fortlaufen. Zuweilen rannte diese ein Stück voraus, als wolle sie das Junge nach sich locken, und wenn die Hunde nahe kamen, wandte sie sich wieder gegen diese und trieb sie zurück. Sowie diese ihren Schlägen ausgewichen waren, kam sie wieder zu ihrem Jungen und trieb es fort, bald mit dem Kopfe schiebend, bald es mit den Zähnen im Genick fassend. Eine Zeitlang ging dieser Rückzug mit großer Schnelligkeit von statten, so daß die beiden Männer weit zurückblieben. Die Hunde hatten die Bärin auf dem Landeis angefallen, aber sie führte selbige an die Küste in ein enges, steiniges Tal, das ins Innere lief. Nachdem sie jedoch dreiviertel Stunde weit gelaufen war, machte sie wegen der Müdigkeit des Jungen endlich Halt.

Die Männer kamen nun spornstreichs nach der Stelle gelaufen, wo die Hunde das Tier bedroht hielten. Es entspann sich jetzt ein verzweifelter Kampf. Die Mutter ging immer nur zwei Schritte voraus und behielt ihr Junges beständig im Auge. Kamen die Hunde zu nahe, so setzte sie sich aufrecht, nahm das Junge zwischen die Hinterbeine, schlug mit den Vordertatzen um sich und brüllte, daß man es eine halbe Stunde weit hätte hören können. „Niemals", sagte Morton, „sah ich ein Tier in solcher Angst und Sorge. Die Bärin schnellte den Kopf vor, schnappte mit ihren blendend weißen Zähnen nach dem nächsten Hunde und wirbelte die Tatzen herum wie die Flügel einer Windmühle."

Schlug sie fehl, so stieß sie ein Gebrüll getäuschter Wut aus, denn sie konnte nicht wagen, einen Hund zu verfolgen, da sie sonst ihr Kleines den übrigen preisgegeben haben würde. So ging sie fechtend, schnappend, grinsend mit weit aufgerissenem Rachen weiter. Als die beiden Männer herankamen, hatte das Junge sich wahrscheinlich etwas erholt, denn es konnte sich auch beim schnellsten Laufen der Alten immer an ihrer Seite halten. Die fünf Hunde umschwärmten die Bären beständig und quälten sie wie ebensoviel Bremsen; es war daher schwierig, einen Schuß an= zubringen, ohne einen davon zu verletzen. Doch Hans, auf den Ellenbogen gestützt, zielte ruhig und schoß die Bärin durch den Kopf. Sie stürzte tot nieder, ohne noch ein Glied zu rühren. Die Hunde sprangen sogleich auf sie los; aber der junge Bär sprang sofort auf den Körper seiner Mutter hinauf und stieß, jetzt zum erstenmal, ein heiseres Gebrüll aus. Die Hunde schienen ob der kleinen Kreatur, die so tüchtig focht und soviel Lärm machte, ganz erschreckt; sie rissen Schnauzen voll Haar aus dem Pelz der Alten, sprangen aber sogleich ab, wenn der junge Bär sich gegen sie wandte. Die Jäger trieben die Hunde für den Moment weg, mußten aber endlich den jungen Bären totschießen, da er die Leiche der Alten nicht verlassen wollte. Hans schoß ihn in den Kopf, aber ohne das Gehirn zu treffen; er fiel herunter, kletterte aber alsbald wieder auf die Alte und versuchte sie noch immer zu verteidigen. Das Blut lief ihm stromweise aus der Schnauze. Man mußte ihm mit Steinen den Garaus machen. Die alte Bärin wurde abgehäutet und zerstückt, und das Fleisch den Hunden gegeben, die wie gierige Raben darüber herfielen. Den jungen Bären legten sie in ein Versteck, um für die Rückreise etwas zu haben. Dann wanderten sie weiter und überschritten eine schmale Bucht, die immer noch etwas gebrochenes Eis trug. Hans war müde und wurde ans Land geschickt, um die Bucht innen zu umgehen, wo besseres Fortkommen war.

Das Eis, über welches Morton ging, war mit Hummocks bedeckt, von Spalten durchkreuzt und bildete eine sehr schlechte Passage. Von hier aus sah Morton, daß die beiden Inseln, welche später Franklins und Croziers Namen erhielten, etwa zwei Meilen auseinander lagen. Er hatte sie schon einmal vom Eingange der größeren Bucht — der Lafayettebucht — aus gesehen, aber für eine einzelne Insel gehalten; ihnen gegenüber lag die Landspitze, auf welche er seine Richtung zu nahm und welche der Endpunkt seiner Wallfahrt werden sollte; sie heißt jetzt Kap Constitution.

Während seiner Annäherung an die Landspitze fand Morton, daß der Eisrand der Küste, welcher auf das Kap zulief, immer schmaler und zerbröckelter wurde, bis er endlich eine halbe Stunde vor dem Felskap ganz aufhörte und die Wellen des aufgeregten Meeres sich abermals direkt an dem felsigen Gestade brachen. Der Wind blies, obwohl mäßiger, noch immer aus Norden, und die Strömung eilte rasch dahin.

Die Küstenwand war sehr hoch, auf einer Strecke anscheinend bis 600 m, aber die Felsen waren so überhängt, daß Morton, als er näher kam, die Kämme derselben nicht mehr sehen konnte. Die Echos waren verwirrend, und das Geschrei von einem halben Dutzend aufgescheuchter Möwen vervielfältigte sich hundertfach.

Morton suchte um das Felskap herum zu kommen — es war vergebens; weder ein Eis- noch ein Felspfad fand sich, ihn weiter nach Norden zu tragen. Das Aufwärtsklettern gelang mit der größten Anstrengung nur etwa hundert Meter hoch. Hier befestigte er an seinen Gehstock die Grinnellflagge des „Antarctic", eine wertgehaltene kleine Reliquie, welche nun schon die zweite Polarreise mit Dr. Kane gemacht. Diese Flagge war von dem Wrack der amerikanischen Kriegsschaluppe „Peacock" geborgen worden, als diese am Columbiaflusse strandete. Sie hatte den Commodore Wilkes auf seiner Entdeckungsfahrt nach dem Südpolarkontinent begleitet und erhielt nun merkwürdigerweise die Bestimmung, über dem nördlichsten Lande nicht nur Amerikas, sondern des ganzen Erdballs zu wehen. Er ließ sie etwa anderthalb Stunden lang von der schwarzen Klippe über die dunkeln, felsbeschatteten Wogen flattern, welche tief unter ihm sich in schaumgekrönter Brandung brachen.

Es tat unserem Morton bitter leid, daß er nicht das Kap umgehen und sehen konnte, ob jenseits noch Land sei; aber es war nun einmal nicht möglich. Nachdem er sich mit Hans wieder zusammengefunden, stärkten sie sich durch Brot und Pemmikan sowie durch einen tüchtigen Schlaf und traten am 25. nachmittags ihren Rückmarsch an. Vom 22. bis 25. vormittags hatte der Nordwind angehalten und sich währenddessen 36 Stunden lang bis zum Sturm gesteigert. Dennoch bemerkten sie, daß das mehr südliche Eis des Kennedykanals sich in der Zwischenzeit nicht vermehrt, sondern vermindert hatte. Oberhalb aber war überall freies Wasser, einige wenige Eisbrocken ausgenommen, die mit dem Winde südlich trieben, während die Uferströmung oder die Flut nordwärts lief.

Nach Mortons Meinung mußte sich die unbekannte Küste jenseit Kap Constitution östlich wenden, da er von keinem Punkte aus eine Spur von Land hatte bemerken können. Die jenseitige Küste des Kanals aber lief noch

Morton hißt die amerikanische Flagge am offenen Polarmeer auf.

weit gegen Norden fort; er konnte sie bis auf eine Entfernung von etwa zwölf geographischen Meilen verfolgen, und die Bergreihen, womit sie besetzt ist, sah er, da der Tag sehr hell war, in noch viel weiterer Ferne. Die Berge waren sehr hoch und oben abgerundet, nicht spitz, wie die gerade gegen= über liegenden; doch konnte diese scheinbare Änderung des Charakters, wie Morton meint, auch bloß eine Folge des weiten Abstandes sein, denn die Bergmassen verloren sich endlich wie ein spitzer Keil im nördlichen Horizont.

Der höchste Umschaupunkt, der zugleich Umkehrpunkt wurde, erhob sich, wie gesagt, etwa 100 m über See. Von hier aus erkannte Morton etwa 6° westlich von der Nordlinie einen oben abgestutzten Spitzberg mit kahlem Scheitel und mit senkrechten Rillen gestreift. Er mochte wohl 800—1000 m hoch sein. Dieser nördlichste bekannte Punkt der Erde er= hielt den Namen des großen Vormannes der Polarreisen, Sir Edward Parry. Die Bergreihe, mit welcher er zusammenhing, war nach Mortons Meinung viel höher als irgend eine Bergpartie auf der grönländischen Seite des Kanals. Die Gipfel waren meist zugerundet und glichen einer Reihe von Zuckerhüten oder aus Kanonenkugeln aufgeschichteten Pyramiden. Ich habe dieses Gebirge zu Ehren der Königin, unter deren Befehlen Franklin segelte, und ihres Gemahls das Victoria= und Albertgebirge genannt.

Jene Gebirge gleichen in ihren Umrissen denen von Spitzbergen, die auch 800 m Höhe haben.

***

Diese Entdeckungsfahrt brachte also ein merkwürdiges, unerwartetes Ergebnis. Über eine feste Decke von Eisfeldern und Eisbergen dringen die Reisenden weiter nördlich vor; da wird allmählich das Eis schwächer, mürbe und unsicher, der Schnee naß und schlammig; ein schwarzer Streifen erscheint im Norden und erweist sich als offenes Wasser. Den ganzen Kanal hinauf findet sich so wenig Eis, daß eine Flotte bequem hätte durch= segeln können, und am Ende erweitert sich der Kanal in eine große, völlig eisfreie Wasserebene, von der sich mehr als 250 Quadratmeilen auf ein= mal übersehen lassen.

Das tierische Leben, in unserem südlichen Winterhafen so spärlich, daß wir kaum etwas zu schießen bekommen, entfaltet sich da oben in reicher Fülle. Es wimmelt dort von Rotgänsen, Eidergänsen und Königsenten, wovon erstere sichere Anzeiger offenen Wassers sind, denn sie nähren sich von Seepflanzen und den anhängenden Weichtieren, und die Felsen sind

Die Parry=Berge.

mit Seeschwalben bedeckt, die ebenfalls offenes Wasser bedürfen. Weiter oben im Kanal treten Seevögel auf, nicht weniger als vier Arten Möwen. Der nordische Sturmvogel, dem wir seit dem sogenannten Nordwasser nicht mehr begegnet sind, findet sich mehr als 50 Meilen nördlicher haufenweise wieder.

Welche Bewandtnis es mit diesen überraschenden Erscheinungen, mit diesem merkwürdigen Auftreten von freiem Wasser im höchsten Norden hat, ob dasselbe doch nur ein lokales Vorkommnis ist, oder ob es einen Teil eines großen Polarbassins bildet, überlasse ich den Gelehrten zu beurteilen; ich berichte nur, was wir gefunden haben. Als ein geheimnisvolles Fluidum inmitten ungeheurer eisbedeckter Breiten war es jedenfalls geeignet, das Gemüt mächtig zu bewegen, und schwerlich war einer unter uns, der sich nicht nach den Mitteln gesehnt hätte, sich auf diesen einsamen, glitzernden Gewässern einzuschiffen. Doch die eiserne Notwendigkeit vereitelte alle diese Wünsche.

Die Rückkehr von Hans und Morton, welche dieser zu seiner Vervollständigung seiner Aufnahme benutzte, lief ohne bemerkenswerte Ereignisse ab.

Eidergans=Insel.

Zehntes Kapitel.

Schlechte Winteraussichten. Eine Bootfahrt nach dem Süden. Nordische Vögel. Sturm= und Eisgefahren. Vereitelte Hoffnung und Umkehr. Northumberlandgletscher. Notwendigkeit der Überwinterung. Die Gesellschaft trennt sich.

Sämtliche Schlittenpartien waren nun wieder an Bord zurückgekehrt und die Reisezeit im hohen Norden für diesmal vorüber. Die ganze Zeit seit unserer Einsperrung im Eise, die dunkelste Winternacht und die Krankheitsfälle ausgenommen, hatten wir beständig an unserer Aufgabe gearbeitet. Aber der Sommer lief allmählich ab, und das Eis um uns machte keine Anstalt aufzubrechen. So viel wir ersehen konnten, blieb zwischen uns und dem Nordwasser der Baffinsbai alles unerschütter= lich fest. Meine Umgebung fing an, wegen des kommenden Jahres in Besorgnis zu geraten, und dazu war Ursache genug vorhanden. Ehe das Nordwasser sich bis zu unserem Winterhafen erweiterte, konnte es im günstigsten Falle noch 50 Tage dauern und dann vielleicht noch mehrere Tage oder Wochen, bevor das Binneneis um die Brigg sich löste. Dann befanden wir uns aber im September, und am 7. September des vorigen

Jahres waren wir bereits in bester Form hier eingefroren. So war alle Aussicht vorhanden, daß uns der Winter unterwegs im Packeise fest= halten werde, selbst wenn unser Aufbruch von hier so zeitig als überhaupt möglich geschehen könnte. Dazu kam, daß wir sehr schlecht auf einen neuen Kampf mit dem nordischen Winter gerüstet waren. Es fehlte uns Gesundheit, Nahrung und Brennstoff, und wenn ich die kranken und ge= schwächten Leute um mich ansah und an die Leiden der letzten langen Winternacht gedachte, so mußte mir wohl bange werden. Der Gedanke, das Schiff im Stiche zu lassen, erschien mir, wenn ich ihn auch für aus= führbar gehalten hätte, unehrenhaft; und wo hätten wir uns auch hin= wenden sollen? Die nächstmöglichen Punkte, Uppernivik und die Beechey= insel, lagen für kranke und verstümmelte Leute viel zu weit entfernt.

Ich wollte wenigstens das Eis mit eigenen Augen prüfen: ich machte mit Hans eine Fahrt nach Süden, für welche wir unsere armen strapa= zierten Hunde mit Segeltuch beschuht hatten. Auf einer Strecke von 8—9 Meilen fanden wir die Eisdecke völlig dicht; der Zufluchtsinsel gegenüber sahen wir endlich sich öffnende und schließende Spalten, doch von hier bis zum Schiffe war nicht ein einziger Sprung zu entdecken. Ich trieb die Hunde über die losen Eisfelder weiter vor, und so erreichten wir endlich nach einigen Fährlichkeiten den Rand des Nordwassers. Es war offen, aber seit Mai, wo Mac Gary es gesehen hatte, war es nur um 1 Meile weiter nördlich gerückt, und jetzt hatten wir den 10. Juli. Bei dieser gewaltigen Eisfläche zwischen dem Wasser und dem Schiffe wäre der Gedanke, in offenen Booten zu entkommen, geradezu töricht gewesen; es blieb eben nichts übrig, als sich auf das Schlimmste gefaßt zu halten.

In dieser Lage entschloß ich mich, wenigstens den Versuch zu machen, ob sich nicht eine Verbindung mit der Beecheyinsel herstellen ließe; dort mußte eine englische Flotte unter Fd. Belchers Kommando liegen, und wenn wir diese erreichten, so fanden wir alles, dessen wir bedurften. Möglicherweise konnten wir die Vorräte des „Nordsterns" auf der Wolstenholm=Insel finden, bei vielem Glücke auch einem Schiffe der Flotte in den Weg kommen und so unsere Lage bekannt werden lassen. Ein solches Unternehmen war ein Wagstück, aber die Not drängte. Ich fühlte, daß ich die Verantwortlichkeit auf keine fremden Schultern wälzen dürfe und mich an die Spitze der Expedition stellen müsse; zudem hatte niemand außer mir Lokalkenntnisse vom Lancastersund und seinen Eisbewegungen.

Dieser Plan fand die erfreulichste Aufnahme bei den Offizieren und der Mannschaft. Wohl jeder an Bord wäre gern von der Partie ge= wesen, ich beschränkte mich auf fünf Begleiter: Mac Gary, Morton, Riley,

Hans und Hickey. Als Fahrzeug nahmen wir unser altes, leichtes Walfischboot, die „Verlorene Hoffnung", von 7 m Länge, 2 m Bodenbreite und $^3/_4$ m Tiefe, eine wahre Muschelschale. Ich ließ seiner Höhe durch eine Art Halbdeck oder Wetterschirm aus Segel= oder Gummituch etwas zusetzen. Die Ausrüstung mit Segeln war Mac Garys Amt, und Morton beschaffte die Proviantvorräte; Wildbret hatten wir nicht, sondern nur Pökelschweinefleisch, wovon wir 75 kg mitnahmen. Auch der Pemmikan war ausgegangen, und von den Fässern, welche wir auf dem Eise ließen, als wir im vergangenen März die Kranken hereinholten, konnte, wie von allem, was damals liegen blieb, nicht die Spur mehr aufgefunden werden, ein Beweis mehr, wie sinnverwirrt uns damals die Kälte gemacht hatte, denn wir glaubten alles sehr sorgfältig markiert zu haben.

Das Boot wurde auf den großen Schlitten „Faith" gesetzt, und alle, außer den Kranken, spannten sich an, um dasselbe nach dem offenen Wasser zu schleppen. Das war keine leichte Arbeit, denn das Eis war sehr uneben und voller Wasserpfützen. Der Schlitten brach unter seiner Last zusammen, und wir hatten einen weiten Rückmarsch, um einen anderen zu holen. So ging der Transport langsam und beschwerlich vorwärts, bis wir nach vier Tagen das Boot ins Wasser brachten. Die Kanäle waren sehr mit Treibeis verstopft, doch konnten wir die Küstenfahrt nach Süden ohne Schwierigkeit fortsetzen. Wir landeten an der Stelle, wo wir voriges Jahr das Rettungsboot mit den Vorräten gelassen hatten, und fanden zu unserer Freude noch alles unberührt. Die Bucht und das Inselchen lagen noch fest im Eise.

In der Nähe der Littleton=Insel erwartete uns eine angenehme Bescherung: wir sahen eine Anzahl Enten, sowohl Eider= als Harald=enten, die uns durch ihren Flug nach ihren Brüteplätzen hinleiteten, einer Gruppe von Felsinselchen, über welchen der ganze Horizont von Vögeln wimmelte. Eine rauhe Klippe war so voller Insassen, daß wir kaum einen Schritt tun konnten, ohne auf ein Nest zu treten. Wir erlegten hier mit Flinten und Steinen in ein paar Stunden über 200 Vögel. Die Brütezeit war bald vorüber. Die Alten saßen noch auf den Nestern; aber viele Junge waren schon ausgekrochen und saßen unter den Flügeln ihrer Müttter oder machten die ersten Schwimmversuche auf Wasser=tümpeln. Einige schon mehr herangewachsene schwammen bereits in den vom Eise geschützten Kanälen und warteten gierig auf die Muscheln und Seeigel, welche die Alten für sie suchten.

Nahe dabei war eine Felsklippe, welche von blaugrauen Möwen, diesen nordischen Vielfraßen, in Scharen bewohnt war. Die Jungen waren bereits völlig flügge und saßen dicht gedrängt auf den mit Guano geweißten Felsen; die Alten aber kreisten mit ausgestrecktem Hals, den gelben Schnabel weit aufgesperrt, über den friedlichen Plätzen der Eiderenten und schossen nach Lust und Bedarf herab, um sich eine junge Ente zu holen. Eine größere Gefräßigkeit war mir noch nie vorgekommen. Die Möwe verschlingt eine junge Eiderente rascher, als man dies niederschreiben kann. Einen Augenblick sieht man noch die zappelnden Füße des armen Tieres zum Schnabel herausragen, dann dehnt sich der Hals der Möwe aus, und die Beute gleitet in den Magen; einige Momente später ist der Bissen wieder ausgeworfen und die jungen Möwen werden damit gefüttert. Die Mutterente wehrt sich gegen diese Beraubung mit großer Tapferkeit; aber sie kann ihr Volk nicht immer rasch genug um sich versammeln; in ihrer Bemühung, das eine zu verteidigen, läßt sie andere unbeschützt, und so kommt es, daß sie zuweilen kein einziges behält. Nach Hansens Aussage geht die Eiderente nach solch einem Unfall eine neue Paarung ein.

Die blaugraue Möwe ist nicht die einzige Raubmöwe im Smithsund, vielmehr besitzen alle nordischen Arten, mit Ausnahme der Jägermöwen, eine stark markierte Raublust.

Ich habe gesehen, wie die Elfenbeinmöwe, diese schöne schneeweiße Unschuld, über angeschossene Alken herfiel und sie nach heftigem Kampfe in ihren Klauen fortschleppte, in der Tat eine neue Anwendung der Schwimmfüße.

Wir kampierten in diesem Hauptquartier der Möwen und füllten vier große Kautschuksäcke mit Geflügel, das ausgenommen und notdürftig von den Knochen befreit war. Das Boot wurde ans Land gezogen und ausgebessert; wir hatten gefunden, daß es zu schwer beladen war, und nahmen daher von unseren Vorräten mehreres weg, was wir unter die Felsen versteckten.

Am 19. Juli verließen wir diese Gegend, steuerten mit vollen Segeln gegen WSW und fuhren am Abend desselben Tages mit einem frischen Nordwinde aus dem schützenden Kanal in die offene See hinaus. Hier ging nun ein anderes Leben an. Der älteste Seemann, der auf seinem Deck wie zu Hause ist, hat eine Aversion vor einer Seefahrt in offenem Boot, wie sie der Trockenlandmensch kaum empfinden würde. Dieses Gefühl überkam uns, als wir das Land aus dem Gesicht verloren. Selbst Mac Gary, ein tüchtiger, in der Baffinsbai geschulter Walfischfahrer und Bootlenker, wurde bedenklich, wenn sich das Boot immer von neuem in die Mulden zwischen den kurzen, stoßenden Wogen eingrub, denen aus-

zuweichen er seine ganze Steuerkunst aufbot. Baffin hatte im Jahre
1616 mit zwei kleinen Fahrzeugen die Runde in diesem Golf gemacht,
aber es waren Riesen gegen das unsrige. Ich gedachte dieses meines
Vorgängers, als ich, seine Route kreuzend, auf das etwa noch 15 Meilen
entlegene Kap Combermere zusteuerte, mit allen Aussichten auf einen
Sturm.

Noch waren wir in der Mitte dieser weiten Wasserfläche, als der
Sturm aus Norden losbrach. Wir waren dem Sinken nahe genug, unsere
Kautschukverkleidung und der schwarze Wetterschirm wurden bald durch-
geschlagen; mit der äußersten Anstrengung konnten wir kaum verhüten,
daß uns der Wind in der Breite faßte; das Brechen eines Ruders, das
Reißen eines Taues hätte uns verderblich werden müssen. Aber Mac
Gary führte den Zauberstab der Walfischjäger, das lange Lenkruder, mit
wundervollem Geschick; keiner von uns hätte seine Stelle einnehmen
können, so stand er, der vortreffliche Mann, 22 lange Stunden auf seinem
Posten, ohne einen Augenblick in seiner Aufmerksamkeit und Anstrengung
nachzulassen.

Auf einen solchen Sturm waren wir nicht vorbereitet; eine wildere
See hatte ich noch nicht gesehen. Endlich sprang der Wind nach Osten
um, und wir waren froh, daß er uns auf das Küsteneis zutrieb. Wir
hatten mehrere Eisberge passiert; aber die See peitschte so gewaltig, daß
nicht daran zu denken war, unter ihnen Schutz zu suchen; das Pack- oder
Flardeneis, dem wir sonst gern aus dem Wege gingen, sollte nun unsere
Zuflucht werden. Ich denke noch daran, wie wir nach dem vierstündigen
gefährlichen Treibjagen voll Besorgnis zwischen die losen Eisflarden hin-
einfuhren, und wie tröstlich es uns war, zu bemerken, daß sie das Wasser
zwischen sich ruhig erhielten. Wir ankerten uns an eine alte, kaum
50 Schritt Durchmesser haltende Scholle fest, krochen unter den Wind-
schirm und ließen den Sturm über uns hingehen.

Als neues Hindernis hatten wir nun Packeis, das uns den Weg
nach Süden versperrte. Nachdem der Sturm sich gelegt, fingen wir an,
uns in seine engen Spalten einzubohren — jedenfalls eine langsame Art
des Vorrückens. Aber sie hat auch ihre Gefahren, und mehr als einmal
schien es, als seien wir für immer eingekeilt, inmitten einer unabsehbaren
Fläche von Eisfeldern. Endlich begannen die Eisfelder mehr auseinander
zu weichen; am 23. schien die Sonne freundlich, die Kanäle erweiterten
sich mehr und mehr, wir konnten wieder Segel aufsetzen und kamen mit
jeder Eiszunge, die wir dublierten, der grönländischen Küste näher. Nach
einer Weile zeigte sich auch eine gute Gelegenheit, unseren Lauf nach der

Hakluytsinsel zu nehmen. Wir landeten des Nachmittags auf ihrem Küsten=
eis, schlugen unser Lager auf, trockneten und sonnten uns und schliefen
unsere Müdigkeit aus.

Am anderen Morgen begann unsere Arbeit von neuem. Wir fuhren
an der Landseite des Packeises in der Richtung der Caryinseln, begeg=
neten ab und zu einer vorspringenden Eisfläche, die wir umgehen oder
durchbrechen mußten, kamen jedoch im ganzen leidlich vorwärts auf den
Lancastersund zu. An der Südspitze der Northumberlandinsel hielt uns
das Packeis wiederum auf. Das Treibeis aus Süden hatte sich uns in
den Weg gelegt. Getrieben von dem Wunsche, die Caryinseln und freies
Wasser zu erreichen, bohrten wir unser kleines Fahrzeug in die erste beste
Spalte des Packeises ein. Die nächsten drei Tage zwängten wir uns
mühselig durch halboffene Spalten und legten im ganzen etwa vier deutsche
Meilen in südlicher Richtung zurück. Sehr selten hatten wir Raum ge=
nug, um die Ruder gebrauchen zu können; der Gefahr des Einquetschens
entgingen wir dadurch, daß wir in drohenden Fällen das Boot rasch auf
das Eis zogen. Trotzdem empfing es einige harte Püffe und Sprünge,
die es eben nicht seetüchtiger machten; es fing vielmehr an leck zu werden,
und dieser Umstand, in Verbindung mit dem nunmehr fallenden heftigen
Regen, nötigte uns, es alle Stunden auszuschöpfen. Natürlich war unter
solchen Umständen nicht an Schlaf zu denken. Einer von uns brach vor
Müdigkeit zusammen.

Am 29. wurde der Wind, immer noch Südwestwind, stärker, aber
er blies kalt und steigerte sich fast zum Sturme. Wir hatten wieder eine
nasse, schlaflose Nacht; die Eisfelder narrten uns förmlich mit ihren eigen=
sinnigen Bewegungen. Um 3 Uhr nachmittags hatten wir die Sonne
wieder, und das Eis öffnete sich gerade so weit, um uns in Versuchung
zu führen. Mit harter Arbeit stießen wir unser kleines, arg mitgenom=
menes Fahrzeug vorwärts; seine Wände berührten auf beiden Seiten oft
das Eis, das sich zuweilen buchstäblich über unseren Köpfen begegnete
und in Stücken auf uns herunterbrach.

Eine dieser Passagen wird gewiß keiner von uns vergessen. Wir
befanden uns in einem schmalen Kanal zwischen Eistrümmern, wie sie die
zurückweichenden Flarden hinterlassen, nachdem sie die Schollen zwischen
sich zerquetscht haben, und wir waren so weit vorgedrungen, daß die
Umkehr nicht mehr möglich war, als die Flarden sich wieder zu schließen
anfingen; eine Zusammenquetschung schien unvermeidlich, denn alles um
uns her war lose und in wälzender Bewegung, und wo die Flarden sich
zerstießen, entstanden Wälle von ausgetriebenen Schollen. Die Be=

wegung war gerade vor uns und setzte sich allmählich nach uns zu fort. Schon flogen uns die Bruchstücke des berstenden Eises um die Köpfe, als wir auf einmal gleich der „Advance" im Treibeise des vorigen Winters, von den sich auftürmenden Trümmern hoch über das Wasser emporgehoben wurden und, nachdem wir 20 Minuten lang so in der Schwebe gehangen und der Druck der Eisfelder inzwischen nachgelassen hatte, ganz stetig wieder heruntersanken.

Gewöhnlich aber schlossen sich die Eisfelder so allmählich, daß es möglich war, dem Konflikte auszuweichen. Wenn Eile geboten und das Boot beladen war, nahmen wir gern die Bewegung der Eisfelder selbst zu Hilfe, um das Fahrzeug aus dem Wasser zu bringen. Wir legten in solchen Fällen das Boot quer über die sich schließende Spalte, das Vorderteil nach der heranrückenden Eismasse gekehrt. Der Erfolg war jedesmal der, daß das Boot von dem schiebenden Eise vorn niedergedrückt wurde und das Hinterteil sich über die Ebene des jenseitigen Eises hob. Sobald das Heben anfing, hielten wir uns bereit, hinauszuspringen und das Boot nachzuziehen.

Diese Zeit ununterbrochener Aufregung war doch im ganzen so einförmig, daß ein Tag dem anderen glich. Vielleicht ein Dutzend mal des Tages hatten wir das Boot aufs Eis zu ziehen, und viermal waren wir bei dieser Eisfahrt gänzlich eingeschlossen. Wir hatten auch versucht, das Boot über die vorkommenden Eisfelder wegzuschleppen, aber es mußte dies bald aufgegeben werden, denn das Boot wurde dadurch so mitgenommen, daß es kaum noch seetüchtig blieb. In den letzten sechs Tagen war ein Mann beständig mit dem Wasserausschöpfen beschäftigt.

Am 31. endlich, in einer Entfernung von $2\frac{1}{2}$ Meilen vom Kap Parry, hieß es entschieden Halt! Eine feste Eismasse lag quer über unsern Weg und erstreckte sich, so weit man sehen konnte. Westlich waren Eisberge in Sicht, auf welche ich mit Mac Gary über das schwimmende Scholleneis losging. Nach einer Wanderung von etwa einer Meile erreichten wir glücklich einen derselben, erkletterten eine Höhe von 40 m und schauten durch unser treffliches Fernrohr aus nach Süden und Westen. Da war alles in einem Radius von sieben bis acht Meilen eine ununterbrochene, bewegungslose, undurchdringliche Eiswüste. Darauf war ich nicht gefaßt. Kapitän Inglefield hatte zwei Jahre vorher genau auf demselben Punkte offenes Wasser gehabt, und ich selbst hatte 1853, nur um sieben Tage später, hier kein Eis gefunden. Es war nun klar, daß von Kap Combermere im Westen bis herüber zur Hakluytsinsel durch eine zusammenhängende Eisbarriere lag, deren Saum wir noch nicht einmal

durchdrungen hatten. Ebenso einleuchtend war es uns allen, daß diese
Schranke aus den Eismassen erwachsen sein müsse, welche Jonessund im
Westen und Murchisonssund im Osten ausgesandt und zusammengetrieben
hatten. Es kann somit, wenigstens gelegentlich, die unter dem Namen
des Nordwassers bekannte große Wasserfläche durch festes Eis in zwei
Becken, ein südliches und ein nördliches, geschieden werden.

Jeder weitere Versuch, nach Süden vorzudringen, erschien somit
gänzlich hoffnungslos, solange diese Eisschranke keine Veränderung erlitt.
Ich hatte im Vorbeifahren auf der Northumberlandinsel bemerkt, daß
einige ihrer Gletscherabhänge mit Grün eingefaßt waren, ein beinahe nie
trügendes Zeichen animalischen Lebens, und da meine Leute von Diarrhöe
sehr angegriffen waren, und unsere Mundvorräte auf die Neige gingen,
so beschloß ich, nach der Insel uns durchzuschlagen und dort für neue
Anstrengungen Kräfte zu sammeln.

Bald durch Schleppen, bald durch Rudern brachten wir unser Boot
die nächsten zwei Tage durch die verschiedenen Schlippen in östlicher Rich=
tung vorwärts; am Morgen des dritten gewannen wir nahe der Küste
freies Wasser; eine Brise kam uns zu Hilfe, und in aller Bequemlichkeit
langten wir ein paar Stunden später an der Südseite der Insel an.
Wir sahen bei unserer Annäherung verschiedentliche Schwärme kleiner
Alken und fanden nach der Landung, daß hier Alken, Dovkies und
Möwen in ungeheurer Anzahl sich versammelt hatten. Wir kampierten
auf einer Niederung am Fuße einer Gletschermoräne, die zwischen grausig
wilden Klippen herabstieg. Die Eskimos hatten hier offenbar Winter=
quartiere gehalten, wie fünf gutgebaute steinerne Hütten bewiesen. Drei
derselben waren noch leidlich erhalten und dem Anscheine nach noch vor
kurzem bewohnt. Der Vogeldung hatte den Boden fruchtbar gemacht,
und wir fanden ihn bis an den Wasserrand reich bedeckt mit Gräsern,
Sauerampfer und Löffelkraut. Füchse waren in großer Menge vorhan=
den, natürlich um der vielen Vögel willen. Sie waren alle von der
bleifarbigen Abart, ohne einen einzigen weißen. Die jungen, noch sehr
mageren Tiere waren in höflichen Sitten noch ungeschult: sie bellten uns
an, wenn wir an ihnen vorbeigingen. — Der Gletscher oberhalb der
Moräne interessierte mich sehr. Er kam steil herunter von dem Hoch=
lande der Insel, mit einem Neigungswinkel von mehr als 70°. Nie
hatte ich ein schöneres Beispiel der halbflüssigen oder teigigzähen Beweg=
lichkeit einer Gletschermasse gesehen. Wie ein wohlbekannter Gletscher in
den Alpen hatte er zwei Absätze, einen oberen steil abstürzenden von
etwa 125 m Höhe, darunter einen von derselben Höhe, doch mit einem

Neigungswinkel von nur 50°; zwiſchen befand ſich eine ſanft geneigte Ebene. Alles bildete eine ununterbrochene Eismaſſe, die wie ein un= geheurer Eiszapfen faltig oder wellig vom oberen Lande herniederſtieg, ohne Klüfte und Sprünge zu zeigen. Unaufhaltſam wälzte ſich die Maſſe über den unebenen, nach unten immer enger werdenden Felsabhang und ergoß ſich in die Ebene. Wo Felsblöcke im Wege ſtanden, war die Maſſe um dieſelbe herumgegangen; der untere Abfall bildete eine flache Kuppel oder die Form einer eiſigen Rieſenmuſchel. Es ſah aus, als ob ein oben= liegender Eisſee über ſeine felſige Einfaſſung ausflöſſe. An vielen Stellen ſah man die Maſſe wirklich über die 20—30 m hohen Felskanten her= ausquellen und in langen Zapfen herabhängen. Durch den ſteten Nach= ſchub wurden dieſe fortwährend länger und dicker und brachen endlich mit nie endendem Krachen durch ihre eigene Schwere herunter. Ihre Trümmer hatten ſich in der Ebene unterhalb hoch aufgetürmt, und von dem ſchmelzenden Eisſchutt ſtrömten ſchäumend ſchmutzige Bäche, Kies und Felsſtücke mit ſich fortreißend, dem Meere zu. Der Lärm dieſer Eis= kaskaden hielt eine ganze Nacht an; manchmal, wenn größere Maſſen ſtürzten, ſchreckte uns ein ſchweres, dumpfes Krachen auf; meiſtens aber knatterte es wie Pelotonfeuer auf dem Exerzierplatze.

Mit ſehr gemiſchten Gefühlen näherten wir uns unſerer Brigg wie= der. Unſere kleine Geſellſchaft war wohl kräftig geworden durch den Genuß von Alken, Enten und Scharbockkräutern, aber wie es um unſere Kameraden und unſer eingekeiltes Schiff ſtehen mochte, dies machte uns viel Beſorgnis. Die durch die Flut entſtehenden zeitweiligen Spalten, die im vorigen Jahre eine wenn auch mißliche Durchfahrt bis zum Schiff geſtatteten, waren diesmal kaum zu paſſieren, und beim Durchzwängen durch das gebrochene Eis zeigte das Boot ſich ſo defekt, daß wir es am Land unter Klippen ſtellten und zu Fuß über die Felſen kletterten, bis wir durch unſer plötzliches Erſcheinen unſere Schiffsgenoſſen überraſchten.

Die Freude des Wiederſehens wurde getrübt durch das Fehlſchlagen unſeres neueſten Verſuchs und durch die geringe Ausſicht zu unſerer und des Schiffs Befreiung überhaupt. Das Schiff lag nun ſchon 11 Monate im feſten Eiſe eingeſchloſſen und hatte ſich während dieſer ganzen Zeit nicht einen Zoll von der Stelle bewegt. Der größte Teil des Auguſt ver= lief unter zeitweiligen Hoffnungen und Anſtrengungen zur Befreiung. Wiederholte Ausflüge wurden gemacht zur Beſichtigung des Eiſes, aber immer war das Ergebnis ein troſtloſes. Das Schiff hatten wir mit

Pulver losgesprengt und es nach einer anderen Stelle hingezogen, um eine etwaige Gelegenheit zum Fortkommen besser benutzen zu können. Aber diese Gelegenheit kam nicht, denn das äußere Eis brach zwar endlich und die durch den Winter gefesselten Eisberge wurden lebendig, aber nur um sich in mehrfachen Reihen oder Ketten in dem flachen Wasser vor unserer Bucht hinzulegen, wo sie noch dazu die treibenden Eisfelder aufhielten und zum Stehen brachten.

Mitte August gab es schon wieder reichlich junges Eis, und wir hatten als einzige Hoffnung noch die Ende August und im September zu erwartenden starken Winde. Mit jedem Tage wurde das neue Eis dicker und die Gesichter meiner Gefährten länger. Ich mußte wieder den Spaßmacher spielen, um sie bei guter Laune zu erhalten. Ich ließ sogar mitunter das Schiff ein Stück weiter werpen, ohne die geringste Aussicht des Durchkommens; es sollte nur die Leute frisch erhalten und den Anschein geben, als geschehe etwas. Mitte August fingen die Schneevögel, die Vorboten des Winters, an, gruppenweise gen Süden zu ziehen, wobei sie in unserem Takelwerk zu übernachten pflegten.

Jeder Ausflug in die Umgebungen zur Besichtigung des Eises lieferte das Ergebnis, daß die Sache schlimm stände, sehr schlimm. Eine neue Überwinterung mußte ins Auge gefaßt werden, so furchtbar auch der Gedanke war an eine Wiederholung der Periode der Finsternis und des Siechtums, und noch dazu ohne frisches Fleisch und ohne Brennmaterial. Unser tägliches Gebet war nicht mehr: „Herr, nimm unseren Dank und segne unser Unternehmen!" sondern: „Herr, nimm unseren Dank und hilf uns nach Hause!"

Unser mißglückter Versuch, die Beechey=Insel zu erreichen, hatte — so dachte ich — zugleich die Unmöglichkeit gezeigt, bis zu den grönländischen Niederlassungen durchzudringen, denn es lag ja zwischen diesen und uns eine ungeheuere Eisschranke von Küste zu Küste. Die Vögel hatten ihre Wohnplätze verlassen; die Wasserläufe von den Eisbergen und Küsten waren durch den Frost rasch ins Stocken geraten. Das junge Eis machte selbst im freien Wasser eine Bootfahrt unmöglich; es trug am 17. August schon einen Mann. Es wurde uns klar, daß ohne einen gänzlichen Umschwung aller Verhältnisse, der gar nicht mehr zu hoffen war, das Schiff nicht verlassen werden konnte, ohne daß man sich in eine von allen Hilfsquellen entblößte Wildnis hinauswagte, aus der die Rückkehr schwer oder ganz unmöglich war. Die Zukunft lag in dichten Nebel gehüllt vor uns, und die schlimmste Periode der ganzen Expedition schien nahe bevorstehend.

In dieser Lage beschloß ich, auf der Observatoriumsinsel einen großen Steinkegel als Signal errichten zu lassen und unter demselben Dokumente niederzulegen, welche für den Fall unseres Unterganges denen, die etwa später nach uns suchen würden, Nachrichten von unseren Erfolgen und Schicksalen geben sollten. In Erinnerung an Franklins erste Winterquartiere und die schmerzlichen Gefühle, mit denen ich vor fünf Jahren bei den Gräbern seiner Toten vergebens nach schriftlichen Nachrichten von den Überlebenden gesucht, wollte ich wenigstens einer ähnlichen Versäumnis mich nicht schuldig machen.

Wir wählten eine in die Augen fallende Stelle an einem die gewaltige Eiswüste überschauenden Vorsprunge und malten auf eine breite Felsfläche (man vergleiche die Anfangsvignette auf S. 182) mit weithin ersichtlichen Buchstaben in schwarzer Farbe die Worte:

ADVANCE.

A. D. 1853—54.

Oben darüber wurde eine Pyramide aus schweren Steinen aufgebaut und mit dem christlichen Kreuz versehen. Unter diese Pyramide stellten wir die Särge unserer beiden armen Gefährten, so daß unser Signalturm zugleich zu ihrem Grabmal diente. Nahebei wurde ein Loch in den Felsen gehauen, eine in einem Glase steckende Schrift hineingelegt und die Öffnung mit geschmolzenem Blei geschlossen. Die Schrift lautete wie folgt:

Brigg „Advance", 14. August 1854.

„E. K. Kane mit seinen Kameraden Henry Brooks, John Wall Wilson, James Mac Gary, J. J. Hayes, Christian Ohlsen, Amos Bonsall, Henry Goodfellow, August Sontag, William Morton, J. Karl Petersen, Georg Stephenson, Jefferson Temple Baker, Georg Riley, Peter Schubert, Georg Wipple, John Blacke, Thomas Hickey, William Godfrey und Hans Christian, Mitglieder der zweiten Grinnell-Expedition zur Aufsuchung Sir John Franklins und der vermißten Mannschaften des „Erebus" und „Terror", wurden gezwungen, in diesen Hafen einzulaufen, während sie versuchten, in nordöstlicher Richtung durch das Eis vorzudringen.

„Sie froren am 8. September 1853 ein und wurden befreit —

„Während dieser Zeit hatte die Expedition 240 Meilen Küstenlinie aufgenommen, ohne irgendwelche Spuren der vermißten Schiffe zu finden oder die geringste Kunde über ihr Schicksal zu erlangen. Die Reisen, welche zu diesem Zwecke gemacht worden sind, haben sich auf mehr als 500 geogr. Meilen belaufen, alle entweder zu Fuß oder mit Hunden.

„Grönland ist bis an sein Nordende verfolgt worden, wo es mit der gegenüberliegenden Küste eines noch nördlicheren Landes durch einen großen Gletscher verbunden ist. Diese Küste ist bis zur Breite von 82° 27' aufgenommen worden. Smithsund erweitert sich zu einer weitläufigen Bai, die in ihrer ganzen Ausdehnung aufgenommen ist. Von ihrem nordöstlichen Winkel auslaufend, ist unter 80° 12' Breite und 66° Länge ein Kanal entdeckt und so weit verfolgt worden, bis offenes Wasser das fernere Vordringen hinderte. Dieser Kanal läuft in ganz nördlicher Richtung und verbreitert sich zu einem dem Anscheine nach offenen Meere, wo Vögel, Bären und Seetiere sich in Menge fanden.

„Das Sterben der Hunde während des Winters war Ursache, daß die bezeichneten Entdeckungen vorzugsweise durch die persönlichen Anstrengungen der Offiziere und Mannschaften gemacht werden mußten. Der Sommer findet sie, herabgekommen an Gesundheit und Kräften. Jefferson Temple Baker und Peter Schubert sind gestorben an den Wirkungen der Kälte, denen sie in männlicher Pflichterfüllung sich ausgesetzt hatten. Ihre Überreste ruhen unter der Steinpyramide auf der Nordspitze der Observatoriumsinsel.

„Das Observatorium liegt 76 engl. Fuß von der nördlichen Spitze der Insel in der Richtung S. 14° zu O. Seine Lage ist 78° 40' westlicher Länge. Die mittlere Fluthöhe ist 29 Fuß unter dem höchsten Punkte der Insel. Diese beiden Punkte sind auch durch kupferne Bolzen bezeichnet, die mit geschmolzenem Blei in den Felsen eingelassen sind.

„Am 12. August wurde die Brigg von ihrem früheren Lagerplatze zwischen den Inseln fortgewerpt und etwa eine Meile weiter nordöstlich an das äußere Scholleneis festgelegt, wo sie noch liegt und auf weitere Veränderungen im Eise wartet.

E. K. Kane, Kommandant der Expedition.“

Ein paar Stunden später wurde folgende Nachschrift hinzugefügt:
„Da sich das junge Eis zwischen der Brigg und dieser Insel gebildet hat und sich Aussichten auf einen Sturm zeigen, so ist das Datum der Abreise unausgefüllt gelassen. Wenn es möglich ist, soll die Stelle noch einmal besucht und das Datum hinzugesetzt werden, da unsere endliche Befreiung noch immer von dem Gange der Witterung abhängt.

E. K. Kane.“

Jetzt kam die Frage, wie einem zweiten Winter, diesem schlimmen Feinde zu begegnen sei. Alles andere war besser als Untätigkeit, und trotz der Ungewißheit, in der unsere Angelegenheit noch schwebte, konnte immerhin eine Menge Arbeiten à la Robinson Crusoe in Angriff genommen werden. Da gab es Moos zu sammeln zur Vermehrung unseres Brennstoffes, Weidenstengel, Steinsamen und Sauerampfer als Skorbutheilmittel. Aber während alles dies im Gange war, erhoben sich ernstere Fragen. Einige von der Mannschaft hegten die Meinung, daß ein Entkommen nach dem Süden noch immer möglich sei, und diese Ansicht wurde unterstützt von unserem dänischen Dolmetscher Petersen, welcher Kapitän Parrys Expedition begleitet hatte und diese Wandlungen des nördlichen Eises aus reicher Erfahrung kannte. Sie hielten es sogar für besser, das Schiff im Stiche zu lassen, als länger zu bleiben. Ich selbst war allerdings entschlossen, nicht vom Schiffe zu weichen, denn erstlich war mir dies Ehrensache, und zweitens war ich überzeugt, daß das Fortkommen unausführbar sei; aber es war nun sehr die Frage, ob ich meine Leute von Amts wegen zwingen könne, sich meinen Ansichten unterzuordnen. Ein moralisches Recht hatte ich wohl nicht dazu, und die Dienstregel war in unserer Lage unzutreffend. Wenn ein Walfisch= jäger hoffnungslos festsitzt, so hört auch die Autorität des Kapitäns auf, und die Mannschaft hält Rat unter sich, ob sie gehen oder bleiben will. Und bei uns kam noch der fatale Umstand hinzu, daß wir für eine zweite Durchwinterung höchst armselig vorbereitet waren; wir waren ja von Krankheiten gebeugte Leute mit unzureichenden, für unseren Zustand nicht einmal passenden Lebensmitteln. Um unter solchen Umständen den Winter zu überstehen, war es unerläßlich, die Mannschaft bei guter Gemüts= stimmung zu erhalten; ein widerspenstiger, finsterer oder kleinmütiger Geist würde unsere Decks gleich einer Pest entvölkern. Das alles wußte ich als Arzt und Offizier, und eben darum durfte ich keinen, der nicht gutwillig bleiben wollte, wider seinen Willen zurückhalten.

Ich machte am 23. August noch einen Ausflug zu einer gründlichen Besichtigung des Eises, und nun stand es fest: das Schiff kann nicht ent= kommen. Selbst die Abreise in Booten erschien unausführbar, denn die Wasserströme schlossen sich bereits, das Packeis war beinahe wieder in Stillstand gekommen und das Jungeis fast undurchdringlich.

Ich versammelte demnach die Offiziere und Mannschaften, schilderte ihnen ausführlich den Stand der Dinge und setzte ihnen die Gründe auseinander, welche mich zum Dableiben bewogen. Ich bemühte mich, ihnen zu zeigen, welches Wagstück und wie unmöglich es sei, jetzt noch

an das offene Waſſer vordringen zu wollen; ich erinnerte ſie an ihre
Pflichten gegen das Schiff und ermahnte ſie mit einem Wort ernſtlich,
ihren Plan aufzugeben. Dann ſagte ich ihnen, daß ich denjenigen, die
dennoch den Verſuch wagen wollten, gern meine Erlaubnis erteile, nur
müſſe ich verlangen, daß ſie ſich unter die Befehle von Anführern ſtellten,
die ſie vor ihrer Abreiſe zu wählen hätten, auch müßten ſie ſchriftlich
allen Anſprüchen an mich und die Zurückbleibenden entſagen. Alsdann
ließ ich jeden Mann einzeln aufrufen und ſeine Erklärung abgeben. Das
Reſultat war, daß von den 17 Leuten acht ſich entſchloſſen, beim Schiffe
zu bleiben. Es waren Brooks, Mac Gary, Wilſon, Goodfellow, Morton,
Ohlſen, Hickey und Hans. Den anderen gab ich ihren Anteil an den
noch vorhandenen Vorräten richtig und ſelbſt reichlich; ſie verließen uns
am 28., ſo gut ausgerüſtet, als unſere kärglichen Mittel es erlaubten.
Einer von ihnen, Georg Riley, kam ſchon ein paar Tage darauf wieder;
aber Monate vergingen, ehe wir die übrigen wiederſahen. Sie hatten
die ſchriftliche Zuſicherung eines brüderlichen Empfanges von uns erhalten,
für den Fall, daß ſie zur Umkehr gezwungen würden, und dieſe Verſiche=
rung wurde eingelöſt, als ſie nach harten Prüfungen ſich entſchloſſen
hatten, unſer Schickſal von neuem zu teilen.

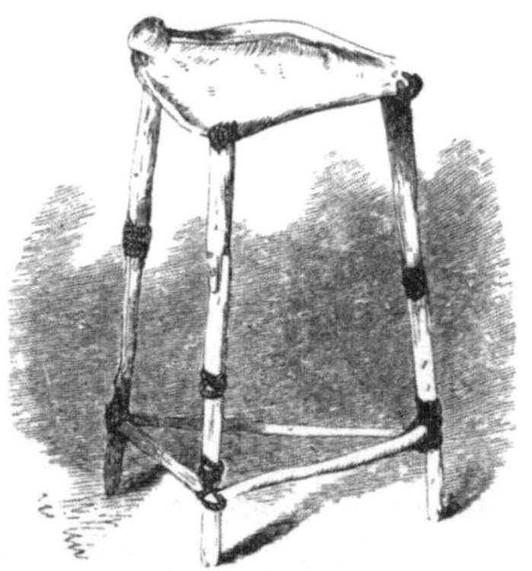

Tiſch aus Walroßknochen.

Moosholen.

Elftes Kapitel.

Einrichtungen für den Winter. Jagdabenteuer. Verkehr und Vertrag mit den Eskimos. Gefährliche Irrfahrt. Bären= und Walroßjagden. Rattenwild. Rückkehr der Weggegangenen.

Festen Schrittes, wie Leute, die ihres Erfolges sicher sind, verließ uns die Gesellschaft und war in wenigen Stunden aus unseren Augen. Wie sie so zwischen den Hummocks verschwanden, drückte die düstere Wirklichkeit unserer Lage erneuert auf uns. Das traurige Gefühl einer noch größeren Vereinsamung, die Hilflosigkeit einiger, die abnehmende Tätigkeit aller Mitglieder, der drohende Winter mit seiner kalten schwarzen Nacht, unsere mangelhaften Hilfsmittel — alles dies nahm unsere Gedanken ein. John Franklin und seine Gefährten, unser täglicher Unterhaltungsgegenstand so viele Monate hindurch, trat jetzt vor der Besprechung unserer eigenen Lage in den Hintergrund, vor der Frage: „Wie entkommen? wie leben?" Hieran schloß sich in natürlicher Folge die Beratung der Obliegenheiten eines jeden. Wir kamen bald zu dem Beschlusse, das unsere ganze Organisation und Lebensordnung dieselbe bleiben solle, die sie bisher gewesen; die Verteilung der Dienstarbeiten, die religiösen Übungen, die Tafelordnung, die Wachen, selbst die Beobachtungen des Himmels und das Aufzeichnen der Fluten sollten ihren Fortgang nehmen.

Nächstdem war ich darauf bedacht, einiges von den Eskimos Gelernte für uns nutzbar anzuwenden. Es erschien mir das Beste, ihnen in der

9*

Einrichtung ihrer Wohnungen und ihrer eigentümlichen Beköstigung geradezu nachzuahmen, natürlich ohne ihre Unreinlichkeit.

Die erste Sorge war die Einrichtung einer warmhaltenden Winterwohnung, denn unser Brennmaterial war fast auf die Neige gegangen. Gesunde und Kranke arbeiteten nach Kräften daran, das Schiff in ein Igloë, eine Eskimohütte, zu verwandeln. Es wurde zu diesem Zwecke Moos- und Torfrasen am Lande aufgesucht, wo sich nur irgend etwas auftreiben ließ, und auf Schlitten heimgeschafft. Diese Rasen sind vortreffliche Warmhalter, und wenn es gelang, das Quarterdeck tüchtig damit zu umpolstern, so konnten wir eine für den Frost beinahe undurchdringliche Wohnung haben. Dem Bauplan zufolge wurde unter Deck ein Raum von etwa 2 qm abgegrenzt und von oben bis unten mit diesem Material ausgefüttert. Der Fußboden wurde sorgfältig mit Gips und Kleister überzogen, darauf eine 4 cm dicke Schicht von Manilawerg gelegt und eine Decke von Segeltuch darübergezogen. Der Eingang bestand, wie bei den Eskimohütten, aus einem niedrigen, mit Moos gefütterten Tunnel, mit so viel Türen und Vorhängen, als sich nur immer anbringen ließen. Dies war der Raum für uns alle und für alle möglichen Zwecke, allerdings kein großer, aber wir Zehn konnten hineinkriechen, und ich dachte: je enger, desto wärmer.

Bei dem Worte Moosholen darf man hier zu Lande an kein Sommervergnügen denken; es ist eine harte Winterarbeit. Der gemischte Torfrasen, aus Weiden, Heide, Gräsern und Moosen bestehend, war zu einer harten Masse gefroren. Wir konnten ihn in den Schneewassergerinnen nicht mehr losbekommen, sondern mußten ihn auf den Klippen suchen, mit Brechstangen abarbeiten und in Gestalt von Steinen heimführen. Doch endlich war auch diese unerläßliche Arbeit vollbracht, wir hatten genug, um unsere Winterhütte zu bauen, und es war nun noch ein gehöriger Schneevorrat von nöten, um die Außenseiten des Schiffes damit zu umwallen.

Inzwischen waren unsere Wildbretvorräte zur Neige gegangen und bestanden am 11. Sept. nur noch aus sechs Enten von der Größe eines Rebhuhnes und drei Schneehühnern. Ich beschloß, mit einer neuen Art von Robbenjagd einen Versuch zu machen. Nur $2\frac{1}{2}$ geogr. Meilen seewärts befand sich zwischen den Eisbergen eine starke Strömung von Wasser und Eisschollen, welche zuweilen einige Robben aufsuchten, um Atem zu schöpfen. Ich fuhr mit den Hunden hinaus und nahm Hans mit mir; aber wir fanden den Ort so mit losem und zerbrechlichem Eise umsäumt, daß es nicht möglich war, heranzukommen.   Nun, dachte ich, morgen soll's besser gehen, so Gott will! Ich werde meine lange Flinte mitbringen, dazu den Kajak, eine Eskimoharpune mit Leine und Luftsack und ein Paar breite Schneeschuhe.   Ich werde knieen, wo das Eis zu unsicher ist, und die Körperlast auf die Schneeschuhe verteilen; Hans soll nachfolgen, indem er sich rittlings auf den Kajak setzt, der im Fall des Einbrechens als eine Art Rettungsboot dienen kann.   Sind wir so glück= lich, auf Schußweite heranzukommen, so sticht Hans ins Wasser und holt das Wild, ehe es untersinkt.   Ich ging mit Hans und fünf Hunden ans Werk, und wir erreichten schon in einer Stunde den Pinnakelberg.   Aber

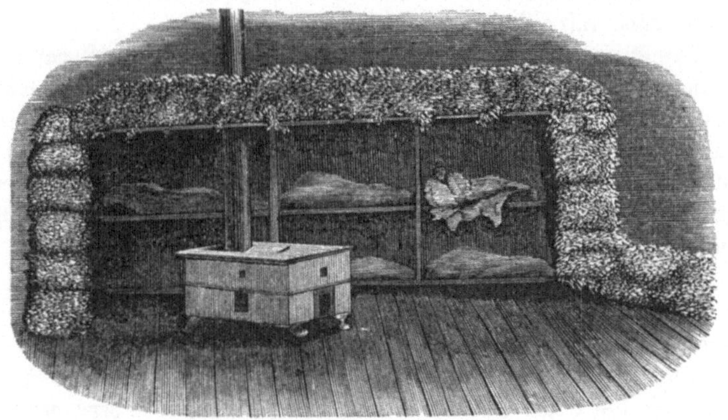

Durchschnitt des Winterquartiers.

wo war das Wasser von gestern, wo die Seehunde?   Die Eisfelder hatten sich geschlossen, und unser Jagdplatz war eine rauhe Eisebene geworden. Von einem Eisberge herunter erblickten wir jedoch in Nordwesten einen Streifen dicken Nebels, das Anzeichen offenen Wassers.   Er lag gerade in der Gegend, die wir im vergangenen Frühjahr als Halberfrorene durchirrt hatten.   In ein paar Stunden gelangten wir auf ein unabseh= bares Eisfeld, so eben wie eine Billardtafel und von hinreichender Festig= keit.   In der Ferne zeigten sich deutlich die Dampfsäulen des offenen Wassers.   Ohne Zaudern und voll Hoffnung auf eine glückliche Jagd trieben wir vorwärts.   Wir kamen bald auf Eis von jüngerem Datum, das weniger fest als das verlassene, aber für uns noch tragfähig war. Rascher ging es ein Stück weiter, bis auf einmal Hans aus vollem Halse rief: „Pusey! Puseymut! — Robben! Robben!" Die Hunde nahmen sofort einen neuen Anlauf, und als ich vorwärts blickte, sah ich ganze Haufen borstiger Seehunde auf einer offenen Wasserfläche spielen. Zugleich bemerkte ich aber auch, daß wir uns auf einer neuen, offenbar unsicheren Eisfläche befanden. Rechts und links dehnte sich weithin die mit Rauhfrostfedern überwachsene Ebene. Die nächste solide Scholle vor uns war ein einzelner Block, der wie eine Insel über der weißen Fläche emporstand. Die Umkehr war unmöglich, wir mußten vorwärts. Wir trieben die Hunde mit Peitsche und Stimme vorwärts; wir hatten noch über eine halbe Meile bis zu besagter Eisinsel, und das Eis bog sich unter den Schlittenkufen wie Leder. Die Furcht überkam die Hunde und trieb sie ohne unser Zutun zur höchsten Eile an.

Die Spannung in dieser Lage, bei der es für uns selbst gar nichts zu tun gab, war unerträglich. Wir wußten, daß wir verloren waren, wenn wir die Scholle nicht erreichten, und dies hing lediglich von unseren Hunden ab. Eine augenblickliche Stockung mußte alles zusammen in die rasche Flutströmung hinunterstürzen, dagegen half weder Geistesgegenwart noch irgend ein Auskunftsmittel. Die Robben — denn wir waren jetzt nahe genug, um ihre sprechenden Gesichter zu erkennen — sahen uns mit der ihnen eigenen verwunderten Neugier an; wir kamen vielleicht an fünfzig Stück vorüber, die sich bis zur Brust aus dem Wasser hoben und uns durch ihr behagliches Wesen gleichsam höhnten.

Die verzweifelte Flucht vor dem Schicksal sollte ihr Ende finden: das Wogen des zähen Salzwassereises schreckte die Hunde dermaßen, daß sie fünfzig Schritt vor der Scholle plötzlich Halt machten. Sofort brach die linke Schlittenkufe ein, der Leithund folgte, und in einer Sekunde lag die ganze linke Seite des Schlittens unter Wasser. Mein erster Gedanke war, die Hunde frei zu machen. Ich beugte mich vor, um die Leine des Leithundes zu zerschneiden, und schwamm in derselben Minute neben ihm in einer Brühe von schwammigem Eis und Wasser. Hans, der gute Junge, näherte sich, in gebrochenem Englisch laut jammernd, und wollte helfen; aber ich befahl ihm, sich auf den Bauch zu legen, Arme und Beine auszustrecken und sich mit dem Taschenmesser nach jener Stelle hinüberzuschieben. In diesem Moment schwammen Schlitten, Hunde und Leinen in wirrem Durcheinander um mich her. Es gelang mir, den Leithund abzuschneiden und ihm aufs Eis zu helfen, denn das arme Tier hätte mich mit seinen kläglichen Liebkosungen fast ertränkt; dann machte ich mich an den Schlitten, fand aber, daß er mich nicht trug, und so blieb mir nichts übrig, als mich am Rande des Eisloches zu versuchen. Ich ruderte rund herum, aber überall brach das verwünschte Eis in dem Augenblick ab, wo ich glaubte, gewonnenes Spiel zu haben. Durch diese Bemühungen erweiterte sich der Kreis meiner Operationen in sehr unbequemer Weise, und ich fühlte mich nach jeder mißlungenen Anstrengung schwächer. Hans hatte das feste Eis erreicht, lag als guter Herrnhuter auf den Knieen und betete durcheinander auf Englisch und Eskimoisch.

Es war fast aus mit mir. Mein Messer war beim Losschneiden der Hunde verloren gegangen, und ein zweites, das in meiner Hosentasche stak, war so in die nassen Falten verwickelt, daß ich nicht dazu gelangen konnte. Meine endliche Herausarbeitung verdankte ich einem neu eingefahrenen Zughunde, der noch an dem Schlitten festgespannt war und durch seine Bemühungen, loszukommen, die eine Schlittenkufe dicht an den Eisrand gebracht hatte. Alle meine früheren Versuche, den Schlitten als eine Brücke zu benutzen, waren fehlgeschlagen; er brach jederzeit durch und beschädigte das Eis nur um so mehr. Jetzt fühlte ich, daß ich nur noch diese eine Hoffnung hatte. Ich warf mich auf den Rücken, um mein Gewicht möglichst zu verkleinern, und legte mich mit dem Genick auf den Eisrand; dann krümmte ich langsam und vorsichtig das Bein, stemmte den Fuß an die Schlittenkufe und drückte mich langsam ab, wobei ich dem halb nachgebenden Knistern des Eises unter mir lauschte. Bald fühlte ich, daß mein Kopf auf dem Eise ruhte und meine nasse Pelzjacke auf dessen Fläche glitt, dann folgten die Schultern glücklich nach, und durch einen letzten kräftigeren Tritt schob ich mich vollends hinauf und war gerettet. Ich erreichte die kleine Eisinsel, wo Hans sich beeiferte, mich zu frottieren. Wir retteten alle Hunde, aber Schlitten, Kajak, Gewehre, Schneeschuhe und alles übrige mußten wir im Stiche lassen, bis ein stärkerer Frost uns erlauben würde, zurückzukehren und die Dinge loszueisen.

Nach einem Trabe von drei Meilen erreichten wir das Schiff wieder, und ich fand da so viel Bequemlichkeit und Herzlichkeit, daß ich unser neuestes Mißgeschick bald vergaß.

Doch ich finde, daß meine Mitteilungen aus der Periode unserer emsigen Vorbereitungen für den Winter noch sehr dürftig sind, und daß ich noch nicht erzählt habe, unter welchen Umständen wir Schritt für Schritt in vertraulichere Beziehungen zu den Eskimos kamen. Meine letzte Erwähnung dieser seltsamen Leute, deren Schicksale sich in der Folge so eng an die unsrigen knüpfen sollten, geschah bei der Erzählung von Metuks Flucht aus der Gefangenschaft. Obwohl zu der Zeit, als ich zur Aufsuchung der Beechey=Insel abwesend war, unsere auf dem Schiff gebliebenen Leute häufig mit Eskimos verkehrt hatten, sah ich selbst doch keinen solchen im Rensselaer Hafen, bis zu der Zeit, als Petersen mit seinen Genossen Abschied genommen. Gerade da erschienen drei von ihnen, gleich als wollten sie unsere jetzigen Verhältnisse in Augenschein nehmen, und ich nahm dies als ein sicheres Zeichen, daß wir von ihnen unausgesetzt beobachtet worden waren.

Es war allerdings jetzt um vieles anders mit uns bestellt: wir hatten die Hälfte unserer Provision, Boot und Schlitten und mehr als die Hälfte der gesunden Leute eingebüßt und noch dazu die Aussicht, hier im Eise eingesargt zu bleiben. Natürlich war für uns nichts so sehr zu fürchten, als der Mangel an frischem Fleische, und darum war es wichtig, mit diesen Leuten in gutem Einvernehmen zu bleiben. Wir empfingen sie daher stets freundlich und gastfrei, obwohl sie zuweilen lästig wurden und zur Ordnung gebracht werden mußten.

Als diese drei Besucher Ende August zu uns kamen, quartierte ich sie in ein Zelt unter Deck ein, wo sie eine kupferne Lampe, ein Kochbecken und reichlich Talg zur Feuerung hatten. Sie kochten und aßen unauf= hörlich, und statt endlich sich schlafen zu legen, wußten sie gegen Morgen die Deckwache zu täuschen und machten sich heimlich fort. Zum Dank für unsere Gastfreundschaft hatten sie nicht allein die Lampe und das übrige Kochgeschirr gestohlen, das sie in Gebrauch gehabt, sondern oben= drein meinen besten Hund. Sie hätten sich alle Hunde mitgenommen, wenn die anderen nicht so reisemarode gewesen wären. Zudem entdeckten wir am anderen Morgen, daß sie auch die Büffel= und Gummiröcke, welche Mac Gary einige Tage zuvor im Eise zurückgelassen, gefunden und sich angeeignet hatten. Dieser Diebstahl setzte mich in Verlegenheit. Ich konnte kaum einen Akt der Feindseligkeit darin erblicken. Ihre früheren Diebereien hatten sie immer mit so prächtiger Naivität ausgeführt und, wenn sie er= tappt wurden, so weidlich gelacht, daß ich zu der Ansicht kommen mußte, ihre Begriffe von Mein und Dein seien eben anderer Art, als die uns geläufigen. Es war klar, daß wir jetzt zu wenige waren, um unser Eigen= tum gehörig zu bewachen, und daß die Leute unsere Güte bis zu einem gewissen Punkte falsch beurteilten.

Ich war im Zweifel, welches Strafmittel ich anwenden sollte, fühlte aber, daß etwas Tatkräftiges geschehen müsse, wenn auch aufs Geratewohl.

Ich sandte sofort die zwei besten Fußgänger ab, Morton und Riley, mit dem Auftrage, sich eiligst nach der Niederlassung Anoatok zu begeben, um womöglich die Diebe zu überholen, die wahrscheinlich dort rasten würden. Sie fanden daselbst den jungen Meiuk, der es sich in der Hütte ganz bequem machte, in Gesellschaft von Sibu, Meteks Weib, und Aningna, Marsumas Weib, unsere Büffelröcke waren bereits verschnietdert und in Kapots verwandelt, die sie am Leibe trugen.

Ein fortgesetztes Nachsuchen brachte ferner die Kochgeräte und eine Menge anderer Dinge von größerem oder geringerem Wert zum Vorschein, die wir noch gar nicht vermißt hatten. Mit der Amtsmiene, welche den Gesetzvollstreckern in der ganzen Welt eigen ist, wurden den Weibern die Sachen abgenommen, sie selbst gebunden, mit dem gestohlenen Gut und außerdem so viel Walroßfleisch aus ihren eigenen Vorräten bepackt, als zu ihrem Unterhalt erforderlich schien, und nun wurden sie unverzüglich nach dem Schiffe transportiert.

Die 7—8 Meilen Weges waren eine harte Tour für sie; doch klagten sie nicht, so wenig wie ihre beiden Häscher, die schon ebensoviel Meilen gegangen waren, um sie zu arretieren. Noch

Aningna.

waren nicht 24 Stunden vergangen, seit die Eskimoweiber das Schiff verlassen, und schon befanden sie sich wieder als Gefangene im Unterraume desselben, bewacht von einem schrecklichen weißen Manne mit mürrischem Gesicht und bösen, unverständlichen Drohworten. Nicht einmal die Gesellschaft Meiuks sollte ihnen gegönnt sein, denn diesen hatte ich an Metek, den Häuptling von Eta, abgesandt mit einer Botschaft, wie sie in Ritter- und Räuberromanen vorkommen, und ihn zur Auslösung der Gefangenen aufgefordert. Fünf Tage lang mußten die Weiber in ihrem einsamen Gefängnis seufzen und singen und kreischen, wobei jedoch ihr Appetit stets vortrefflich blieb. Endlich langte der große Metek an. Er brachte Ootunia mit, einen anderen hochgestellten Mann, und einen ganzen Schlitten voll gestohlener Messer, zinnener Becher, Eisenzeug und Holzstücke.

Die Einzelheiten der Friedensunterhandlungen übergehe ich. Alle Wunderdinge auf dem Schiffe, alle Produkte der Kunst und Wissenschaft, die Feuerwaffen mit einbegriffen, machten auf Metek nicht so viel Eindruck, als die nun gewonnene Überzeugung von den überlegenen physischen Kräften der Weißen. Die Nomaden wissen besser als jeder andere, welche Ausdauer und Energie dazu gehört, sich durch das Treibeis und Schneewehen hindurchzuschlagen.

Ohne Zweifel hatte Metek geglaubt, nach dem Fortgange eines Teiles der Mannschaften sei es mit den Kräften der übrigen zu Ende, und jetzt mußte er erleben, daß wir innerhalb weniger Stunden einen Marsch nach ihrer Hütte ausgeführt, drei der Schuldigen festgenommen und sie als Gefangene auf das Schiff transportiert hatten. So ein Stück Arbeit mußte er durchaus zu würdigen. Es bestärkte ihn in dem Glauben, daß die Weißen von Rechts wegen überall der herrschende Stamm sind oder sein sollten.

Die Unterhandlungen verliefen ohne Schwierigkeit, wenn auch mehrmals unterbrochen von den unerläßlichen Festlichkeiten und Ruhepausen. Der Hauptinhalt des Vertrages war von seiten des Innuits (Eskimo) folgender: „Wir versprechen, nicht stehlen zu wollen. Wir versprechen euch frisches Fleisch zu bringen. Wir versprechen euch Hunde zu verkaufen oder zu leihen. Wir wollen euch Gesellschaft leisten, so oft ihr uns braucht, und euch die Orte zeigen, wo Wild zu finden ist." — Die Kablunas oder Weißen versprechen dagegen: „Wir wollen euch nicht mit Tod oder Zauber heimsuchen noch euch irgendwie Schaden zufügen. Wir wollen auf unseren Jagden für euch schießen. Ihr sollt an Bord des Schiffes gastfreundlich aufgenommen werden. Wir schenken euch Näh- und Stecknadeln, zwei Sorten Messer, einen Reifen, drei Stücke hartes Holz, etwas Fett, eine Ahle und Zwirn, und wir wollen euch solche und andere Dinge, die ihr braucht, gegen Walroß- und Robbenfleisch von bester Güte in Tausch geben."

Dieser Vertrag, der für uns von großer Wichtigkeit war, wurde in voller Versammlung der Leute von Eta, in der Hans und Morton als meine Abgesandten fungierten, angenommen und genehmigt. Er wurde durch keine Eide bekräftigt, aber auch niemals gebrochen. Aller gegenseitige Verkehr geschah im Sinne desselben. Die Parteien gingen zwischen der Hütte und dem Schiffe ab und zu, statteten sich Höflichkeits= und Notwendigkeitsbesuche ab, trafen sich auf Jagdpartien auf dem See= und Landeis, organisierten eine große Gemeinschaft der Interessen, und es kamen Fälle von persönlicher Anhänglichkeit vor, die wohl diesen Namen verdienen. Solange wir im Eis gefangen lagen, verdanken wir ihnen wahrhaft schätzbare Ratschläge in bezug auf unsere Jagdunternehmungen, und bei vereinigten Jagdausflügen teilten wir die Beute zu gleichen Teilen, wie es bei ihnen Brauch ist. Unsere Hunde wa= ren gewissermaßen Gemeingut, und oft kargten sich die Eskimos etwas ab, um unsere hungern= den Tiere zu füttern. Sie schafften uns in kritischen Zeiten Fleisch, und wir konnten ein andermal Gleiches mit Gleichem vergelten. Kurz, sie lernten uns nur als Wohl täter ansehen und betrauerten, wie ich weiß, unseren Abschied bitterlich.

Wir führten jetzt ein völlig nordisches Nomaden= leben, der Kampf mit den rauhen Elementen stärkte uns und bekam uns wohl. Man muß in diesem Klima furcht= bar viel essen, aber es steigert

Nessak im Reisekostüm.

auch die Muskelkräfte. Unsere Tischgespräche waren zu dieser Zeit so heiter wie auf einer Hochzeit. Da kamen ein paar von einer Schlittenreise von 18 Meilen zurück, ein paar andere von einer Fußpartie von 40 Meilen; jeder hatte zu erzählen, und während des Erzählens wurden schon wieder neue Pläne aufs Tapet gebracht. Daneben waren wir in unseren Winter= einrichtungen auf dem Schiffe tüchtig vorgeschritten; alle Anzeichen deuteten auch darauf hin, daß wir wenigstens drei Wochen eher einfrieren würden, als das Jahr vorher.

Mac Gary und Morton waren nach der anderen Niederlassung
Anoatok gereist, um auch dort unseren Vertrag genehmigen zu lassen.
Sie kamen am 17. September zurück, tüchtig mitgenommen von einer
12 Meilen weiten Reise, aber bei guter Laune, denn sie brachten gute
Nachrichten und ein Stück Walroßfleisch von wenigstens 20 kg mit. Bei
ihrer Ankunft in den Hütten hatten sie nur drei Leute vorgefunden,
Ootunia, den langhaarigen Meiuk und einen dritten Mann, der uns
noch nicht vorgekommen war. Es war anfangs zweifelhaft gewesen, ob
der Besuch richtig verstanden werden würde, besonders von seiten Metuks.
Er war Stehlens halber unser Gefangener gewesen, war entlaufen und
uns noch eine Quantität Walroßfleisch schuldig, das er als Entschädigung
für unser Boot liefern sollte. Beide jetzt ankommende Männer waren
seine Gefangenwärter gewesen, und er war der erste, auf den sie bei
ihrer Ankunft stießen; er mochte wohl denken, daß sie nicht gerade zu
seinen Gunsten hergereist waren. Aber als ihm Mac Gary begreiflich
gemacht, daß der Besuch nicht ihn speziell betreffe, daß man nur gastliche
Aufnahme wünsche, war er wie umgewandelt. Er hieß die Reisenden aufs
herzlichste willkommen, führte sie in seine Hütte, machte den besten Platz
für sie frei und schürte das Feuer mit Moos und Speck. Die anderen
kamen auch herbei und alle beeiferten sich, die Gäste zu pflegen. Ihre
nassen Stiefel wurden ans Feuer gehängt, ihre Sachen ausgerungen
und auf heißgemachte Steine gelegt, ihre Füße in Heu gehüllt und die
ausgesuchtesten Schnitte von Walroßleber wanderten in den Kochtopf.
In der Tat, was Gastfreundschaft, Offenheit und Herzlichkeit anlangt, so
hatten diese Leute von uns nichts mehr zu lernen, und hieraus erklärte
sich auch die rückhalt- und furchtlose Weise, in der sie zum erstenmal auf
unser Schiff kamen. Es war mir damals ein Rätsel gewesen, was die
Harlekinsgrimassen bedeuten sollten, mit denen sie sich dem Schiffe näherten.
Seitdem ist mir klar geworden, daß es eine Darlegung ihrer Unterhaltungs-
kunst sein sollte, durch die sie sich Zutritt an Bord zu verschaffen wünschten,
und als sie diesen erhalten, sahen sie bald, daß sie nichts zu fürchten hatten.

Die Bewohner von Anoatok genehmigten alles, was Metek ein-
gegangen war, gleich als sei der ganze Vorteil auf ihrer Seite, und als
unsere Leute Abschied nahmen, packten sie ihnen, wie selbstverständlich,
alles übrig gebliebene Fleisch auf den Schlitten.

Die Eingebornen kamen nun häufig an Bord, und ich machte manche
Jagdpartie mit ihnen gemeinschaftlich. Ich lernte dadurch die Gegend
und die Landmarken bald so gut wie sie selbst kennen, wußte jeden Felsen,

jede Spalte und Strömung im Nebel wie bei Tage zu finden und zu benennen. Die Kälte war um diese Zeit, gegen Ende September, schon sehr bedeutend, aber der Zustand unserer Speisekammer litt nicht, daß wir zu Hause blieben.

Am 28. September kehrte ich von einer Reise nach Anoatok zurück, welche dank der unbesieglichen Hartnäckigkeit unserer wilden Freunde voller Fährlichkeiten war. Ich fuhr eines Mittags nach den Walroßplätzen aus. An einen leichten Schlitten hatte ich zu unseren fünf guten Hunden noch zwei den Eskimos gehörige gespannt. Bei mir waren Ootunia, Meiuk, der dunkelfarbige, fremde Eskimo, Morton und Hans. Der Schlitten war überladen, aber ich konnte die Eskimos in keiner Weise dazu bewegen, von der Last etwas abzunehmen, und so kam es, daß wir die Forcebai nicht zeitig genug erreichten, um sie noch bei Tageslicht zu passieren. Den Landeinschnitten zu folgen wäre aufhältlich und gefährlich gewesen; wir verließen uns daher auf die Spuren früherer Reisen und trieben die Hunde geradeaus. Aber die Dunkelheit überfiel uns schnell und der Schnee begann vor einem heftigen Nordwinde zu treiben. Etwa um 10 Uhr abends hatten wir das Land verloren; wir trieben die Hunde tüchtig an und trabten sämtlich neben dem Schlitten her; aber wir hatten eine falsche Richtung genommen und bewegten uns seewärts nach dem schwimmenden Eise des Sundes zu. Niemand wußte sich zurecht zu finden, die Eskimos waren ganz irre geworden, und die Unruhe der Hunde, die jeden Augenblick sichtlicher wurde, teilte sich den Menschen mit. Der Instinkt eines Schlittenhundes sagt ihm genau, wenn er sich auf unsicherem Eise befindet, und ich kenne nichts, was dem Menschen unheimlicher wäre, als die Warnung vor unsichtbaren Gefahren, wie sie in der instinktmäßigen Furcht eines Tieres sich ausspricht.

Wir mußten in Bewegung bleiben, denn wir konnten vor dem Sturme kein Zelt aufschlagen, und er umsauste uns so heftig, daß wir Mühe hatten, den Schlitten auf den Kufen zu erhalten. Aber wir rückten mit Vorsicht weiter, indem wir unseren Weg mit Zeltstangen prüften, die ich verteilen ließ. Schon seit einiger Zeit hatte ich zwischen dem Sturm= getös ein tieferes und anhaltenderes Murmeln vernommen, und jetzt wurde mir plötzlich klar, daß ich Wogengetös hörte und wir uns dicht an offenem Wasser befinden müßten. Kaum hatte ich Zeit, Kehrt zu komman= dieren, als eine Wolke nassen Rauhfrostes uns einhüllte und das schäu= mende Meer selbst in einer Entfernung von wenigen hundert Schritten vor uns lag. Jetzt konnten wir unsere Lage und ihre Gefahren beurteilen.

Das Eis brach vor dem Sturme auf, und es war zweifelhaft, ob wir uns herauswickeln würden, selbst wenn wir uns direkt gegen den Sturm zurückarbeiteten. Ich beschloß, die südliche Richtung einzuschlagen, in der Hoffnung, die Godsentklippen zu gewinnen. Das Eis in jener Richtung war schwerer und mochte wohl eher einem Nordwind stand=halten. Jedenfalls befanden wir uns in einer sehr mißlichen Lage.

Die Brandungslinie war uns unterdes immer näher gerückt; wir fühlten das Eis unter unseren Füßen wogen und wanken, und bald brach es auch, Reihen von Hummocks erhoben sich vor uns, und es war uns wie ein Spießrutenlaufen, wenn wir zwischen ihnen hindurch mußten. Als wir hier entronnen waren, mußten wir uns über zerstoßene Trüm=mer nach der Küste hin arbeiten, wobei wir bald über vorspringende Felszacken stolperten, bald bis an den Hals ins Wasser fielen. Es war zu dunkel, um die Insel zu erkennen, der wir zustrebten; wir sahen nur das schwarze Schattenbild eines hohen Vorgebirges vor uns. Die Hunde, die uns nicht mehr zu ziehen hatten, gingen mit mehr Mut vor; wir näherten uns der Küste, immer noch des Sturmes Rasen hinter uns. Aber jetzt kam erst das Schlimmste. Als Eismenschen wußten wir, daß man selbst unter den günstigsten Umständen nur mit Mühe und Gefahr von der allgemeinen Eisdecke auf das Landeis hinaufgelangt. Ebbe und Flut zerbrechen fortwährend das Eis an der Kante des Eisgürtels in ein Ge=wirr von unregelmäßigen, halb schwimmenden Massen, und diese waren jetzt, vom Sturme gepeitscht, in tollem Aufruhr. Es war pechfinster. Ich überredete Ootunia, den ältesten der Eskimos, sich eine Zeltstange quer über die Schulter festbinden zu lassen. Ich gab ihm das Ende einer Leine, deren anderes Ende ich mir um den Leib geschlungen. Ich stellte mich an die Spitze, Ootunia folgte und ihm die übrigen. Ich fühlte nach den Stellen umher, wo etwa fester Fuß zu fassen war, und wenn eine Eistafel von einiger Größe entdeckt wurde, so trieben die anderen die Hunde an, schoben den Schlitten oder hingen sich selbst daran, wie es der Augenblick eingab. Unfälle kamen natürlich vor und waren zuweilen bedrohlich genug, doch hatten sie keine gefährlichen Folgen, und endlich gelang es einem nach dem anderen, mir nach auf den Eisfuß zu klimmen und die Hunde hinauf zu schieben.

Die Vorsehung war unser Führer gewesen; die Küste, an der wir landeten, war Anoatok, wir befanden uns kaum 400 Schritt von der be=freundeten Eskimoheimat. Mit Freudenrufen, jeder in seiner Mundart, eilten wir darauf zu, und in weniger als einer Stunde saßen wir bei

freundlich brennenden Lampen und einem köstlichen Mahl von Walroß=
schnitten, das uns nach einer zwanzigstündigen rastlosen Wanderung auf
dem Eise ausgezeichnet mundete.

Als wir die Hütte erreichten, schlug unser fremder Eskimo, Awatok
oder Seehundsluftsack geheißen, mit zwei Steinen Feuer an. Der eine
war ein kantiges Stück milchigen Quarzes, der andere anscheinend ein
Eisenerz. Er schlug einige Funken heraus, ganz in der Weise, wie in
der ganzen Welt Stahl und Stein gehandhabt werden, und als Zunder
diente ihm die Wolle von Weidenkätzchen, welche er nachher an ein
Bündel trockenes Moos hielt.

Die Hütte oder das Haus Awatoks umschloß einen einzelnen höhlen=
artigen länglichen Raum, war nicht ohne Geschick aus Steinen gebaut
und außen mit Torfmoosstücken bekleidet. Das Dach bildete eine Art
Bogen und bestand aus platten, merkwürdig großen und schweren Steinen,
die wie Ziegel übereinander lagen. Die innere Höhe gestattete uns kaum
aufrecht zu sitzen, die Länge war ungefähr $2^1/_2$, die Breite 2 m; eine
Erweiterung gegen den tunnelartigen Eingang zu ergab etwas über einen
halben Meter Raum. Diese Wintereingangsröhre heißt Tossut; sie ist
3 m lang und so eng gebaut, daß nur eben noch ein Mann durchkriechen
kann. Ihre Außenöffnung liegt tiefer als der Grund der Hütte, so daß
der Kriechweg in derselben bergan geht. Die Zeit hatte an dem Hause
Awatoks genagt, so gut wie an den Prachtbauten in mehr südlichen Wüsten.
Die ganze Front des Daches war eingefallen, hatte den Tossut ungang=
bar gemacht und zwang uns, unseren Eingang durch das einzige Fenster=
loch zu halten; die Bresche war weit genug, daß ein Schlittenzug durch=
gekonnt hätte, aber unseren nordischen Kameraden fiel es nicht ein, die=
selbe schließen zu wollen. Diese eisernen Menschen in ihren mit See=
wasser getränkten Kleidern hockten um die Speckflamme und dampften
unter anscheinendem Wohlbehagen die Feuchtigkeit fort. Die einzige Ab=
weichung von ihrer gewöhnlichen Manier, wozu sie wahrscheinlich der
Anblick des offenen Daches bewogen hatte, war die, daß sie sich nicht vor
dem Eingange auskleideten, um ihre Bedeckung an der Luft trocken frieren
zu lassen.

Das Küchengerät dieser Leute war noch einfacher als das unsere.
Eine Art Napf aus Seehundshaut war das Wassergefäß. Eine Stein=
platte stand in etwas geneigter Richtung aus der Hüttenwand heraus
und wurde vorn von einem Steine gestützt. Unter der Platte lag der
Schulterknochen eines Walrosses, die hohle Seite nach oben, welche

rade Raum gab für Moos und etwas Speck. Ein Schneeblock wurde auf den Stein gelegt, der, von Flammen und Rauch umgeben, sein Wasser in den untergestellten Seehundsnapf abfließen ließ. Ein Kochgeschirr besaßen sie nicht; was sie nicht roh verzehrten, brieten sie auf erhitzten Steinen. Eine einzige Walroßleine mit Wurfspieß und das, was sie gerade auf dem Leibe trugen, vollendete ihre ganze armselige Ausrüstung.

Wir, als der zivilisierte Teil der Gesellschaft, machten es uns auf unsere Art bequem. Wir kratzten die antiken Schmutzhaufen von den Schlafbänken und spannten über die trockenen, gefrorenen Steinplatten ein Zelt von doppeltem Segeltuch, breiteten unsere Büffelröcke darüber und holten trockene Socken und Mokassins unter unseren nassen Überkleidern hervor. Meine kupferne Zuglampe, ein unschätzbares Möbel auf kurzen Reisen, spendete bald ihre wohltätige Flamme. Der Suppentopf, die Walroßschnitte und der heiße Kaffee kamen demnächst an die Reihe, und schließlich wurde auch die gähnende Öffnung des Kellers mit einer Gummituchdecke verschlossen.

Während unseres langen Marsches und unserer Fährlichkeiten auf dem Eise hatten wir uns in acht genommen, irgend ein Zeichen von Ermüdung blicken zu lassen; wir hatten sogar Ootunia und Metek zuweilen auf dem Rücken getragen. Auch ließen wir nicht merken, daß wir frören, und so konnten wir alle unsere Reichtümer und Bequemlichkeiten zu Tage legen, ohne daß die Eskimos darin ein Zeichen von Schwäche und Verweichlichung erblicken durften. Ich sah auch, daß sie von unserer Überlegenheit tief überzeugt waren, ein Gefühl, das egoistischen und dünkelhaften Wilden immer nur schwer und spät beikommt. Ich war sicher, daß sie jetzt unsere geschworenen Freunde waren. Sie sangen uns an mit

„Amna aja", ihrem rohen, eintönigen Gesang, daß uns die Ohren hätten bersten mögen, und improvisierten sogar einen besonderen Lobgesang, den sie immer und immer wieder mit lächerlich übertriebener Gravität wiederholten, und der stets mit dem Refrain endete: „Nalegak, nalegak, nalegak, nalegaksoak! Häuptling, Häuptling, großer Häuptling!" Sie gaben uns allen besondere Zunamen und nahmen uns feierlich und mit vielen Förmlichkeiten in ihren Freundschaftsbund auf.

Nach Beendigung des Essens, des Gesanges und aller Zeremonien krochen Hans, Morton und ich in unsere Büffelsäcke, und die drei anderen drängten sich zwischen uns hinein. Noch während des Einschlafens drang mir das von neuem angestimmte „Nalegak“ ins Gehör, und in meinen Träumen erschienen mir Bilder aus der Schulzeit mit den „Fröschen“ des Aristophanes. Ich schlief elf Stunden lang.

Die Eskimos waren lange wieder vor uns auf den Beinen und hielten ihr Frühstück mit rohem Fleisch von einer großen Keule, die in einem unsauberen Winkel lag. Ihre Gewohnheiten beim Essen waren eigentümlich genug. Sie schnitten das Fleisch in lange Streifen, brachten das eine Ende eines solchen in den Mund, zogen davon soviel hinein, als eben gehen wollte, und schnitten das Vorstehende dicht vor den Lippen ab. Es gehörte in der Tat einige Geschicklichkeit und Übung dazu, und keiner der unseren, die es versuchten, brachte es ordentlich zustande, und doch sah ich es von kaum zweijährigen Kindern ganz regelrecht ausführen.

Die Beschreibung der nun folgenden Jagd unterlasse ich, da sie nichts Ungewöhnliches bot. Am 2. Oktober sandte ich Hans und Hickey wieder nach den Eskimohütten, um zu sehen, ob unsere Freunde Glück auf der Walroßjagd gehabt, denn unser frisches Fleisch ging schon wieder stark zur Neige und wir hatten außer einigem getrockneten Obst und Pökelkraut fast nichts mehr für unsere Küche, als Brot und gesalzenes Rind- und Schweinefleisch. Die beiden kamen mit schlimmen Nachrichten zurück, sie hatten weder Fleisch noch Eskimos gefunden. Die sonderbaren Schneemenschen hatten einen rätselhaften Ausflug gemacht, wohin und wie, war kaum zu vermuten, denn sie hatten keine Schlitten. Sie konnten nicht weit sein, aber ihr Naturell ist ein so unruhiges, daß, wenn sie einmal auf den Beinen sind, kein zivilisierter Mensch sagen kann, wo sie wieder Halt machen werden.

Ich nahm mir vor, selbst nach den Eskimos zu suchen; ich wollte nur erst ein Wurzelbier fertig brauen, dessen Hauptingredienz die Kriechweide ist, wovon wir einen guten Vorrat eingetragen hatten. Sie besitzt eine ganz angenehme Bitterkeit.

Am 7. Oktober kamen wir in eine lebhafte Aufregung durch Hans und Mortons Geschrei: „Nannuk! Nannuk! ein Bär! ein Bär!“ Zu unserer Schande war kein Gewehr schußfertig. Während die anderen luden, ergriff ich meine sechsläufige Pistole und eilte auf das Verdeck. Ich sah eine mittelgroße Bärin mit einem vier Monate alten Jungen in einen lebhaften Kampf mit den Hunden verwickelt. Diese fielen die Bärin von allen Seiten an, sie aber holte sich mit wunderbarer Gewandtheit

ein Opfer nach dem anderen aus der Meute heraus, packte es beim Ge=
nick und schleuderte es durch eine kaum merkliche Kopfbewegung viele
Schritte weit von sich. Tubla, unser Vorhund, war bereits kampfunfähig;
Jenny beschrieb, eben als ich aus der Luke auftauchte, einen großen
Bogen durch die Luft und fiel bewußtlos aufs Eis nieder; der alte tapfere,
aber gegen Bären unvorsichtige Whitey war der erste im Treffen gewesen;
er lag jetzt hilflos winselnd im Schnee.

Es schien jetzt Waffenstillstand eingetreten zu sein; wenigstens nahm
die Bärin es so, denn sie wandte sich nun gegen unsere Fleischfässer und
fing an, sie in unbefangener Weise umzuwenden und zu beschnüffeln. Ich
schoß dem Jungen eine Pistole in die Seite; sofort nahm die Alte es
zwischen die Hinterbeine, schob es fort und zog sich hinter den Speicher
zurück. Hierbei erhielt sie von Ohlsen eine Büchsenkugel, was sie aber
kaum beachtete. Bloß mit ihren Vordertatzen riß sie die Fässer mit ge=
frorenem Fleisch herunter, welche in dreifacher Umwallung um den
Speicher aufgestapelt waren, überstieg dieselben, packte eine halbe Tonne
Heringe, trug sie mittels der Zähne hinunter und wollte sich fortmachen.
Jetzt war es Zeit, ein Ende zu machen. Ich näherte mich ihr auf halbe
Pistolenschußweite und gab ihr sechs Rehposten. Sie stürzte, stand aber
sofort wieder auf und nahm ihr Junges, wie vorher, und zog sich weiter
zurück. Sie hätte uns in der Tat entgehen können ohne die prächtige
Taktik, welche nun die von den Eskimos neu erworbenen Hunde ent=
wickelten. Die Hunde an der Smithstraße sind besser auf den Bären
dressiert als die, welche wir von der Baffinsbai mitgebracht hatten; sie
sollen denselben nicht angreifen, sondern nur belästigen. Sie umkreisten
die Bärin beständig, und wenn diese einen von ihnen angreifen wollte,
so lief derselbe in mäßiger Eile geradeaus, während im kritischen Moment
seine Kameraden ihm dadurch zu Hilfe kamen, daß sie die Bärin von
hinten bissen. Dies ging so regelrecht und ruhig ab, daß wir alle in
Staunen gerieten. So focht das arme Tier auf seinem Rückzuge einen
vergeblichen Kampf, bis zwei Büchsenkugeln der Sache eine andere Wen=
dung gaben. Die Bärin wankte, trat vor ihr Junges hin, starrte uns
mit herausfordernden Blicken an und sank erst zusammen, als noch weitere
sechs Kugeln sie durchbohrt hatten. Das Tier war äußerst mager und
hatte nicht eine Spur Fett im Leibe. Der Hunger mußte es so dreist
gemacht haben. Das Tier wog 325 kg, das ausgeschlachtete Fleisch
150 kg. Seine Länge war 2$\frac{1}{2}$ m. Solche magere Tiere sind, wie schon
früher bemerkt, die schmackhaftesten. Der junge Bär war größer als ein

Überraschung durch die Bärin.

10*

Hund und wog 57 kg. Wie bei Mortons Jagdabenteuer sprang er auf den Körper seiner Mutter und wehklagte über ihre Wunden jämmerlich. Er wehrte sich bösartig, als er an die Schlinge genommen werden sollte; als er sie aber endlich in der Schnauze hatte, folgte er an das Schiff.

Wir ketteten ihn an der Schiffsseite an und er fauchte und schnappte nach allem, was ihm nahe kam. Er litt augenscheinlich an seiner Verwundung.

Merkwürdigerweise hatten die Hunde, die in dem Bärenkampfe so mitgenommen wurden, keine ernstlichen Beschädigungen erlitten. Die Bärin hatte unabänderlich, ohne ihre Tatzen zu gebrauchen, ihre Angreifer mit den Zähnen fortgeschleudert, und dies schien dieselben nicht sehr anzugreifen. Einer unserer letzterworbenen Hunde, ein dressierter Bärenjäger, verhielt sich, wenn er gepackt wurde, ganz ruhig, machte alle Muskeln schlaff und ließ sich, wer weiß wie weit, fortwerfen; aber kaum hatte er den Boden berührt, so sprang er zu einem neuen Angriff auf.

Die Bären scheinen wilder zu werden, in je höheren Breiten sie leben, oder vielleicht, je weiter sie von den Gegenden entfernt sind, wo sie gejagt werden. In Südgrönland scheinen die beständigen Verfolgungen den Bärencharakter schon einigermaßen umgewandelt zu haben; dort greifen die Bären niemals von freien Stücken an, und selbst wenn sie sich verteidigen müssen, tun sie dem Jäger selten ernstlichen Schaden, so daß fast nie einer ums Leben kommt.

Aus der Leber des jungen Bären hatte ich mir ein Abendessen bereiten lassen, aber es bekam mir schlecht: ich bekam Symptome von Vergiftung, Schwindel, Diarrhöe und was dazu gehört. Dieselben Erfahrungen hatten wir schon bei einigen früheren Gelegenheiten gemacht, und ich sah nunmehr ein, daß der allgemeine Glaube an die Giftigkeit der Bärenleber mehr als ein bloßes Vorurteil war.

Ein anderes Wild, so wenig appetitlich es erscheinen mochte, bekam mir besser: es waren die Ratten. Wir hatten im vorigen Jahre so fruchtlose und gefährliche Unternehmungen gemacht, um sie los zu werden, daß es mir geraten schien, die Erneuerung dieser Kreuzzüge zu verbieten. Da hatten sich denn diese Tiere, trotz der anscheinend so ungünstigen Verhältnisse so stark vermehrt, daß wir ein förmliches Gehege an Bord hatten. Ihre Unverschämtheit und Gewandtheit wuchs mit ihrer Anzahl. Es war unmöglich, etwas unter Deck zu erhalten. Pelze, wollene Kleider, Schuhwerk, alles zernagten und zerstörten sie. Sie hausten in den Betten der Leute und zeigten solche Widersetzlichkeit und so viel Geschick, den Dingen

auszuweichen, die man nach ihnen schleuderte, daß sie zuletzt als ein unver=
meidliches Übel geduldet wurden. Endlich schafften wir alle beweglichen
Gegenstände, der Ratten halber, hinaus aufs Eis und umstellten unseren
Moosverschlag mit eisernen Blechen. Aber es half alles nichts: die ab=
scheulichen Tieren waren überall, unter dem Ofen, in den Vorratskästen,
in unseren Kissen, Decken und Handschuhen. Einmal schickte ich Rhina,
den gescheitesten Hund unserer ganzen Meute, in den Schiffsraum hinab.
Ich glaubte, er werde sich wenigstens verteidigen können, da er sich bei
der Bärenjagd so hervorgetan. Er wählte sich ein Lager auf den oberen
Enden einiger da lehnenden Eisenspeichen und schlief ein paar Stunden
recht gut. Aber die Ratten konnten oder wollten nicht auf die hornige
Haut an seinen Füßen verzichten und zernagten ihm dieselben so un=
barmherzig, daß wir das arme Tier heulend und vollständig besiegt
heraufzogen. Aber ich nahm Rache an ihnen, noch ehe der Winter zu
Ende ging; ja ich wurde eigentlich für meine Person ihr großer Schuldner.
In der langen Winternacht machte sich Hans zuweilen den Zeitvertreib,
Ratten mit Pfeilen zu schießen. Meine Gefährten mochten mit dieser
Art Schmaltiere nichts zu schaffen haben, und so fielen sie mir anheim,
und ich verdankte ihnen manche kräftige Fleischsuppe. Es trug diese Kost
ohne Zweifel dazu bei, daß ich verhältnismäßig wenig vom Skorbut zu
leiden hatte. Ich hatte bei diesen Zwischengerichten nur einen Konkurrenten
oder vielmehr Mitgenossen, denn wir hatten beide vollauf; es war ein
Fuchs, welchen wir spät im Winter fingen und zähmten. Es wurde bald
ein tüchtiger Rattenfänger und besaß nur den einen Fehler, daß er nie
eine zweite Ratte fangen wollte, bevor er die erste aufgefressen hatte.

Seit unserer Ankunft waren die nordischen Hasen um unseren Hafen
stets häufig gewesen. Es waren schöne Tiere, schwanenweiß mit einem
halbmondförmigen schwarzen Fleck an den Ohrenspitzen. Sie fressen die
Rinden und Kätzchen der Weiden und lieben die steinigen Abhänge ein=
gestürzter Felswände, wo sie in Spalten und unter Steinen Schutz vor
Wind und Schneetreiben finden. Der Polarhase, welcher ein Gewicht von
$4^1/_2$ kg erreicht und oft auf unserem Küchenzettel gestanden haben würde,
wenn die Hunde nicht gewesen wären, die einen leidenschaftlichen Appetit
danach hatten, geht wahrscheinlich weit nach dem Pole hin, da er imstande
ist, die glasige Schneekruste zu durchbrechen und noch da Futter auszu=
scharren, wo das Renntier und der Moschusochse verhungern müßten.
Letzterer, obgleich durch sein ungewöhnlich dichtes Wollkleid geeignet, hohe
Kältegrade zu ertragen, wird durch Mangel an Nahrung gezwungen, bei

Beginn der kälteren Jahreszeit sich wieder mehr nach dem Süden zuzu=
wenden.

Die Eskimos hatten sich bis zum 13. Oktober noch nicht wieder
blicken lassen, und ich war wirklich begierig zu wissen, wo sie sein möchten.
Wo sie sich auch aufhalten mögen, dort muß unser Jagdrevier sein, dachte
ich, denn in eine schlechtere Gegend sind sie gewiß nicht gezogen. Ich be=
orderte nun Hans und Morton, sie womöglich aufzuspüren. Sie hatten
einen Hundeschlitten sowie einen Handschlitten mitgenommen und sollten
zunächst nach Anoatok fahren. Hier sollten sie den Zugschlitten und unsere
alten Hunde zurücklassen und mit den beiden neuen Hunden, die früher
denselben Eskimos gehört hatten, auf die Suche ausgehen; den einen
sollten sie ganz frei lassen und den anderen an einem langen Riemen
führen. Ich vertraute dem Instinkt der Hunde, daß sie die neuen Jagd=
reviere ihrer ehemaligen Herren auffinden würden. Am 21. Oktober
kamen die beiden Abgesandten zurück, gänzlich erschöpft von den An=
strengungen ihrer Reise. Hans, der wie alle Wilden, sorglos mit dem
Pulver umgeht, hatte beim Feuermachen seine Pulverflasche angebrannt
und durch die Explosion sich die eine Hand bedenklich beschädigt, Morton
hatte beide Fersen erfroren. Aber sie brachten 135 kg Walroßfleisch und
ein paar Füchse mit. Diese Vorräte nebst den Überresten von unseren
beiden Bären sollten ausreichen, bis das Tageslicht, das uns jetzt verließ,
wiederkehrte und uns neue Jagdausflüge gestattete.

Eta, Awatoks Hütte.

Zwölftes Kapitel.

Eta. Leben daselbst. Walroßjagd. Rückkehr Ausgetretener.

Aus dem Jagdleben der Eskimos teilte uns Morton einige interessante Einzelheiten mit, die ich hier folgen lassen will:

Morton und sein Begleiter hatten in Eta aus der Kärglichkeit des Abendessens, bei welchem nur sechs gefrorene Alke auf die Person kamen, vermutet, daß die Jäger der Familie bald an die Arbeit gehen würden. In der Tat hatten Meiuk und sein Vater bereits einen Ausflug nach Walrossen verabredet. Nach Beendigung des Abendessens legten sich die beiden Besucher nieder und verbrachten die Nacht in Schlaf und Schweiß. Das Ungeziefer war hier nicht so störend, wie auf dem Nachtlager zu Anoatok, da hier die Insassen ihre Kleider über das Lampenfeuer hingen und sich mit Ausnahme eines Lendengürtels nackt schlafen legten. Am Morgen schlossen sich Morton und Hans, den erhaltenen Weisungen zufolge, sogleich der Jagdpartie an.

Die Gesellschaft rannte mit neun Hunden und zwei Schlitten über das Eis der offenen See zu. Auf das neue Eis kommend, wo dicke Nebelwolken die Nähe des offenen Wassers anzeigten, lüfteten sie von Zeit zu Zeit ihre Kapuzen und lauschten nach den Stimmen der Tiere. Bald hatte Meiuk ausgewittert, daß Walrosse an einer Stelle seien, die erst seit wenigen Tagen überfroren war. Man näherte sich vorsichtig und vernahm bald das eigentümliche Bellen eines männlichen Walrosses. Diese Tiere sind sehr in ihre eigene Musik verliebt und können sich stundenlang zuhören; es ist ein Mittelding zwischen dem Muhen einer Kuh und dem tiefsten Bellen eines Fleischerhundes; die einzelnen Töne werden rasch sieben= bis neunmal hintereinander angeschlagen.

Die Gesellschaft begann nun im Gänsemarsch, durch Hummocks und Eisränder sich deckend, in Schlangenwindungen gegen eine Gruppe wasser= farbiger Flecke, kürzlich überfrorene Eisstellen, vorzurücken, die aber durch älteres, festeres Eis umschlossen waren. Näher herangekommen, löste sich die Linie auf, und jeder kroch nach einem besonderen Flecke hin. Morton hielt sich, auf Händen und Füßen kriechend, hinter Meiuk. In wenigen Minuten waren die Walrosse in Sicht. Es waren ihrer fünf, und sie tauchten manchmal gleichzeitig auf und durchbrachen dabei das Eis mit einem Geprassel, daß es stundenweit zu hören sein mußte. Zwei große, grimmig aussehende Männchen waren augenscheinlich die Leiter der Herde.

Nunmehr begannen die Jägerkünste. Solange das Walroß über Wasser ist, hält sich der Jäger bewegungslos auf dem Eise hingestreckt; sobald es zu sinken anfängt, macht er sich zum Sprunge fertig, und kaum verschwindet der Kopf des Tieres unter dem Wasserspiegel, so ist auch schon jedermann im raschen Laufe begriffen, und wie durch Instinkt ducken sich, wenn das Tier wiedererscheint, bereits alle wieder bewegungslos hinter Eisbuckeln nieder. Der Eskimo scheint nicht nur zu wissen, wie lange das Tier taucht, sondern auch die Stelle zu erraten, wo es wieder heraufkommt. In dieser Weise, durch abwechselndes Vorgehen und Ver= stecken, war Meiuk, mit Morton auf den Fersen, auf eine Fläche dünnen Eises gekommen, das kaum fähig war sie zu tragen, und dicht an den Rande des Wasserloches, in welchem die Walrosse sich tummelten.

Der bisher noch immer phlegmatische Meiuk kam ins Feuer: in einem Moment hatte er seine aufgewickelte Wurfleine zurecht gelegt und die Harpune fertig gemacht. Jetzt packte er die Harpune fester, das Wasser bewegte sich — pustend tauchte das Walroß nur in ein paar Klafter Entfernung vor ihm auf — Meiuk richtete sich langsam auf, sein rechter Arm war zurückgeworfen, der linke hing schlaff herunter. Das Walroß sah ihn an und schüttelte sich das Wasser aus der Mähne; jetzt warf Meiuk den linken Arm in die Höhe, das Tier erhob sich bis zur Brusthöhe aus dem Wasser, um noch einen verwunderten Blick auf die Erscheinung zu werfen, bevor es wieder untertauchte. Aber seine Neugierde bekam ihm schlecht: im Nu hatte sich die Harpune unter seiner linken Brustfloffe ein=

gebohrt — in demselben Augenblick verschwand auch das Tier unter dem Wasser. Meiuk, obgleich Sieger, trat nunmehr in verzweifelter Eile den Rückzug an, wobei er aber das in ein Öhr ausgehende Ende seiner Wurf= leine mitnahm. Er langte im Laufe einen knöchernen, mit Eisen roh be= schlagenen Pflock heraus, trieb ihn mit einer raschen Bewegung ins Eis, schlang seine Leine darum und stellte sich mit den Füßen auf dieselbe. — Nunmehr begann der Kampf. Das Wasserloch geriet in tollen Aufruhr

Die Walroßjagd.

durch das Umsichschlagen des verwundeten Tieres, die Leine wurde bald straff, bald lose, aber der Jäger verließ seine Stellung nicht. Da ent= stand, wenige Schritte vor ihm, eine Spalte und zwei Walrosse tauchten auf; Schrecken und Wut malte sich auf ihren Gesichtern, und nachdem sie mit einem grimmigen Blick das Schlachtfeld gemustert, verschwanden sie wieder. Aber in demselben Moment machte sich auch Meiuk von seinem bisherigen Standpunkte fort, wählte einen anderen und legte seine Leine wie zuvor fest. Kaum war dies geschehen, so brach das Walroßpaar von neuem auf, und nunmehr fast genau an der Stelle, die der Jäger eben verlassen. Wieder verschwanden sie, abermals änderte der Jäger seinen

Platz, und so ging der Kampf zwischen Gewandtheit und roher Kraft fort, bis endlich das erschöpfte Opfer eine zweite Wunde empfing und bald so hilflos wurde, wie eine Forelle an der Angelrute.

Die Neigung zum Angreifen teilt das Walroß mit den Dickhäutern des trockenen Landes, denen es in der Naturgeschichte zugeordnet ist. Wenn es verwundet ist, so erhebt es sich hoch über das Wasser, wirft sich heftig gegen das Eis und versucht mittels seiner Brustflossen hinauf zu klimmen; bricht das Eis unter seinem Drucke ab, so werden seine Mienen noch grimmiger, sein Bellen verwandelt sich in ein Brüllen, und Schnauze und Bart bedecken sich mit Schaum. Selbst ungereizt gebraucht es die Hauzähne tüchtig. Es bedient sich ihrer, um Klippen und Eisstufen zu erklimmen, die ihm außerdem unzugänglich sein würden. Es erklettert in dieser Weise Felseninseln von 20—30 m Höhe über dem Wasser, um sich daselbst mit seinen Jungen zu sonnen.

Es mag einen Begriff von der Tapferkeit und Ausdauer des Walrosses geben, daß der eben geschilderte Kampf vier Stunden dauerte. Während dieser ganzen Zeit schoß das Tier unaufhörlich auf die Eskimos los, sowie sie sich näherten, brach mit seinen Hauern große Eistafeln ab und zeigte nicht eine Spur von Furcht. Es erhielt gegen 70 Lanzenstiche und blieb selbst dann noch mit den Hauern am Eisrande hängen, entweder unfähig oder nicht gewillt, sich zurückzuziehen. Das Weibchen focht in gleicher Weise, floh aber nach Empfang eines Lanzenstiches.

Die Art, wie die Eskimos das erlegte Tier aufs Eis holten, war ebenfalls geschickt und sinnreich genug. Sie machten in dessen Nacken, wo die Haut sehr dick ist, zwei Paar Längsschnitte in etwa 15 cm Abstand, so daß gleichsam zwei Henkel entstanden. Durch den einen zogen sie eine Leine von Walroßhaut, führten dieselbe aufs Dickeis zu einem starken, fest eingerammten Pfahl, hier durch eine Schlinge, dann wieder nach dem Tiere zurück durch den zweiten Hauthenkel, und nun begannen sie an der Leine zu ziehen. Sie hatten so eine Art Flaschenzug, der vermöge des schlüpfrigen Walroßspeckes ein sehr leichtes Spiel hatte. So zogen sie das Tier, das etwa 350 kg wiegen mußte mit Bequemlichkeit heraus und zerlegten es.

Unter den mancherlei Vorbereitungen für den Winter war eine der mühsamsten und langwierigsten die Hebung des Schiffes. Die schweren Eismassen, welche im Winter an das Schiff anfroren und zur Ebbezeit an demselben zogen, hätten durch ihre Last das ganze Fahrzeug zerreißen können. Das Schiff mußte demnach durch mechanische Mittel so weit gehoben werden, daß es nicht mehr schwamm, sondern trocken in dem umgebenden Eis eingebettet lag, und diese Arbeit wurde im Laufe des Oktobers ausgeführt. So warmhaltend das Mooshaus im Schiffe auch befunden wurde, so waren die Brennvorräte doch so gering und die Kälte so im Steigen, daß man schon Ende Oktober anfing, Holzwerk vom Schiff zu verbrennen. Es ließ sich nach des Zimmermanns Gutachten etwa 150 Zentner Holz wegnehmen, ohne daß das Fahrzeug seeuntüchtig wurde. Mit dem November kam die Zeit der gezwungenen Muße, da außerhalb fast nichts mehr vorgenommen werden konnte.

Von den zehn Insassen des Schiffes lagen vier wieder am Skorbut krank. Selbst in den Fuchsfallen fing sich nichts mehr, und die Leute wurden reizbar und niedergeschlagen. Alles drängte sich in die Kajüte zusammen — so nämlich nannte man das Mooshaus im Schiffe mit seinem langen Eingangstunnel; kroch man aus diesem letzteren heraus, so befand man sich in dem leeren, trostlos öden, seines Holzwerkes beraubten Schiffsraume.

Am 7. Dezember erschallte der Ruf „Eskimos!" vom Deck. Sie kamen in fünf Schlitten herangeflogen, die meisten der Fahrer uns unbekannt, und waren in wenigen Minuten an Bord. Sie übten ein Werk der Barmherzigkeit: sie brachten Bonsall und Petersen zurück, zwei von denen, die uns am 28. August verlassen hatten. Die beiden konnten von vielen Abenteuern und ausgestandenen Leiden erzählen; sie hatten durch schmerzliche Erfahrungen alles bestätigt gefunden, was ich ihnen vorausgesagt. Aber erschütternder als alles war die Nachricht, daß sie ihre übrigen Gefährten in einer Entfernung von 50 geogr. Meilen zurückgelassen hatten, in ihren Ansichten geteilt, gebrochenen Mutes und fast ohne Unterhaltsmittel. Mein erster Gedanke war, ihnen Hilfe zu schaffen. Ich entschloß mich, den Eskimos so viel Lebensmittel anzuvertrauen, als unsere kärglichen Hilfsmittel erlaubten, und sie versprachen, alles eiligst und ehrlich abzuliefern. Die beiden Angekommenen waren unfähig, die Reise wieder mit zurück zu machen, und unter uns selbst fanden sich außer mir nur noch zwei auf den Beinen, Mac Gary und Hans, und wir drei konnten unmöglich auch nur einen Tag abwesend sein, ohne das Leben der übrigen in Gefahr zu bringen. Man mußte sich also auf die Eskimos verlassen, obwohl sie selten der Versuchung widerstehen, wenn es sich um eßbare Dinge handelt. Wir kochten und verpackten demnach 50 kg Schweinefleisch, kleinere Portionen Fleischzwieback, Brotstaub und Tee, zusammen 175 kg, und gaben die Vorräte den Eskimos mit, die uns etwas Walroßfleisch zurückließen.

Petersen erzählte viel von der überraschenden Fülle von Tierleben auf der Northumberlandinsel, und ich sah, daß auch wir uns jetzt besser befinden könnten, wenn wir im Sommer über die vielen Expeditionen nicht versäumt hätten, mehr Vorräte einzulegen. Von Mai bis August lebten wir von Robben, und ein einziger Mann versorgte ihrer fünfund= zwanzig. Diese Jagd konnte vielmehr im großen getrieben werden. Wir hätten auch im Juni eine Menge Eier sammeln können, die im Schnee sich frisch gehalten hätten, und konnten im August einen Vorrat von Vögeln schießen. Und jetzt noch sind diese Eskimos da, nur 17 bis 18 Meilen von uns, dick und fett von Walroßfleisch. Gewiß also ist dies eine Gegend, wo man nicht Hungers zu sterben, nicht einmal den Skorbut zu haben braucht, den ich lediglich unserer zivilisierten Kost zu= schreibe.

Am 12. Dezember morgens 3 Uhr weckte mich von neuem der Wach= ruf „Eskimos!" Ich kleidete mich hastig an, kletterte über die Kisten, die als Treppe nach oben dienten, und sah da eine Gruppe menschlicher Gestalten, eingehüllt in die Pelze und Kapuzen der Eingeborenen. Sie blieben an der Laufplanke stehen, und eben als ich sie anrufen wollte, sprang einer vor und faßte meine Hand. Es war Dr. Hayes.

Er brachte nur wenige schmerzliche Worte hervor und forderte dann die übrigen auf, ihm zu folgen. Arme Kameraden! ich konnte ihnen nur brüderlich die Hand drücken. Sie waren mit Reif und Schnee bedeckt und dem Verschmachten nahe. Man durfte sie nur allmählich an die Wärme gewöhnen, da sie solange einer fürchterlichen Kälte ausgesetzt gewesen. Sie hatten eine Reise von 90 Meilen gemacht, und ihr letzter Marsch von der Bucht bei Eta aus war bei dieser Todeskälte durch die Hummocks gegangen.

Es waren auch Eskimos mit unseren zurückkehrenden Leuten an= gekommen, fast lauter wohlbekannte Freunde. Man hatte sie in ver= schiedenen Hütten gemietet, aber als man dem Schiffe näher kam, hatten sich auch Freiwillige angeschlossen, so daß die Begleitung schließlich aus 6 Mann mit 42 Hunden bestand. Ihr Benehmen gegen unsere armen Freunde war ein sehr leutseliges. Sie fuhren mit fliegender Eile; in jeder Hütte, wo sie anhielten, hieß man sie willkommen, und die Weiber beeilten sich, die erschöpften Leute zu trocknen und warm zu reiben.

Es fand sich indes, daß die Besucher der Brigg noch einen anderen Zweck verfolgten. Im Drange der Not hatten einige der Unsern das Gastrecht verletzt; sie hatten sich in Kalutunas Hütte einige Kleidungs= stücke, Fuchspelze u. dgl. unter Umständen angeeignet, wo nur das Recht des Stärkeren ihnen zur Seite stand, und es war klar, daß die Eskimos gekommen waren, sich zu beschweren, wo nicht Rache zu nehmen.

Nachdem ich die ersten Bedürfnisse aller befriedigt, war meine erste Sorge, jene zu begütigen. Denn obwohl sie ihre gewöhnlichen, zufrieden lächelnden Gesichter zeigten, so sah ich doch, daß etwas im Hintergrunde lauerte. Ich berief demnach alle zu einem strengen Verhör aufs Deck, um die Wahrheit des Vernommenen zu ermitteln, und ließ dabei nicht merken, welcher Partei ich recht geben würde. Unter Petersens Verdolmetschung mußte Kalutuna seine Sache vortragen, und durch ein förmliches Verhör wurde das ganze Streitobjekt klar gemacht. Es war von solcher Art, daß die Unsern durch ein gutes Wort an die Eskimos jedenfalls dasselbe erreicht haben würden, wie durch Gewalt oder List. Zur größten Befriedigung unserer fremden Gäste sprach ich ihnen volles Recht zu und zupfte sie zum Zeichen dafür der Reihe nach an den Haaren. Darauf wurden sie in unseren Winterverschlag geführt, der bis jetzt ein Geheimnis für sie gewesen war. Hier, auf einem roten Teppich sitzend, zwischen vier Specklampen, die ihr Licht über alte Damastvorhänge, Jagdmesser, Flinten, Bierfässer, Öfen, Chronometer u. s. w. ausgossen, erteilte ich jedem fünf Nadeln, eine Feile und ein Stück Holz. Kalutuna und Schungu empfingen noch Messer und anderes extra, und schließlich wurden ihnen unsere letzten Büffelröcke neben dem Ofen gebreitet, ein höllisches Feuer angeschürt und ein tüchtiges Essen gekocht. Ich erklärte ihnen dabei, daß meine Leute nicht stehlen, daß sie Pelzkappen, Stiefel und Schlitten nur genommen hätten, um sich das Leben zu erhalten, und stellte ihnen schließlich alles zurück. Sie taten einen guten Schlaf, der durch Essen unterbrochen und beschlossen ward, und traten alsdann zufriedengestellt und in bester Laune den Rückweg an. Allerdings hatten sie wieder einige Messer und Gabeln verstohlen mitgenommen, doch ist das einmal einer ihrer Nationalzüge.

Unterdrückung eines Hundeaufstandes.

Dreizehntes Kapitel.

Irrfahrten von Dr. Hayes und seinen Genossen. Northumberlandinsel. Amalalek. Eisschollen=
fahrt. Herbertinsel. Birdenbai. Kap Parry. Kalutuna. Hungersnot. Verkehr mit den
Eskimos. Hayes und die Hunde. Rückkehr zum Schiff.

Aber die verunglückte Expedition zur Erreichung südlicherer Breiten
hat Dr. Hayes nachgehends selbst einen Bericht, der die allgemeine
Teilnahme erregte, gegeben, aus welchem wir zur Ergänzung von Kanes
Erzählung das Wesentliche hier einschalten wollen.

Bis zum Kap Alexander an der Einmündung der Smithstraße in
die Baffinsbai ging alles leidlich. Die Schlitten brachen zwar gelegent=
lich ein, mußten abgepackt oder stückweise aufgefischt werden, es passierte
aber sonst nichts Ungewöhnliches. Währenddes war die Mitte des Sep=
tember schon herangekommen und das Boot dabei doch so leck geworden,
daß es dringend einer Ausbesserung bedurfte. Man schlug daher ein
Lager auf der Northumberlandinsel auf und richtete sich ein, so gut es

gehen wollte. Während man in der Meinung lebte, daß außer der Reise=
gesellschaft kein menschliches Wesen auf der Insel lebe, erschien auf ein=
mal der Eskimo Amalalek, eine vom vorigen Winter her bekannte
Persönlichkeit. Er hob grüßend die Arme gen Himmel und begann,
nachdem er sich würdevoll auf einen Felsblock gesetzt hatte, in lebhafter
Weise zu erzählen, daß er mit seiner Frau, einem Bruder und dessen
Familie eine Hütte an der Ostseite der Insel bewohne, die anderthalb
Stunden von dem Lagerplatz der Amerikaner entfernt sei. Der Weg
dahin könne entweder über den freilich sehr steilen Berg oder zur Zeit
der Ebbe an der Küste entlang genommen werden. Er selbst trug einen
Rock von Vogelhäuten, die Federn nach innen gekehrt, die Beinkleider
waren von Bärenfell, die langen zottigen Haare nach außen gerichtet,
die Stiefel bestanden aus Seehunds= und die Strümpfe aus Hundsfell.
Er sei, sagte er, auf einem Jagdausfluge begriffen und wolle Fuchsfallen
stellen. Zur Lockspeise hatte er ein paar Stück halbverfaultes Walroß=
fleisch und einige Seevögel mit, zu seinem Labsal daneben eine mit Tran
gefüllte Blase, aus der er von Zeit zu Zeit einen Schluck nahm und sie
auch den Fremden zu gleichem Zweck anbot. Während er so redselig sich
erging, drehte er einem der Vögel den Kopf ab, steckte den Zeigefinger
der rechten Hand unter die Halshaut, zog sie so den Rücken hinunter
und hatte in einem Augenblick den ganzen Vogel abgebalgt. Der lange
Nagel des Daumens diente als Messer: mit ihm schälte er vom Brust=
bein zwei fette Fleischstücke los und bot sie den Amerikanern an, die sich
aber damit entschuldigten, daß sie bereits gefrühstückt hätten. Sie kauften
ihm dagegen den Rest seines Tranes zum Brennmaterial beim Kochen
und den zweiten Vogel für drei Nähnadeln ab. Einen Holzsplitter er=
bettelte er sich noch zu einem Peitschenstiel und erzählte darauf, daß sein
Bruder für ein Messer ihnen wohl eine Quantität Fleisch von einem ge=
fangenen Walroß ablassen würde.

Petersen und Godfrey machten sich sofort nach der Hütte auf den
Weg und trafen unterwegs die Frau Amalaleks mit ihrem Neffen, einem
netten, aber sehr spitzbübischen Jungen. Da ihr Schwager nach dem
andern Ende der Insel auf den Fuchsfang gegangen war, so war kein
Fleisch käuflich, und am folgenden Tage gestaltete sich das Wetter so
günstig, daß man sich einschiffte, um auf dem geradesten Wege Kap
Parry zu erreichen.

Kaum trieb man aber im Boote frischen Mutes vorwärts, als das
Wetter umschlug. Der Himmel trübte sich, ein dicker Nebel verhüllte
alles, auch das Ziel der Reise; die Temperatur sank schnell und der

dichtfallende Schnee bildete auf dem Wasser eine dicke Brühe, die das Rudern außerordentlich erschwerte.

Der Kompaß, den man in dieser Verlegenheit hervorholte, versagte seine Dienste, und da man bald zwischen treibende Eisfelder geriet und dadurch an der Richtung völlig irrig wurde, so hielt man es für das Beste, Halt zu machen, bis besseres Wetter eintrete. Ein großes Stück altes Eis, das in den Weg geschwommen kam, ward als Insel und Lagerplatz benutzt und auf demselben das Zelt aufgeschlagen. Das Boot war an der Seite der Scholle befestigt worden. Das Unwetter dauerte fort, und die Nacht brach herein. Die Reisenden krochen so eng zusammen als möglich, ohne im stande zu sein, die Decken auszubreiten. Sie sammelten schließlich einen Kessel frischgefallenen Schnee, waren so glücklich, die Lampe in Brand setzen zu können, und konnten nach einer Stunde den Schnee zum Schmelzen und nach der zweiten das Wasser zum Kochen bringen. Ein erquickender Kaffee erwärmte die traurige Gesellschaft und verscheuchte in etwas den finsteren Trübsinn, der sich aller bemächtigte.

Au Schlafen war nicht zu denken, die Nacht dünkte allen unendlich lang. Auf dem engen Raum zwischen Zelt und Wasser tappte die Schildwache hin und her, die jede Stunde abgelöst ward. Im dicht geschlossenen Zelte fing durch die zusammengedrängten Menschen und durch den Rauch der Tabakspfeifen die Temperatur an, sich einige Grade zu erhöhen, und nach dem Kaffee ward auch die Stimmung der Unglückseligen etwas besser. Haarsträubende Geschichten wurden erzählt, Godfrey gab einige Negerlieder zum besten, Petersen teilte einiges aus seinem Jugendleben in Kopenhagen und aus Island mit; John brachte mancherlei zum Vorschein aus seinem Vagabundenleben in San Francisco und Makao usw. Es war eine wunderlich zusammengewürfelte Gesellschaft, die hier auf der Eisscholle durch die finstere Sturmnacht im Polarmeere trieb. In demselben Zelte saßen beisammen ein deutscher Astronom, ein Matrose aus Baltimore, ein Farmer aus Pennsylvanien, ein Böttcher aus Grönland, ein irischer Patriot, ein Bootsmann aus dem fernen Westen und ein Doktor der Medizin aus Philadelphia!

Während sie so rauchend und aus ihrem vielbewegten Leben erzählend beisammenhockten, brach eine Ecke der Eisscholle ab, auf welcher eine der Zeltstangen ruhte. Zwei Männer, die gerade in diesem Winkel lagen, sanken ein und ihre Last zog beinahe die anderen mit. Glücklicherweise hielten die beiden anderen Stangen noch aus, so daß kein schlimmerer Unfall dazu kam. Am Morgen schneite es zwar immer noch heftig,

die Luft hellte sich aber doch insoweit auf, daß man die Nähe eines
großen Gegenstandes erkannte. Ohne noch zu wissen, ob man einen Eis=
berg oder Land vor sich habe, eilte man in das Boot und arbeitete sich
zwischen dem halbgefrorenen Schnee und dem dünnen Eis weiter. Jetzt
erkannte man die Küste, deren flacher Strand mit Felsblöcken bestreut
war. Zwei Vögel, die als Boten des Landes aufflogen, wurden erlegt
und lieferten einen Morgenimbiß. Man zog die Boote ans Land und
schlug das Zelt auf. In der Nähe des letzteren richtete man für die
Lampe des Kochs ein Schutzdach ein, das sich auch bei dem unmittelbar
darauf einbrechenden Hagelsturm vortrefflich bewährte.

Jetzt endlich waren die Vielgeprüften im stande, ihre völlig durch=
näßten Kleidungsstücke mit trockenen zu vertauschen und sich durch einen
ruhigen Schlaf zu erquicken, während der Koch in seiner improvisierten
Küche, von Kälte durchschauert und von Schnee und Hagel umtobt, seine
Künste versuchte. Die Lage des Speisekünstlers am Nordpol war aller=
dings eine verzweifelte. Sechs Stunden der trostlosesten Anstrengungen
bedurfte es von seiner Seite, ehe er einen Polarfuchs mit Möwen dämpfen
und einigermaßen genießbar machen konnte. Um die Flamme der Lampe
vor dem Auslöschen zu schützen, mußte er seinen eigenen Körper als Wind=
schirm benutzen, wobei ihm natürlich Gesicht und Hände völlig von Ruß
geschwärzt und die Augen zu fortwährendem Tränenguß gebeizt wurden.
Trotz aller seiner Vorsichtsmaßregeln verlosch ihm die Flamme fünfmal,
und jedesmal war er dann genötigt, mit Stahl und Stein in dem Zun=
derkästchen wieder Feuer anzuschlagen sowie die dicht herabfallenden
Schneeflocken von den glimmenden Funken mit übergebeugtem Körper
abzuhalten.

Einmal brauchte er gerade eine halbe Stunde Zeit, um nur die
Lampe wieder zum Brennen zu bringen, die der Wind gerade in dem
Moment ausgeblasen hatte, als das Wasser mit Kochen hatte beginnen
wollen. Als er darauf den Zunder zum Glühen gebracht hatte, riß ein
plötzlicher Windstoß denselben aus dem Kasten und verstreute ihn über
den ganzen Platz. Nachdem endlich die einzelnen Flocken wieder zusammen=
gelesen waren und die Lampe wieder brannte, war das Wasser im Topfe
bereits — gefroren. Nachmittag um 3 Uhr endlich war der Unermüd=
liche so glücklich, seine schlafenden Gefährten, die seit 24 Stunden nichts
genossen, zu einem lukullischen Mahle wecken zu können. Aber selbst jetzt
noch war der schwer errungene Genuß nicht ohne Anstrengung zu erreichen,
denn eben als sich die Gesellschaft zum Schmause gesetzt, riß der Wind
das Zelt nieder und zwang sie, erst das Obdach wieder einzurichten.

Nach dem Essen fuhr man mit Schlafen fort und räumte dem Koch das wärmste Plätzchen ein.

Draußen fiel Schnee und Hagel so dicht, daß man nicht 50 Schritt weit sehen konnte; der Sturm raste und jagte die Wolken herbei, und in kurzer Zeit war das Boot samt den unter Steinhaufen versteckten Vorräten mit hohem Schnee überweht. Das Zelt ward fast vergraben, der Strand mit mächtigen Eisblöcken bedeckt. Erst gegen Mitternacht legte sich der Orkan, und nachdem der Himmel sich aufgehellt, ward es möglich, zu ermitteln, an welchem Orte man sich befände. Die Küste des Festlandes, das in Kap Parry ausläuft, lag zur Linken und die Northumberlandinsel zur Rechten. Die Reisenden waren also weit hinauf in den Walfischsund getrieben worden und befanden sich auf der Herbertinsel.

Hinter dem Lagerplatz erhoben sich steile Klippen aus Sandstein und Schiefer, die auf einer Basis von Urgesteinen ruhten. Dr. Hayes unternahm es mit Godfrey, die Hochebene der Insel zu erklimmen, in der Hoffnung, dort Wild zu finden; trotz des mühseligsten Wanderns im tiefen Schnee gewahrten sie aber nur von fern einen Fuchs und fanden nur die Spur eines Hasen. Glücklicher war währenddes Petersen gewesen. Er hatte im Zelte gelegen und geschlafen, als ein Gefährte ihn weckt und ihm meldet, es seien auf einer offenen Wasserstelle elf Möwen bemerkt worden. Petersen springt sofort auf, schleicht sich näher, erlegt neun derselben und ist glücklich genug, sie auch aufzufischen und so der Gesellschaft Vorrat zu zwei Mahlzeiten zu verschaffen. Die meiste Sorge empfand man zunächst um das so unentbehrliche Brennmaterial. Man hatte noch immer auf das Glück gehofft, einen Seehund oder ein Walroß zum Schuß zu bekommen, aber wenn auch von fern ein solches Tier sichtbar wurde, so zeigte es sich stets so scheu, daß man seiner nicht habhaft werden konnte. Der Speck war ziemlich verbrannt, und man dachte schon daran, daß man gezwungen sein werde, das Vogelwild roh zu essen — nur des Trinkwassers wegen war man noch in Sorge. Da war einer von der Gesellschaft so glücklich, wenigstens letzterem Übelstande dadurch abzuhelfen, daß er einen kleinen Bach entdeckte, der für nächsten Abend eine Tasse Kaffee ermöglichte. Den Tag über war es ziemlich ruhig geblieben, am Abend erhob sich der Sturm, aber von neuem, und die Temperatur sank bedeutend. Die Gesellschaft war wieder in das Zelt gebannt, da sie nicht Lust hatte, von den zwei äußerst unreinlichen Eskimohütten Besitz zu nehmen, die man in der Nähe auffand, und die bis vor nicht langer Zeit bewohnt gewesen zu sein schienen. Am folgenden Mittag drehte sich der Wind nach Nordosten, die Wolken zerteilten sich, das Thermometer stieg sogar zwei Grad über den Gefrierpunkt. Zugleich ward das Eis aus dem Sund wieder hinausgeschoben, und es zeigten sich freie Wasserstellen. Nur der Eisgürtel an der Küste verhinderte noch die Abfahrt. Am nächsten Morgen brach man mit Stangen und Hacken Bahn für das Boot durch das Küsteneis und ruderte in dem offenen Fahrwasser getrost vorwärts; eine leichte Brise Ostnordost beschleunigte die Fahrt, und man erreichte etwa fünf deutsche Meilen oberhalb des Kaps Parry die Küste.

Als die Gesellschaft am Nordkap von Birdenbai hinfuhr, hörte sie zu ihrer Verwunderung menschliche Stimmen am Lande. An dem eigentümlichen Rufe „Huk! Huk!" erkannte man, daß es Eskimos waren, und man gewahrte einen Mann mit einem Knaben am Strande. Man legte an, und während der Knabe über die Felsen zurückkletterte und verschwand, knüpfte Petersen mit dem Manne ein Gespräch an und erfuhr von ihm, daß er Kalutuna hieß und der Angekok (Zauberer) seines Stammes sei. Man hatte ihn schon im vergangenen Winter am Schiffe kennen gelernt.

Die Wohnungen der Horde, sagte er, seien nicht weit entfernt, und der Knabe sei bereits vorausgeschickt, um die Ankunft der Amerikaner zu verkünden. Er lud sie ein, ihm dorthin zu folgen, und verhieß Fleisch und Tran die Fülle. Währenddes erschienen bereits Männer, Weiber und Kinder mit einer Menge heulender Hunde in größter Eile und kündigten sich schon von weitem durch lautes Freudengeschrei und Bewillkommnungsrufe an. Die Amerikaner sahen sich aus Vorsicht genötigt, mit dem Boote etwas abzustoßen — den Angekok nahmen sie zu dessen Freude mit ins Fahrzeug, und während die Eskimos am Strande hin den Weg nach den Wohnungen einschlugen, folgte man ihnen rudernd. Der Angekok war ganz entzückt über die Ehre, in einem so großen Boote fahren zu dürfen, und rief einmal über das andere seinen Landsleuten zu: „Tekona!" (Seht mich an!) Die Bootfahrt ging trotz der Anstrengung der Rudernden doch nur langsam vorwärts, denn die Bucht war mit schwimmenden Eisstücken und halbgefrorenem Schnee bedeckt. Es wurde deshalb Nacht, ehe man das Dorf erreichte. Sämtliche Eskimos waren behilflich, das Gepäck aus dem Boote ans Ufer zu schaffen, nebenbei fanden sie ein besonderes Vergnügen daran, die Bewegungen der Amerikaner nachzuahmen, und brachen in ein schallendes Gelächter aus, sobald ihnen etwas mißlang. Man schlug das Zelt zwischen zwei mächtigen Felsengruppen auf, die rechts und links vom Landungsplatz standen, und besichtigte dann das aus zwei steinernen Hütten bestehende Dorf, das rings von einer Wüste von Felsen, Eis und Schnee umgeben war und mehr Ähnlichkeit mit einem Lager von wilden Tieren als mit Wohnungen von Menschen hatte.

Die Eskimos benahmen sich höchst gastfreundschaftlich und gefällig und waren eifrigst bemüht, die Wünsche der Reisenden zu erraten und zu erfüllen. — Kaum merkten sie, daß dieselben Wasser bedurften, so eilte auch sofort ein Mädchen, gefolgt von einem Dutzend jubelnder Kinder, nach dem Tale und füllte den Kessel. Die Frau des Zauberers brachte ein Stück Seehundsfleisch und als besondere Delikatesse ein Stück von der Leber dieses Lieblingswildbrets herbei. Die Kochlampe der Ameri= kaner erweckte das Mitleid der trankundigen Pelzmenschen; sie lachten über den spärlich brennenden Docht aus Segeltuchfasern und über den spru= delnd brennenden Salzspeck; in wenig Minuten war sie durch frischen Tran und einen kunstgerechten Moosdocht ersetzt. Die Reisenden wollten ihre Dankbarkeit gegen die menschenfreundliche Aufnahme dadurch be= weisen, daß sie ihnen von ihrem Schiffszwieback und Kaffee anboten. Was mit dem ersteren anzufangen sei, konnte kein Eskimo erraten, bis sie sahen, welche Nutzanwendung die Amerikaner davon machten. Sie versuchten nun auch davon zu genießen, fanden das Brot aber für ihre Zähne zu hart und steckten es, nachdem sie sich vergeblich damit abgemüht hatten, in die allgemeine Vorratskammer: die Stiefel. Noch sonderbarer kam ihnen die Zumutung vor, die heiße schwarze Brühe trinken zu sollen; sie verzogen gewaltig das Gesicht, und nur der Hexenmeister setzte es durch, den Zaubertrank auszuschlürfen.

Der Abend war auffallend mild, und die Reisenden zündeten nach dem Essen ihre Tabakspfeifen an. Hierüber gerieten die Eskimos in die höchste Aufregung und waren, den ernsten Physiognomien der Raucher wegen, anfänglich der Meinung, es sei dies irgend ein besonderer feier= licher Kultus, bis einer das Gesicht zum Lächeln verzog. Nun brach aber ein förmlicher Sturm von Gelächter los, und die Eskimos bemühten sich, die Gebärden der Raucher nachzuahmen; sie bliesen die Backen auf und liefen dabei jubelnd hin und her, bis endlich Kalutuna, der bildungs= beflissenste, sich eine Pfeife ausbat, um die unerhörte Kunst selbst zu ver= suchen. Der erhaltenen Anweisung zufolge atmete er den Rauch tief und gründlich ein, machte aber danach ein so jämmerliches Gesicht, daß seine Landsleute vor Lachen närrisch werden wollten. Jede Frau erhielt eine Nadel als Geschenk und gab den Fremden als Gegengabe dafür etwas Tran. Als aber Hayes darauf ein Messer vorzeigte, schien man zu fürchten, daß die Fremden hierfür bedeutende Gegengeschenke beanspruchen möchten, welche die Kräfte überstiegen, und eine Eskimogroßmutter, der die übrigen große Achtung zu zollen schienen, begann eine so trübselige Schilderung von den schlechten Umständen des Dorfes zu entwerfen, daß man hätte fürchten müssen, alle seien dem Verhungern nahe. Petersen hielt hierauf in feierlicher Weise an die Versammlung eine Ansprache und erklärte, die weißen Männer seien reich an Eisen, Holz, Nadeln, Messern und anderen Herrlichkeiten. Sie seien hier nur gelandet, um die Eskimos mit ihrem Überfluß zu beglücken. Sie verlangten keine Bezah= lung für ihre Gaben, würden es aber gern annehmen, wenn man ihnen etwas vom Überfluß zukommen ließe. Der Häuptling erwiderte hierauf ebenso feierlich: „Die weißen Männer werden Tranfleisch erhalten."

Eine Eskimohütte.

Sofort entfernten sich die verschiedenen Glieder der Familie und jeder kehrte mit einem Stück Fett zurück, wofür einige Stücke Holz, ein Dutzend Nadeln und zwei Messer gezahlt wurden. Das so erhandelte Tranfleisch füllte ein Fäßchen, außerdem erhielt man auch noch einen Sack voll Moos zu Lampendochten.

Gegen Mitternacht begaben sich die Amerikaner zur Ruhe; ab und zu kam aber doch noch der eine oder andere Eskimo herbeigeschlichen, um seinen Kopf durch die Zelttür zu stecken und zu spähen, was die Fremden wohl trieben. Ward er dabei bemerkt, so lief er davon wie ein Kind, das auf einem verbotenen Wege ertappt wird.

Aber auch die Amerikaner wurden von Neugier geplagt. Die Nacht war wunderschön, und Dr. Hayes, der mit Stephenson, welcher die Wache hatte, sich vor dem Zelte über ihre Zukunft unterhielt, bekam Lust, die Eskimos in ihrer Häuslichkeit aufzusuchen, da von den Hütten her lautes Lachen herüberschallte. Er ging also auf eine der letzteren zu. Von außen sah dieselbe aus wie ein altmodischer, vierseitiger Ofen; ein etwa

vier Meter langer röhrenförmiger Gang führte hinein, und Hayes kroch
auf Händen und Knieen durch diesen Tunnel in das Innere. Kalutuna
hörte ihn kommen, ging ihm entgegen, grinste ihn so freundlich an als
nur möglich und klopfte ihn zum Zeichen der Aufmunterung auf den
Rücken. Ein Büschel Moos, das er in Fett tauchte, diente als Fackel,
der Angekok kroch mit derselben voraus und schob einige knurrende Hunde
zur Seite, die in der engen Passage lagen. Endlich ward es hell, und
Hayes befand sich im Innern der Wohnung, die aber so niedrig war,
daß er nicht aufrecht in derselben stehen konnte. Der ganze kleine Raum
war mit menschlichen Wesen jedes Alters und Geschlechtes förmlich voll=
gestopft. Mit lautem Lachen ward der Gast empfangen, und indem man
sich möglichst zusammendrückte, machte man den einzigen Sitz für Hayes
frei, der vorhanden war; nunmehr mußte der Doktor sich aber auch ge=
fallen lassen, daß er von seinen Wirtsleuten selbst gründlich studiert ward.
Alles, was er an sich trug, ward gemustert. Zuerst erregte der lange
Bart allgemeines Interesse — den Eskimos eine Neuigkeit, da ihnen
selbst höchstens einige wenige steife Haare auf der Oberlippe wachsen;
derselbe ward befühlt und gestreichelt und sein Besitzer dabei freundlich
auf den Rücken geklopft, während ein halbes Dutzend Kinder sich an Arme
und Beine hängte. Ein völliges Rätsel für die Eskimos waren die
wollenen Kleider; sie konnten nicht begreifen, von welcher Art Tiere diese
Felle stammten; denn daß man Kleider aus etwas anderem als Fellen
machen könnte, war ihnen unerklärlich. Die Jungen visitierten die Taschen
und förderten deren Inhalt zu Tage. Einer brachte die Tabakspfeife
zu allgemeiner Heiterkeit hervor und ließ sie von Mund zu Mund die
Runde machen. Kalutuna zog Hayes' Messer aus der Scheide, drückte
es an sein Herz und praktizierte es mit pfiffiger Miene in den Stiefel,
bis Hayes ihm durch Kopfschütteln seine Mißbilligung zu erkennen gab.

Währenddes musterte unser Amerikaner das Innere der Behausung.
Das Baumaterial, das von außen des Schnees wegen nicht erkennbar
war, zeigte sich hier deutlich; es bestand aus einem Durcheinander von
Steinen, Walfisch= und anderen Knochen und Moos; darüber lagen als
Dach große Schieferstücke, und auch der Boden war mit flachen Steinen
gepflastert. Die hintere Hälfte war um einen Fuß höher als die vordere
und mit Heu belegt, über welches Bären= und Hundefelle gebreitet waren.
In den Eckwinkeln zu seiten des Einganges waren ähnliche Erhöhungen.
Einer der letzteren Plätze war von einer Hündin mit ihren Jungen ein=
genommen, der zweite barg einen Fleischvorrat. In der leidlich geraden
Vorderseite der Hütte befand sich ein Fenster, welches durch ein viereckiges

Stückchen Darm etwas Licht eindringen ließ. Die Wände rund herum waren mit Seehunds= oder Fuchsfellen behangen; einige Knochenstücke zwischen die Steine geklemmt, trugen Harpunenleinen. An der einen Seite des Doktors saß eine alte Frau, an seiner anderen eine junge; beide unterhielten eifrigst die qualmende, rußende Tranlampe. Ein drittes Weib besorgte dasselbe Werk bei einer Lampe in einer Ecke. Jede Lampe war aus Seifenstein in Form einer Muschel geschnitzt und hatte etwa zwanzig Zentimeter im Durchmesser; über der Flamme hing von der Decke herab ein länglich vierseitiger Topf, ebenfalls aus Seifenstein, in welchem es langsam kochte. Über dem Kochtopf war schließlich noch ein Gestell aus Bärenknochen, auf dem Handschuhe, Stiefel, Hosen und andere Kleidungsstücke zum Trocknen aufgestapelt waren.

Obschon außer den Lampen kein anderweitiges Feuer in der Woh= nung war, herrschte doch, durch die zahlreichen Menschen hervorgebracht, eine förmliche Hitze in derselben. Es wohnten zwei Familien gemein= schaftlich darin, außerdem aber waren noch mehrere Personen aus der anderen Hütte augenblicklich gegenwärtig, so daß Hayes 13 Personen zählte, dabei aber bemerkt, es könne leicht sein, daß er ein paar übersehen habe. Die Luft in der Hütte war natürlich so dick, daß man sie möglichen= falls hätte „mit dem Messer schneiden können". Der Dunst von mehr als einem Dutzend Menschen, deren Leiber ebensowenig wie ihre Kleider jemals gewaschen worden waren, der Duft der halbverfaulten Stücke Fell, Fett und Fleisch, die umher lagen, die Menge der atmenden Hunde der stinkende Rauch der Lampen, alles dies zusammen gab eine Luft, in welcher der Fremde fürchten mußte, sofort zu ersticken. Hayes schwitzte wie unter den Tropen; kaum bemerkten dies die Insassen, als auch schon ein halb Dutzend Jungen Rock und Stiefel anpackten, um dieselben aus= zuziehen und es ihm behaglich zu machen. Hayes lehnte aber das freund= liche Anerbieten mit dem Bemerken ab, daß er wieder zu seinen Leuten zurück müsse. Die zweite, für ihn viel schlimmere Einladung: etwas zu genießen, durfte er aber aus Staatsklugheit nicht zurückweisen. Ein junges Eskimomädchen, das jedoch keineswegs zum „schönen" Geschlecht gehörte, schüttete aus dem erwähnten Zauberkessel etwas in eine lederne Schüssel, kostete zunächst selbst davon, um die Güte zu prüfen, und reichte dann den dunklen Trank dem Fremdling über eine Anzahl struppig be= haarter Köpfe hinweg. Hayes fühlte sich als Märtyrer fürs Gesamtwohl seiner Mannschaft, schloß todesmutig die Augen, verzichtete vorläufig einige Momente auf jeglichen Gedanken und schluckte einen Mundvoll des Gebräues hinab. Zu seinem Glück erfuhr er erst später, als es zum

Erbrechen nicht mehr Zeit war, daß er eine Mixtur aus Blut, Tran und Seehundsdärmen verschlungen hätte. Er fühlte sich wie gerettet, als er durch den Tunnel endlich wieder ins Freie gelangte und frische Luft atmete. Der Angekok begleitete ihn gemeinschaftlich mit seiner Tochter, jedes mit einer Moosfackel, bis zu seinem Zelte, und hier erholte er sich von Schweiß und Schmaus, bis ihn die Morgenröte mit seinen Leuten zum Aufbruch weckte.

Bei aller Gutmütigkeit des Eskimovölkchens machte sich aber schließlich doch der Erbfehler des Stehlens unangenehm bemerklich; eben wollten die Reisenden mit ihrem Boote abstoßen, als man das Beil vermißte. Petersen beschuldigte die Eskimos geradezu, sie hätten dasselbe gestohlen. Der grauköpfige Häuptling beteuerte bestimmt: sein Volk stehle nie, und ein zweiter Mann bekräftigte die Aussage, machte sich aber gerade dadurch verdächtig. Als man ihn näher ins Auge faßte, bemerkte man auch sofort, daß der Schelm auf dem gestohlenen Beile stand und sich bemühte, es mit seinen breiten Bärenstiefeln zu verdecken. Als sich der Eskimo ertappt sah, bückte er sich, hob das Beil lachend auf und bot mit der anderen Hand ein Paar Pelzhandschuhe zur Sühne dar.

Die Bucht war mit dünnem Eis belegt, und die Fahrt ging deshalb langsam vorwärts; die Abschiedsrufe der Eskimos begleiteten die Scheidenden. Nach einem sehr angestrengten Tagewerk erreichten die Reisenden erst das Kap Parry und sahen sich hier wieder durch das alte, feste Eis aufgehalten. Es war schon Nacht geworden und es ließ sich nicht mehr erkennen, ob das Eis sich weit ins Meer hinaus erstrecke. Die See war unruhig geworden, und man suchte ein Nachtquartier am Strande.

Am nächsten Morgen brachte eine genaue Umschau nur wenig Hoffnung auf Gelingen des Unternehmens. Von der Northumberlandinsel aus hatte es früher den Anschein gehabt, als sei das Meer nach Süden hin offen, oder als würden wenigstens breite Kanäle freie Durchfahrt durchs Eis gewähren — jetzt, vom Kap Parry aus, auf das man die meiste Hoffnung gesetzt hatte, gewahrte man mit Schrecken, daß das Eis gerade an der Küste hin fest lag, wo es sonst doch am ehesten offen zu sein pflegte. Man versuchte in einigen Kanälen vorwärts zu dringen, konnte aber nicht weit gelangen — die einen gingen im hohen Eis zu Ende, die anderen waren schließlich festgefroren und wurden selbst durch die Flut nicht gebrochen. Durch das Eis fortzukommen war nicht möglich, ebensowenig konnte man über dasselbe. Im Boothsund (Bootbai), in der Mitte zwischen Kap Parry und der südlich davon gelegenen Saundersinsel, erreichte man endlich wieder das Land, zugleich aber auch das äußerste Ende der Fahrt. Die genannte Bai hat etwa eine deutsche Meile im Durchmesser und vom Ozean aus nur einen sehr schmalen Eingang. In ihrer Mitte liegt Fitzclarence-Rock, ein abgestumpfter Felsenkegel von 80 m Höhe. An einer Stelle schiebt sich eine Gletscherzunge vom Innern des Landes nach der Bai vor, deren Ufer von einer trostlos öden, flachen Ebene und von kahlen, toten Felsen umsäumt ist.

Schon nahte die grausenvolle Zeit der Winternacht; der Bogen, welchen die Sonne noch beschrieb, ward kleiner und kleiner — die Lebensmittel waren zusammengeschmolzen, das Feuerungsmaterial noch mehr. Am 28. September war es, als die Mannschaft ihr Lager in diesem traurigen Winkel der Erde aufschlug, mit der Gewißheit vor Augen, daß ein Entkommen nach Süden unmöglich sei. Trotzdem verloren sie keine Zeit mit nutzlosen Klagen. Das Boot wurde ans Land geschafft und umgekehrt, zunächst das Zelt errichtet, die übrigen Geräte bei demselben geborgen, dann aber Umschau gehalten, wo sich eine Stelle zeigte, an der man eine Winterhütte errichten könne. Ein Felsenspalt bot erwünschte Zuflucht; derselbe war etwa dritthalb Meter breit, unten glatt, an einer Seite einen, an der anderen zwei Meter hoch. Neun Tage Arbeit waren nötig, um die Steine herbeizuschaffen, die man brauchte, um die Lücke zu schließen. Jeder Block mußte ja mühsam losgebrochen werden, da alles angefroren war. Ebenso mühsam war das Losarbeiten der gefrorenen Moosrasen, deren man zum Ausstopfen der Lücken bedurfte. Mehrere hatten währenddes die Aufgabe, Lebensmittel herbeizuschaffen, vermochten diese jedoch nur höchst kümmerlich zu lösen; Petersen hatte wohl eine Anzahl Fuchsfallen aufgestellt, fing aber nichts. Die vorhandenen Vorräte reichten bei vollen Portionen höchstens noch zwei Wochen aus — man suchte sich deshalb soviel wie möglich einzuschränken; dadurch wurden aber die meisten schwach und kraftlos und aßen, um den nagenden Hunger nur etwas zu stillen, dasselbe Steinmoos (Tripe de Roche), das wir als kümmerliches Nahrungsmittel der Franklinschen Expedition am Kupferminenflusse bereits kennen lernten. Bei aller Jämmerlichkeit dieser Speise war dieselbe noch dazu an dieser Stelle ziemlich selten und konnte nur höchst mühsam unter tiefem, festgefrorenem Schnee hervorgescharrt werden. Die meisten mußten auf diese Nahrungsquelle bald verzichten, da dieselbe heftigen Durchfall erzeugte.

Als eine Wohltat inmitten alles Jammers begrüßte man die Entdeckung eines kleinen Sees mit süßem Wasser nicht allzuweit vom Lager. Die Eisdecke auf demselben war nur einen halben Meter dick und barg einen unerschöpflichen Vorrat des schönsten Wassers. Man konnte nun einen großen Teil des kostbaren Feuerungsmaterials ersparen, den man bisher nötig gehabt hatte, um den Schnee zu schmelzen. Aber selbst die Hebung dieses Schatzes war nicht ohne Mühseligkeiten. Dr. Hayes erzählt in seinem Tagebuche einen solchen Gang nach Wasser, welchen er selbst am 3. Oktober unternahm. Ein gewaltiger Schneesturm hatte schon tags zuvor zu toben begonnen, die ganze Nacht hindurch angehalten und wütete noch fort. Der Schnee fiel außerordentlich dicht und hatte sich rings um das Zelt hoch aufgetürmt. Hayes und Godfrey hatten die Küche zu besorgen und versuchten in der noch nicht vollendeten Hütte eine Kochstelle herzurichten. Sie konnten in dieselbe nur durch das Dach gelangen, welches aus Segeltuch hergestellt war, da ringsum der Schnee alles be= graben hatte. Sie ließen ein Fäßchen mit Tran, die Lampe und den Kessel hinab, fanden aber auch innen alles voller Schnee, der große Mühe beim Anzünden des Feuers verursachte. Godfrey übernahm es, das letztere zu besorgen, und Hayes machte sich mit dem Kessel auf den Weg. Er kroch wieder durch das Loch im Dach hinaus und arbeitete sich gegen den Sturm durch hohe Schneewehen hindurch bis zum See. Nachdem er an einer Stelle den dicken Schnee weggeschafft, schlug er mit dem Meißel die Eisdecke durch und war nach einer Arbeit von drei Viertelstunden so glücklich, den Kessel mit Wasser füllen und den Rückweg antreten zu können. Er hatte jetzt den Wind im Rücken, fand aber seine Fußstapfen verweht, stürzte nicht weit von der erreichten Hütte über ein verdecktes Felsenstück und verschüttete das mühsam erworbene Wasser in den Schnee.

Es blieb nichts übrig, als den Weg noch einmal zu machen. Zwei Stunden waren vergangen, als Hayes mit seiner Wasserladung wohl= behalten bei Godfrey ankam. Dieser hatte inzwischen Kaffee geröstet, dann aber war ihm die Flamme der Lampe ausgegangen, und der Rauch hatte ihn in dem engen Loche halb erstickt. Sein Gesicht war von Ruß völlig geschwärzt. Nach einer Stunde Zeit war endlich der Kaffee fertig; gleichzeitig waren auch einige Stücke Schweinefleisch gewärmt und etwas Brot in Wasser aufgeweicht worden. Die ganze Gesellschaft sprach dem dürftigen Mahle mit besonderem Appetite zu und wickelte sich dann in die wollenen Decken und Büffelhäute, um den Schlaf zu suchen.

Das Zelt bestand aus dünnem Hanfzeug und mußte bei $3\frac{1}{2}$ m Länge und $2\frac{1}{2}$ m Breite acht Personen Platz gewähren. Auf dem Boden waren zwar Büffelhäute ausgebreitet, da die Tür aber nicht gut geschlossen werden konnte, so trieb der Sturm den Schnee fortwährend herein. Jeder hatte es sich so bequem und warm zu machen gesucht als irgend

möglich. Ein Stein mußte zum Kopfkissen dienen, Decken und Felle die
Betten ersetzen. Von der kalten Leinwand hing der gefrorene Hauch
zolllang als Schneekristalle herab, die bei der geringsten Bewegung ab=
fielen. Zu den vielen vorhandenen Plagen gesellte sich noch die Lange=
weile. Nach dem Frühstück ward zwar eine Morgenpromenade in Schnee
und Sturm versucht, der schneidend scharfe Wind trieb die Geschwächten
aber bald in das Zelt und in die Pelze zurück. Man versuchte Karten=
spiel, rauchte Tabak oder probierte es, einige Zeilen mit dem Bleistift
ins Tagebuch zu notieren. Am meisten trug noch Petersen mit seinem
Reichtum an Witzen und Schnurren zur Erheiterung der Gesellschaft bei.
Mit jedem Tage ward der Speisevorrat kleiner, ohne daß man Hoffnung
erhielt, neuen beschaffen zu können. Die Jagd war erfolglos, und man
sah mit Schrecken den furchtbaren Hunger näher und näher kommen.
Als nach mehrtägigem Wüten der Sturm etwas nachließ, setzte man den
Bau des angefangenen Hauses fort. Blechteller mußten die Stelle der
Schaufeln ersetzen. Endlich konnte man einziehen und auch eine Art
von Ofen herstellen. Petersen war so glücklich, einige Vögel zu erlegen,
und so feierte man mit gedämpftem Federwild und einem Topf Kaffee
den Einzugsschmaus. In der Hütte war man vor dem wiedererwachenden
Sturm etwas mehr geschützt als ehedem im Zelte. Außen baute der
Schnee hohe Wälle ringsum auf, und da man die Lampe des Tranes
wegen schonen mußte, so herrschte nur eine schwache Dämmerung im
Innern der Hütte. Noch dunkler war aber der Blick der Eingeschneiten
in die Zukunft. Während zwölf Tagen hatte man trotz aller Mühe nur
17 Vögel erlegen können, ein paar Füchse und einen Hasen nur in der
Ferne gesehen und keine Spur von einem Bären bemerkt; die Umgebung
bot nichts als ungesundes Felsenmoos, obendrein in sehr geringer Menge.
So stellte man die einzige Hoffnung auf die Eskimoansiedelung, welche
man in einer Entfernung von acht deutschen Meilen nördlich getroffen
hatte, und wartete nur auf das Aufhören des Sturmes, um eine Reise
nach derselben zu wagen. Da hörte man eines Nachmittages, als die
meisten der Gesellschaft des erstickenden Rauches wegen, den die Lampe
verursachte, bis über den Kopf in ihre Büffeldecken gekrochen waren,
außen an der Hütte ein ungewöhnliches Geräusch. Anfänglich im Zweifel,
ob es das Brummen eines Bären oder das Bellen eines Fuchses gewesen
sei, öffnete man die Tür, arbeitete sich durch den hohen Schnee ins Freie
und unterschied nun deutlich menschliche Stimmen. Man schrie den Be=
willkommnungsruf des Eskimos „Huk! Huk!" in das Schneegestöber
hinein, und bald darauf krochen zwei Eskimos in die Hütte, welche mit

dem dicken Überzug aus Eis und Schnee, der in Klumpen auf ihren Pelzen angefroren war, viel eher wie Schneemänner aussahen als wie Menschen. Sie trugen Hosen aus Bärenfell und Röcke von Fuchspelzen, die oben mit einer Kapuze den Kopf verhüllten. Das lange schwarze Haar, das unter der letzteren hervorschaute, die Augenbrauen sowie die wenigen Haare, welche auf dem Kinn den Bart vorstellten, waren dicht mit Reiffrost besetzt.

Den erfreulichsten Anblick bot den eingeschneiten, halbverhungerten Reisenden das Bärenfleisch, von dem jeder der beiden Angekommenen ein tüchtiges Stück in der linken Hand trug, während sie in der Rechten die Peitsche hielten.

Einer der beiden Eskimos war Kalutuna, ein alter Bekannter von Netlik, den man vor drei Wochen zum letztenmal gesprochen hatte. Er freute sich seinerseits ebenso lebhaft über das unverhoffte Wiedersehen und machte es sich nebst seinem Gefährten ohne Umstände in der Hütte bequem. Sie zogen die eisbedeckten Oberkleider, Stiefel und Handschuhe aus und begnügten sich mit dem Hemd aus Vogelbälgen. Sie gaben ihr Bärenfleisch zum Kochen und ihren Tranvorrat für die Lampe zum besten und erzählten dann unter vielem Lachen, wie sie hieher gekommen seien. Am Tage vorher hatten sie mit ihren Hundeschlitten eine Bären= jagd nach dem Kap Parry unternommen. Hier hatte sie der Sturm auf dem Eise überfallen; anfänglich versuchten sie sich in einer Schneehütte zu bergen, allein die Furcht, das Eis möge aufbrechen, bewog sie, wieder hervorzukriechen und nach der Küste zu eilen. Sie hatten letztere unweit der Hütte erreicht und ihre Hunde hinter einem nahen Felsen festgebunden.

Während der Nacht schneite es so gewaltig, daß man früh einen zwei Meter langen Tunnel von der Tür ausgraben mußte, ehe man ins Freie kam; Sturm und Schneewetter dauerten fort, die Hunde heulten vor Forst und Hunger, und Dr. Hayes wäre beinahe von den wilden Bestien zerrissen und aufgefressen worden, als er in Begleitung Kalutunas in ihre Nähe gekommen war. Eben im Begriff, nach der Hütte zurück= zukehren, hörte er hinter sich ein Geräusch und erblickte dicht an seinen Fersen dreizehn zähnefletschende und knurrende Hunde, von denen einer bereits einen Sprung nach dem Doktor machte. Glücklicherweise konnte er das Tier noch packen und den Abhang hinunterschleudern; die anderen aber, welche bei Hayes keine Waffen sahen, schickten sich an, über ihn her= zufallen und ihn zu zerreißen. Zu seinem Glück sah er etwa fünf Schritte von sich entfernt die Peitsche halb vergraben im Schnee liegen, welche Kalutuna zufällig beim Eintreten in die Hütte dorthin geworfen hatte.

Mit einem verzweifelten Schritt sprang Hayes über eine der größten dieser wolfsartigen Bestien hinweg, erfaßte das gefürchtete Eskimozepter und teilte links und rechts die kräftigsten Hiebe aus, so daß sich die Hunde heulend und knurrend wieder hinter die Felsen zurückzogen. Hayes bemerkt hierbei über den Charakter dieser für die Eskimos so unendlich wichtigen Hunde, daß derselbe wolfsartig sei. Nur Furcht hält diese Tiere in Gehorsam, der Schwache oder ein Kind ist vor ihnen nicht sicher, wenn sie der Hunger quält. Es wurde später den Polarfahrern in Proven in Südgrönland erzählt, daß ein kleiner Knabe, der Enkel des Gouverneurs, der von einem Hause nach einem kaum zwanzig Schritt davon stehenden gehen wollte, unterwegs fiel und vor den Augen der entsetzten Mutter augenblicklich von mehr als hundert Hunden zerrissen und verschlungen wurde.

Man begann nun Unterhandlungen mit den beiden Eskimos, die sich zur Abreise anschickten, und verständigte sich mit ihnen dahin, daß sie die Mannschaft mit Fleisch versorgen und dafür Messer, Nadeln, Holz und andere für sie sehr wertvolle Dinge erhalten sollten. Aus Kalutunas Benehmen hierbei ging freilich hervor, daß er im stillen allerlei Nebengedanken pflegte, die nichts Geringeres bezweckten, als sich auf die leichteste Weise in den Besitz der ganzen Güter der Amerikaner zu setzen, besonders ihrer Flinten. Die Eskimos schieden mit dem Versprechen, bald wieder zu kommen, ließen aber ziemlich zwei Wochen auf sich warten. Diese Zeit war eine der schrecklichsten für die armen Verlassenen. Jeder hatte anfänglich nur noch 36 Schiffszwiebäcke und drei Kannen Brotstaub als Nahrungsvorrat. Man scharrte kümmerlich wieder Flechten unter dem Schnee hervor und kochte sie mit Fleischzwieback

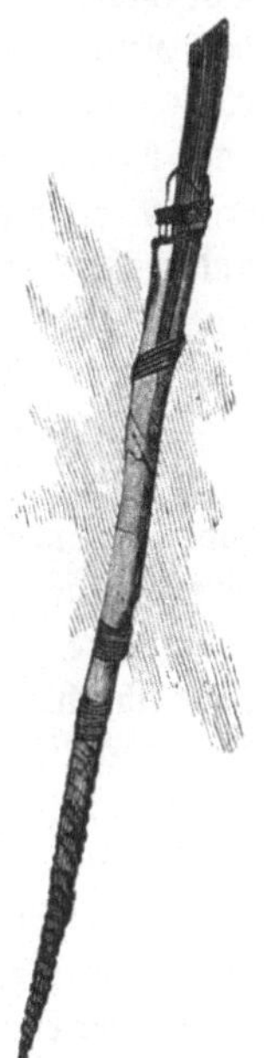

Eskimolanze
aus Narwalhorn.

zu einer dürftigen Speise, die noch dazu mehrfache Nachteile für die Gesundheit erzeugte. Anfänglich hatte man die täglichen Portionen verringert; da man aber hierdurch gänzlich von Kräften kam, so wurde beschlossen, besser zu leben und dann, wenn es nicht anders ginge, resigniert den Hungertod zu erwarten, da die Jagd gänzlich erfolglos war.

Da endlich, als die Not am größten war, kamen die Eskimos an, und mit dem Bärenfleisch, das sie brachten, zog wieder etwas Heiterkeit in die finstere, feuchtkalte Hütte ein. Petersen gab ein Päckchen Zigarren zum besten, das er noch aufgespart hatte, und beim Scheine der wieder mit Tran gespeisten Lampe, trank man Kaffee, spielte eine Partie Whist und las ein paar Kapitel aus Walter Scott vor.

Obschon die Eskimos noch einmal mit einer Fleischzufuhr ankamen, durfte man sich doch durchaus nicht auf sie verlassen, da man ihre Treu=losigkeit und ihre Verrätereien hinlänglich kennen gelernt hatte. Nachdem man vielfach Pläne, wie man sich aus der gräßlichen Lage befreien könne, vorgeschlagen und wieder verworfen, hielt man endlich Petersens Vorschlag fest, nach der Brigg „Advance" zurückzukehren und sich mit den Gefährten unter Kanes Anführung wieder zu vereinigen. Um diese Reise von 75 deutschen Meilen ausführen zu können, erbot sich Petersen, nach Netlik zu gehen und mit den Eskimos zu unterhandeln. Zufällig erschien gerade Kalutuna denselben Morgen, als Petersen abreisen wollte, und nahm letzteren nebst Godfrey auf seinem Schlitten mit. Nach vier Tagen trafen beide abgemattet und hoffnungslos wieder bei ihren Kameraden ein.

Alle ferneren Versuche, von den Eskimos Schlitten und Hunde zum Kauf oder leihweise zu erhalten, waren vergeblich, und Dr. Hayes griff daher zu einem allerdings verzweifelten Mittel. Als nämlich die Eskimos kurz darauf die Hütte wieder besuchten, brachte man ihnen Opium bei, nahm ihre Schlitten und machte sich auf den Weg nach dem Schiffe. Jene abgehärteten Naturkinder erholten sich indes bald wieder und setzten den Flüchtlingen nach. Sie holten dieselben ein, ließen sich aber schließ=lich beruhigen und wurden nun von einer Eskimostation zur anderen transportiert. Besonders die letzten Tage der Reise waren sehr gefahr=voll; ja einer der Seeleute fiel erstarrt vom Schlitten und konnte kaum lebend mit eingebracht werden. So langten sie, wie wir wissen, im be=klagenswertesten Zustande bei dem eingefrorenen Schiffe wieder an, und wir lassen nun Dr. Kane die ferneren Schicksale der wiedervereinigten Gesellschaft weiter erzählen.

Klippen der Northumberlandinsel.

Vierzehntes Kapitel.

Feuer im Schiffe. Abenteuerliche Fahrten nach Fleisch. Der Winter und seine Ereignisse.

Unser Winterverschlag zeigte sich für die so unerwartet verstärkte Gesellschaft so eng, daß der Aufenthalt ungesund wurde und die Lüftung eine verdoppelte Aufmerksamkeit erheischte. Um das wenige Holz zu schonen, wurden zum Kochen und Wassererhitzen häufig Specklampen benutzt, die aber wieder durch ihren üblen Geruch sehr belästigten. Sie wurden daher außerhalb des Tossut in einem kleinen, dazu hergerichteten Verschlag aufgestellt. Aber einmal, es war am 23. Dezember, hatte die Wache ihr Amt versäumt, und der Kochraum geriet in Brand. Es war eine schreckliche Krisis, denn nicht weniger als vier Mann lagen hart danieder, und nur eine Wand befand sich zwischen ihnen und dem Feuer. Bevor aus dem Eisloch Wasser geholt werden konnte, stand schon der ganze Verschlag sowie das trockene Gebälk und die Verschalung des Schiffes in Flammen; unsere Mooswände mit ihrem zunderähnlichen, leichten Material waren von den Flammen ganz bedeckt; ich mußte durch

dieselben hindurch, um die Wände zu schützen, indem ich an der gefähr=
lichsten Stelle die dort hängenden Segeltuchvorhänge herunterriß. Als
das Wasser herab und ins Feuer floß, wurde der Rauch so erstickend,
daß ich ohne Besinnung hinfiel; man zog mich aufs Deck, wo ich mich
ohne Bart, Haar und Augenbrauen wiederfand, dafür aber unterschied=
liche Brandbeulen an Kopf und Händen besaß. Der so rasche Übergang
von einer Höllenglut zu einer äußeren Temperatur von 46° unter Null
war eine harte Prüfung. Wenige der Wasserzubringer kamen ohne er=
frorene Finger davon. Hätten wir bei diesem schlimmen Zufall das Schiff
verloren, so wäre keiner von uns am Leben geblieben.

Bei alledem begingen wir den Weihnachtsabend festlich. Wir suchten
unsere Lage zu vergessen und uns einander aufzuheitern. Bei Tische
wurden gebratene und gekochte Truthühner, Roastbeef, Plumpudding,
Melonen und wer weiß was noch alles herumgereicht, nur schade, daß
alle diese Herrlichkeiten aus Pökelfleisch und Bohnen bestanden.

Der Mangel an frischem Fleische machte sich immer fühlbarer.
Einige der Kranken, besonders Mac Gary und Brooks, schwanden zu=
sehends hin; nur Walroßfleisch konnte sie aufrecht erhalten, und dieses
war allein bei den Eingeborenen zu suchen. Eine Reise zu ihnen, so ge=
fährlich sie bei der großen Kälte auch erschien, mußte gewagt werden;
wenigstens war um diese Zeit Mondschein. Es kommt alles darauf an,
ob die Hunde die Strapazen der Reise aushalten würden. Es waren
schon mehrere wieder an Krämpfen verendet, sie wurden gekocht und die
noch lebenden damit gefüttert.

Wir traten unsere Reise nach Süden an; aber schon nach wenigen
Stunden zeigten sich wieder die fatalen Krampfsymptome bei den Hunden,
und bald waren ihrer sechs unbrauchbar. Mein Begleiter Petersen wollte
umkehren, ließ sich jedoch bereden, mit nach den verlassenen Hütten von
Anoatok zu gehen, wo wir suchen wollten, die Hunde wieder auf die
Beine zu bringen. Es war ein schreckliches Fortkommen in den Windungen
der Bucht, bald mußten wir den Eisrand erklettern, bald wieder aufs
Eis heruntergehen, wie es die Umstände eben erforderten. Wir erreichten
endlich die Hütten und krochen mit den Hunden in die besterhaltene, deren
eingefallenen Giebel wir mit Schnee verstopften. Es war zu kalt, um zu
schlafen. Am nächsten Morgen erhob sich ein Sturm, der den Mond ver=
dunkelte und uns in die Hütte zurücktrieb, wo wir vor Erschöpfung in
einen langen Schlaf versanken. Als wir erwachten, hatte der Sturm sich
noch gesteigert, es herrschte eine durchdringende Kälte und dichte Finsternis.
Die Specklampe war vor Kälte erloschen und eingefroren.

Sobald der Sturm sich etwas gelegt, brachen wir auf und trieben dem Zufluchtshafen zu; aber die erschöpften Hunde vermochten nicht mehr die Hummocks zu überklettern, und wir sahen uns gezwungen, um ihr und unser Leben zu retten, zu Fuße nach dem Schiffe zurückzukehren. Mit diesem fruchtlosen Abenteuer schloß das Jahr 1854.

Die intensive Kälte und der Mangel an Brennstoff zwangen uns immer mehr, uns mit Specklampen zu behelfen. Wir hatten zuletzt nicht weniger als zwölf im Gange. Die Lampen entwickelten eine erstaunliche Hitze, aber der Rauch und der Ruß waren eine gar arge Belästigung; von Reinlichkeit war kaum noch die Rede; alles um und an uns zeigte sich mit Ruß überzogen, die Gesichter glänzten wie die der Eskimos in fettigem Schwarz, und das Einatmen so vieler Verbrennungsprodukte konnte der Gesundheit nicht eben förderlich sein.

Die Notwendigkeit trieb mich bald zu einem zweiten Versuche, zu den Eskimos zu gelangen, obwohl dazu nur noch fünf Hunde disponibel und diese nicht eben im besten Stande waren. Diesmal hatte ich Hans zu meinem Begleiter ausersehen, denn Petersen war mir zu bedenklich. Von Fahren auf dem Schlitten konnte keine Rede sein; wir hatten etwa 25 Meilen nebenher zu traben. Aber diese Reise konnte nicht sofort angetreten werden, denn der Mondschein war vorüber und alles wieder stockfinster. Schon am 14. Januar 1855 hatte ich für die Kranken nichts weiter als einen gefrorenen Bärenkopf, der als ein naturhistorisches Stück beiseite gelegt worden war. Ein paar Tage später mußte man die ungesunde Leber und die Eingeweide desselben Tieres zu Hilfe nehmen. Das Fleisch wurde lotweise an die Kranken verteilt, ebenso ein Fuchs, der sich am 22. Januar gefangen hatte. An demselben Tage wurde endlich die Reise angetreten. Anfänglich ließ sich dieselbe gut an, aber plötzlich stürzten zwei Hunde in Krämpfen nieder. Hier war nicht zu helfen, der Mond ging unter, und die leidige Finsternis umgab uns von neuem; wir tappten längs des Eisfußes hin und nach vierzehnstündigen Anstrengungen erreichten wir die alte Hütte von Anoatok. Alle Anzeichen deuteten auf einen bevorstehenden Schneesturm. Hans schnitt sogleich Schneeblöcke aus, um die Öffnung der Hütte zu verstopfen; ich trug eine Specklampe, Proviant und Schlafzeug hinein und nahm auch die Hunde zu uns. Kaum waren wir untergebracht, so brach auch der Sturm los. Wir brachten hier, von der Außenwelt gänzlich abgeschlossen, viele traurige Stunden zu. Wir wußten nicht, wie die Zeit verlief, und die Beschaffenheit des Wetters konnten wir nur aus dem Wirbeln des Schneewetters auf dem Dache unserer Kellerwohnungen abnehmen. Wir schliefen, kochten und tranken Kaffee, schliefen und kochten wieder, und wenn wir glaubten, daß zwölf Stunden um seien, so hielten wir eine Mahlzeit, d. h. wir teilten unparteiisch den rohen Hinterschinken eines Fuchses, um damit unseren mit gefrorenem Talg belegten Schiffszwieback etwas zu würzen. Dann legten wir uns schlafen und kümmerten uns nicht weiter um das Unwetter, das uns längst tief unter den Schnee begraben hatte.

Mittlerweile hatte, obgleich der Sturm fortdauerte, die Temperatur eine merkwürdige Veränderung erfahren. Vom Dache herabtropfendes Wasser weckte mich, ich fand Schlafsack und Kissen völlig durchnäßt. Der warme Südost war, wie ich später fand, ganz unerwartet gekommen; auf dem Schiffe hatten sie $+26°$ F. (circa $2\frac{1}{2}°$ Kälte R.) und wir in größerer Nähe der offenen See hatten wahrscheinlich eine Temperatur über dem Gefrierpunkt. Seit wir die Brigg bei $-44°$ verlassen, war also die Temperatur um wenigstens $70°$ gestiegen. Bei solchem Wechsel leidet der stärkste Mann; es überkam uns beide ein schwüles, bedrückendes Gefühl und eine Herzbeklemmung, die wir längere Zeit nicht wieder los wurden. Am Morgen, d. h. als der Mond und das südliche Dämmerlicht uns das Herausgehen gestatteten, fand ich durch Vergleichung des Mond= und Sternenstandes, daß wir fast zwei Tage eingesperrt gewesen. Wir brachen nun sofort nach den Hummocks auf; aber hier sah es traurig verändert aus. Der Schnee hatte sich so außerordentlich angehäuft, daß er bei dem Versuche, durchzukommen, Menschen, Schlitten und Hunde förmlich begrub. Umsonst spannten wir uns selbst vor, es war nicht von der Stelle zu kommen; die Dunkelheit trat aufs neue ein, und mit Not gewannen wir die Hütte wieder. Die folgende Nacht gefror es wieder hart, und trotz unserer zweidochtigen Lampe hatten wir ein elendes Quartier. Dabei dauerte der Schneefall fort, der Proviant ging auf die Neige, und bis zu den Eskimos waren es noch zwölf Meilen.

Ich machte nun den Versuch, den Eisrand entlang zu fahren; wir arbeiteten uns vier Stunden lang außer Atem, aber vergebens. Hans, der sonst so waghalsige und kaltblütige Mensch, weinte wie ein Kind und mir selbst war nicht eben wohl zu Mute.

Wir hatten unser Gespann noch nicht wieder aus dem Schnee heraus, als die breite Mondscheibe sich über dem Wasserdunst erhob. Ein be= kannter Hügel war in der Nähe, ich erstieg ihn und inspizierte die Küste um ihn her. Kap Hatherton schien von einem förmlichen Chaos ge= brochenen Eises umpanzert. Daneben war Wasser, das unbegreifliche Nordwasser; wie ein langer, schwarzer Keil, mit Wassernebeln umhangen, lief es von Nord nach Ost. Da war also ein Kanal durch die Hummocks,

und nach Süden streckten sich ebene Eisflächen. Hans kam auf meinen
Ruf herbei und bestätigte das, was ich sah und doch kaum glauben konnte.
Wären die Hunde nicht gar zu erschöpft und der Mond nicht am Unter=
gehen gewesen, so hätten wir die Reise leicht vollenden können. Aber
frohen Herzens kroch ich diesmal in unser armseliges Loch zurück und
verstopfte von neuem seine gähnende Öffnung mit Schnee. Speck hatten
wir nicht mehr, folglich auch kein Feuer, aber ich wußte doch, daß wir
das Schiff wieder erreichen, und nachdem sich Menschen und Hunde ge=
stärkt, sicher zu den Ansiedelungen gelangen würden.

Meine Gefährten, obgleich anfangs betreten, daß wir leer zurück=
kamen, vernahmen die gute Nachricht von einer offenen Passage durch
die Hummocks mit großer Freude, und es wurden sofort Anstalten zu
einer neuen Unternehmung gemacht. Es mußte indes besseres Wetter ab=
gewartet werden, denn Wind und Schneefall dauerten ununterbrochen
fort. Wir hatten mehrere Tage kein Fleisch mehr, denn die Füchse
gingen nicht mehr in die Fallen. Zu einigem Ersatz bereitete ich Eisen=
tränke für die am Skorbut Leidenden. Am 3. Februar endlich zogen
Petersen und Hans mit den Schlitten aus, leider um schon am 5. abends
unverrichteter Dinge zurückzukehren. Die Schneemassen hatten sich zu sehr
gehäuft; Petersen war ganz hin; seine Kräfte waren geschwunden und
der Skorbut ihm in die Brust getreten. Hans allein aber hatte die Bot=
schaft nicht ausführen können.

Zum Glück war heiteres Wetter eingetreten, und ich konnte mit
Hans einen Jagdausflug unternehmen. Die Beute bestand aus zwei
Kaninchen, die erste Gabe des wiederkehrenden Tages. Das Fleisch wurde
roh verteilt und das Blut den am schwersten Kranken zu trinken gegeben.
Von neuem wurde das Wetter stürmisch, und schwere Schneemassen ver=
finsterten die Luft. Es mußte nach meinem Dafürhalten eine große süd=
liche Wasserfläche vorhanden sein, über welche der warme, feuchte Wind
herüberstrich, und die uns vielleicht näher rückte und Befreiung brachte.
Aber wenn wir gingen, so mußten wir allein gehen, denn unsere kleine
Brigg, das stand nunmehr fest, konnte nicht gerettet werden. Die Zeit,
wo sie sich auf den Wogen wiegte, war für immer vorbei.

Nach manchen vergeblichen Ausgängen brachte Hans am 10. aber=
mals drei Kaninchen. Sie wurden sorgfältig zerlegt und geteilt. Wir
hatten gelernt, alles weislich zu benutzen: die Häute gaben Suppe, die
Pfoten Gelee; Lungen, Magen, Eingeweide, alles wurde zu gute gemacht.
Am 12. trat Hans mit Godfrey eine weitere Tour an; er hatte in den
letzten Tagen ein Renntier gespürt und hoffte es zu finden. Er kehrte

erst am 22. zurück, an Washingtons Geburtstage, wo bereits die Sonne wieder ihre belebenden Strahlen herabsandte. Aber er brachte gute Nachrichten: er hatte das Renntier angeschossen, dasselbe Tier, das die ganze Zeit des Zwielichts hindurch um unsere Bucht geschweift und durch sein jeweiliges Erscheinen so manche Erzählungen und Fabeln veranlaßt hatte. Hans hatte es aus weiter Ferne getroffen; es machte sich im langsamen Trabe davon, aber wir waren seiner sicher. Am anderen Morgen ging Hans wieder aus, es zu suchen, und fand es nur eine halbe Meile unterhalb der Bucht liegen. Es war ein Bennesoak, d. h. ein Renntier, das sein Geweih abgeworfen. Auf den Lieblingsplätzen dieser Tiere sollen sich große Haufen solcher abgelegter Geweihe finden, mit welchen die Dänen wenig oder nichts anzufangen wissen.

Die Kunde dieses Jagdglückes wurde an Bord mit allgemeinem Freudengeschrei empfangen; aber es ging mit unserem Bennesoak fast wie jenem, der einen ausgespielten Elefanten gewann. Wir waren so entkräftet, daß wir und die Hunde große Mühe hatten, dasselbe bis ans Schiff, und noch größere, es hinauf zu schaffen. Nachdem wir es in den Raum gestürzt, zeigte sich eine neue Verlegenheit: das Tier war viel zu groß, um es durch die enge Pforte in die Moosstube zu bringen, und es anderswo abzuhäuten, ohne dabei die Finger zu erfrieren, war ebensowenig möglich. Der Hunger gab das Auskunftsmittel ein, das Tier zu zerlegen, bevor es abgehäutet war, und in wenigen Minuten hielten alle ein erquickendes Gastmahl und darauf einen mehrstündigen Schlaf. Das Tier war eines der größten, das ich je gesehen, und hatte gewiß, das Maß einer zweijährigen Kuh. Wir versprachen uns wenigstens 90 kg gutes Fleisch, aber der folgende Tag brachte uns eine bittere Enttäuschung: das ganze Fleisch nebst der Leber und den Eingeweiden war vor Fäulnis fast ungenießbar. Die so rasche Fäulnis bei einer Kälte von 35 ° mag seltsam erscheinen, aber die Grönländer sagen, daß extreme Kälte die Fäulnis eher fördere als hindere. Alle Grasfresser zeigen diese Eigenheit, wenn sie nicht sofort ausgeweidet werden, was auch die Büffeljäger sehr gut wissen.

Mein Tagebuch enthält unterm 28. Februar folgende Betrachtungen:

„Der Februar ist vorüber; Gott sei Dank, daß seine achtundzwanzig Tage um sind. Sofern uns die einunddreißig Märztage nicht noch weiter herunterbringen, können wir hoffen, daß dieses traurige Drama glücklich zum Schluß kommt. Mit dem 10. April müssen die Robben kommen, und wenn sie uns noch am Leben treffen, so haben wir gewonnen. Bei alledem aber werden wir noch schwere Kämpfe haben. Der Skorbut überkommt uns mehr und mehr. Außer Morton, der eine Ferse erfroren hat, ist keiner von uns völlig frei davon. Bonsall und ich haben den ganzen Tagesdienst für die Wirtschaft und Krankenpflege über uns. Wir hacken fünf große Säcke voll Eis klein, schneiden 6—8zolliges Ankertau in fußlange Stücke, teilen Fleisch aus, wenn wir solches haben, hacken Sirup aus den Fässern, zerbrechen mit Axt und Brecheisen das Salzfleisch und die getrockneten Äpfel, schaffen Kehricht und Spülicht aus dem Schlafraum, kurz, wir sind Koch, Küchenjunge und Krankenpfleger in einem. Dazu habe ich fünf Nächte hintereinander von 8—4 die Wache gehabt; habe, ohne die Kleider zu wechseln, nur unter tags zuweilen ein wenig genickt und jede Stunde sorgfältig den Thermometerstand aufgeschrieben."

Die merkwürdige Erscheinung warmer Süd= und Südostwinde mitten im Januar schwand nicht eher als zu Mitte Februar, und selbst dann blieb die Wärme noch mehrere Tage merklich. Das Thermometer fiel selten tief unter den Gefrierpunkt. Seitdem wurde es kälter und der massenhafte Schnee fest genug, daß man ihn überschreiten konnte. Es waren zweimal noch Versuche gemacht worden, bis zu den Eskimohütten vorzudringen, aber vergeblich. Petersen, Hans und Godfrey waren umgekehrt und hatten das Fortkommen für unmöglich erklärt. Ich wußte es besser: meine Be= obachtungen in der Zeit der Finsternis hatten mich überzeugt, daß jetzt die Sache ausführbar sein mußte, und ich würde es bewiesen haben, wenn ich unser Hospital auf eine Woche hätte verlassen können. Aber es gab Stimmungen und Einflüsse um mich herum, die sich kaum noch im Ver= borgenen hielten und nur durch meine Gegenwart am offenen Vortreten verhindert wurden; dies legte mir die Pflicht auf, zu bleiben, wo ich war.

Fuchsfalle.

Die Gräber bei Mondlicht.

Fünfzehntes Kapitel.

Not überall. Eine Desertion. Hansens Wiederfinden und Erlebnisse. Kanes Besuch in Eta.
Sitten der Eskimos.

Das Märztagebuch war wieder eine Leidenschronik. Der allgemeine Gesundheitszustand wurde immer schlechter. Der größte Teil der Mannschaft lag, unfähig sich zu rühren, im Bette. In dieser Lage traten manche individuelle Charakterzüge zu Tage. Einige zeigten sich ungemein dankbar für die kleinste Dienstleistung, andere ergingen sich in Klagen, andere wollten schier verzagen, und wieder anderen fehlten nur die Kräfte, um widersetzlich zu sein. Brooks, der eisenfeste Mann, weinte wie ein Kind, als er sich im Spiegel beschaute. Sonntag am 3. März wurden die letzten Bissen frisches Fleisch verteilt; die Kräfte der Kranken schwanden rasch, und die Wunden der Amputierten brachen von neuem auf. Die Umgebung des Hafens gab nicht einmal die bisherigen spärlichen Zuschüsse an Wild mehr her. Einer der Jäger, Petersen, überhaupt kein sehr verläßlicher Mann, erklärte sich dienstunfähig; Hans hatte kein

Glück; er hatte mehrmals weite Umgänge gemacht, auch zweimal Renn=
tiere gesehen; aber einmal waren sie außer Schußweite; das andere Mal
versagte sein Gewehr. Es half nichts, daß ich alles Mögliche zusammen=
braute, was als Stärkungsmittel dienen konnte — Leinsamen und Kalk=
wasser, Chinin und Weidenstengel — und es unter dem Namen Bier
ausbot; es wurde stündlich klarer, daß unsere Tage gezählt waren, wenn
wir nicht frisches Fleisch bekommen konnten. Nur ich wurde wunderbar
aufrecht erhalten; ich zweifelte keinen Augenblick, daß uns die Vorsehung
aus diesem Jammer erlösen werde, wenn ich auch das Wie nicht abzu=
sehen vermochte.

Am 6. kam ich zu dem verzweifelten Entschluß, unseren einzigen
verläßlichen und dienstfähigen Jäger mit einem Schlitten zur Aufsuchung
der Eskimos von Eta auszusenden. Er nahm unsere zwei letzten noch
lebenden Hunde und den leichtesten Schlitten mit sich. Der Polartag
hatte begonnen; der Eisweg hatte sich mit der Zeit gebessert, und die
Kälte, obwohl immer noch heftig, war doch in etwas abgeschlagen. Er
sollte das erste Nachtlager in Anoatok halten, und wenn alles gut ging,
konnte er die folgende Nacht zu Eta und drei bis vier Tage später
wieder bei uns sein. Keine Sprache vermag es auszudrücken, mit welcher
Angst unsere Kranken auf seine Rückkunft warteten. Ich hatte ihn an=
gewiesen, wenn er bei den Eskimos kein Fleisch fände, ihre Hunde zu
borgen und in der Bucht auf Bären auszugehen.

Am 10. März kam Hans wieder; er hatte am zweiten Abend glück=
lich die Etabucht erreicht und war dort mit freudigem Willkommen
empfangen worden. Aber über die sorglosen, glücklichen Bewohner war
eine böse Zeit gekommen. Anstatt der runden fettglänzenden Gesichter
umringten ihn lauter Jammergestalten. Die Züge der Männer waren
hart und knochig, und die Kinder lagen in den Kapuzen ihrer Mütter
welk und faltig. Es war Hungersnot unter ihnen; die Haut eines jüngst
gefangenen jungen See=Einhorns war alles Eßbare, was sie besaßen.
Es war die alte Geschichte von der Unvorsorglichkeit und ihren traurigen
Folgen. Sie hatten selbst ihre Speckvorräte verzehrt und saßen nun
traurig in Kälte und Finsternis in Erwartung der Sonne. Sogar ihre
letzte Stütze, die Hunde, waren ihrem Hunger zum Opfer gefallen; von
30 Stück hatten sie nur noch vier, die übrigen waren verzehrt.

Hans führte meine Aufträge vollständig und mit Geschick aus. Er
schlug vor, ihnen bei der Walroßjagd zu helfen. Anfangs lächelten sie
dazu verächtlich, wie echte Indianer, als sie aber meine Marston=Büchse
sahen, die Hans mit hatte, änderten sie ihren Ton. Wenn die See, wie

damals, völlig überfroren ist, so kann das Walroß nur in seinen Luft=
löchern oder in zufälligen Eisspalten harpuniert werden. Die Jagd ist
schwierig, und oft geht die Harpune und Wurfleine bei dem Umsich=
schlagen des Tieres verloren, wie es unseren Eskimos erst am Tage vor
Hansens Ankunft ergangen war. Unter diesen Verhältnissen ließen sie
sich leicht überreden, Hansens Begleitung anzunehmen und zu sehen, was
die Spitzkugel auf das harpunierte Walroß für Wirkung tue. Das Er=
gebnis der Jagd war, daß Metek (die Eiderente) ein mittelgroßes Tier
speerte, dem Hans nicht weniger als fünf Büchsenkugeln geben mußte,
um es zur Ruhe zu bringen. Das Tier wurde im Triumph heimgeschleppt,
und alle aßen, als ob sie nie wieder hungrig werden sollten. Es war
ein regelrechtes Festgelage, und das Interesse für die weißen Männer
stieg demzufolge bis in die Wolken.

Ich hatte Hans angewiesen, womöglich den Burschen Meiuk als
Jagdgehilfen zu engagieren, und nach dem eben gehabten Jagderfolg
nahmen die Eskimos diese Einladung als eine große Gunst auf. Hans
brachte demnach den Meiuk und ein Stück Fleisch als Beuteanteil mit.
Dieser arme Bursche mit noch ganz kindlichem Gesicht war doch schon ein
vollendeter Jäger; er war in seiner neuen Stellung ganz glücklich, aber
so ausgehungert, daß seine Auffütterung ein schwieriges Werk schien.

Die Kranken waren bereits so heruntergekommen, daß einige von
ihnen das frische rohe Fleisch gar nicht mehr vertragen konnten und ledig=
lich durch Brühe erhalten werden mußten.

Unsere zwei Eskimojäger machten am 13. März ihren ersten Aus=
flug bis nach Anoatok hin, nachdem Hans zuvor ein neues Wurfgeschoß
aus Renntiergeweih angefertigt hatte. Beide kehrten am dritten Tage
zurück, ohne irgend etwas mitzubringen. Sie hatten weit und breit nichts
als Eis angetroffen und nicht eine einzige Spalte darin. Es schien, als
werde man den Lebensunterhalt im fernen Süden suchen müssen. Zahl=
reiche Spuren von Bären, die sie antrafen, gaben wenigstens noch einige
Hoffnung. Ich hatte eben Vorbereitungen getroffen, den Hans von
neuem nach Eta zu senden, als ein verdrießlicher Zwischenfall eintrat. Es
waren unter der Mannschaft ein paar schlechte, aber verwegene, energische
und kräftige Kerle. Sie hatten mir schon Ungelegenheiten gemacht, bevor
wir noch die grönländische Küste erreicht hatten, und jetzt mußte ich sie
beständig im Auge behalten, denn es war deutlich, daß sie etwas vorhatten,
wahrscheinlich eine Flucht nach den Ansiedelungen der Eskimos. Sie
stellten sich am Morgen krank, um, wie ich erlauschen konnte, vor ihrem
Aufbruche tüchtig auszuruhen. Hansens Abreise mit dem Hundeschlitten

kam ihnen gerade sehr passend, denn sie konnten ihm auflauern und alles abnehmen, was sie zu ihrem Fortkommen brauchten, möglicherweise ihn selbst zum Mitgehen zwingen. Ich mußte gegen diese Leute sehr vorsichtig auftreten und das unangenehme Geschäft eines Spions zu meinen übrigen Obliegenheiten hinzunehmen, denn noch hatten sie keine strafwürdige Handlung verübt; außerdem wollte ich den anderen das Geheimnis nicht mitteilen und die Kranken nicht noch mehr niederdrücken durch Enthüllung eines Planes, der bei voller Ausführung uns allen hätte verderblich werden können.

Am 19. gegen Mittag reiste Hans ab, und mein Verdacht gegen John und Bill fand sich völlig bestätigt. Den ganzen Morgen strebten sie unaufhörlich miteinander zusammenzukommen, was ich eben so fleißig und in einer Art verhinderte, daß sie nicht einmal Verdacht schöpften. Ihre Ungeduld und ihre kleinen Listen, um ein Wort im Vertrauen wechseln zu können, waren wirklich belustigend. Ich glaubte schon, die Gefahr sei vorüber, als mir Stephenson am anderen Morgen eine von Bill erlauschte Äußerung hinterbrachte, wonach dieser ganz bestimmt im Laufe des Tages das Schiff verlassen werde. Jetzt war keine Zeit zu verlieren. Bill wurde um sechs Uhr früh geweckt und erhielt Befehl, das Frühstück zu kochen. Währendes beobachtete ich ihn; anfänglich schien er unruhig und hatte mit John Verschiedenes zu flüstern; zuletzt wurde er unbefangener und kochte und servierte das Frühstück. Ich war überzeugt, daß er sich mit John draußen treffen wolle, und daß dann einer oder beide entlaufen würden. Ich zog daher meinen Pelz an und bewaffnete mich, machte Bonsall und Morton mit der Sache bekannt und kroch durch den engen Eingang hinaus in den Schiffsraum, wo ich mich verbarg. Nach etwa einer halben Stunde kam John hinkend und brummend auch herausgekrochen. Er sah sich verstohlen um, atmete erleichtert auf und kletterte dann die wackeligen Stufen aufs Deck hinauf; seine Lahmheit war völlig verschwunden. Innerhalb zehn Minuten kam auch Bill aus dem Tunnel gekrochen, reisefertig in Stiefeln und Pelz. Ich trat ihm entgegen und befahl ihm, sofort in die Kajüte zurückzukriechen; Morton wurde aufs Deck geschickt, um den anderen herbei zu holen, und Bonsall in den Tunnel gesandt, um niemand herauszulassen. Nach wenigen Minuten kam John zurückgekrochen; jetzt noch viel lahmer als zuvor. Ich erzählte nun vor der Gesellschaft den Stand der Dinge und die Pläne der beiden. Bill gestand zuerst und empfing auf der Stelle seine Strafe. Da die Umstände eine Gefangenhaltung nicht gestatteten, so hielt ich es fürs Beste, ihm die Handschellen ab- und seine Besserungsversprechungen für wahr anzunehmen. Ich schickte ihn wieder an die Arbeit; er floß von Dankbarkeit über, und in noch nicht einer Stunde, während ich auf der Jagd war, war er auf und davon. John blieb scharf bewacht zurück und seine Versprechungen der Besserung schienen aufrichtig.

Die Desertion des Bill (William Godfrey) war ein schlimmer Fall, da es wahrscheinlich war, daß er Hansens Schlitten, Büchse und Hunde sich anzueignen suchen würde, und ohne die Hunde war keine Möglichkeit, Robben und Bären zu jagen, und somit alle Hoffnung verloren, die Kranken soweit auf die Beine zu bringen, daß man versuchen konnte, in Booten nach dem Süden zu entkommen.

Am 10. März hatte Petersen fünf Schneehühner geschossen, eine wahre Wohltat für unsere Kranken; aber die Not stellte sich bald wieder ein, und so machten die drei letzten, die noch nicht bettlägerig waren, nämlich Bonsall, Petersen und ich, am 23. einen Ausflug in die Nähe des Minturnflusses, wo sich Weideplätze für die Renntiere befanden. Leider kamen wir ein paar Stunden zu spät und sahen nur an den Flecken aufgekratzten Schnees, wie zahlreich sie dagewesen waren. Ein paar Schneehühner und drei Hasen waren die ganze Beute des Tages. Die folgenden Tage brachten noch einiges weitere dieser Art zur großen Erquickung der Kranken.

Am 2. April signalisierte Bonsall einen Mann, der in einer halben Stunde Entfernung sich am Eisfuß lauschend herumtrieb. Ich glaubte, es sei der zurückkehrende Hans, und wir gingen beide ihm entgegen. Als wir näher kamen, bemerkten wir unseren Schlitten nebst den Hunden neben ihm; der Mann aber wandte sich und floh südwärts. Ich verfolgte ihn und ließ Bonsall hinter mir. Als der Mann, den ich nun für den Deserteur Godfrey erkannte, mich allein nachkommen sah, kehrte er um und kam mir entgegen. Er sagte mir, daß er südlich bis zur Northumberlandinsel gekommen sei, daß Hans vor Anstrengung in Eta krank liege, und daß er selbst sich entschlossen habe, umzukehren und sein Leben bei Kalutuna und den übrigen Eskimos zu beschließen, wovon weder Zureden noch Gewalt ihn abbringen werde. Mit der Pistole in der Hand zwang ich ihn, bis an den Aufgang zum Schiff zurückzugehen; weiter wollte er aber durchaus nicht; ich ließ ihn unter Bonsalls Obhut und ging an Bord, um Handschellen zu holen. Aber wir beide waren kaum fähig, uns zu regen, Petersen war auf der Jagd, und die übrigen 13 lagen krank danieder. Kaum hatte ich das Deck erreicht, als Godfrey wieder davonlief, Bonsalls Pistole versagte, und ich stürzte nach dem Gewehrstande, aber das erste Gewehr ging infolge der Kälte beim Auf=

ziehen des Hahnes los, und mit dem zweiten in Eile abgeschossenen fehlte ich den Flüchtling, und er entkam.

Das Wiedererscheinen dieses Menschen war höchst rätselhaft. Hans war nun 14 Tage abwesend, während er dieselbe Reise sonst in acht Tagen ausführte. Sein Gespann befand sich in den Händen des Flücht= lings, der sein Leben wagte, um nicht in unsere Gewalt zu fallen. Aber gleichwohl war er freiwillig in die Nähe des Schiffes zurückgekehrt, mit Schlitten und Hunden und überdies einem Vorrat von Walroßfleisch. Wollte er vielleicht seinen früheren Kumpan John abholen? — Auf alle Fälle kam uns Godfreys Fleischladung wie vom Himmel gesandt und tat uns vorzügliche Dienste.

Am 10. April machte ich mich mit einem von fünf Hunden gezogenen leichten Schlitten auf den Weg, um den noch immer fehlenden Hans auf= zusuchen. Die Reise ging sehr gut von statten; ich hatte in 11 Stunden eine Fahrt von 16 Meilen gemacht und befand mich eben unserem alten Zufluchtshafen gegenüber auf dem Eise, als ich weit ab von der Küste einen schwarzen Punkt bemerkte. Es war ein lebendes Wesen, ein Mensch. Sofort wandte ich den Schlitten und trieb mit dem Zuruf „Nannuk, Nannuk! Ein Bär! ein Bär!" die Hunde zu rasender Eile an. Bald ließ sich der gemessene Robbenjägerschritt Hansens nicht mehr verkennen; er änderte ihn kaum, als wir uns näher kamen, und in etwa 15 Minuten schüttelten wir uns die Hände und tauschten in einem Jargon von Es= kimoisch und Englisch unsere Neuigkeiten aus. Der arme Schelm war wirklich krank gewesen: nach fünftägigen heftigen Gliederschmerzen war er, wie er sagte, noch „ein wenig schwach", was bei ihm freilich so viel hieß als „sehr unwohl". Ich lud ihn auf den Schlitten und fuhr mit ihm nach Anoatok, wo wir uns an heißem Tee und an einem Stück von ihm mitgebrachter Walroßleber erlabten.

Hans und Meiuk waren zwei Tage nach ihrer Abreise vom Schiffe zu Eta angekommen und hatten alsbald ihre Jagd begonnen. Während fünf Tagen wagehalsiger Eisfahrten erlegte er zwei schöne junge Wal= rosse, seine drei Begleiter nur drei. Seine Büchse gab ihm einen großen Vorteil, doch die ihm mitgegebenen Leinen taugten wenig, und einmal rissen sie, nachdem er ein großes weibliches Tier harpuniert. In der Krankheit, welche auf diese langen Anstrengungen folgte, war er von einer jungen Tochter Schungus aufs sorgsamste verpflegt worden, und ihr Mitgefühl und Lächeln schien einen Eindruck auf sein Herz gemacht zu haben, der geeignet war, eine gewisse Schönheit bei Uppernivik in lebhafte Unruhe zu versetzen.

Hans legte einen Teil seiner Jagdbeute auf der Littletoninsel ins
Versteck, nachdem er eine Ladung durch Godfrey nach dem Schiffe hatte
abgehen lassen. Wie ich sah, hatte er die Pläne dieses Mannes bald
durchschaut. Derselbe war in der Tat in ihn gedrungen, mit ihm nach
dem Süden zu gehen und den Schlittenzug mitzunehmen. Auf Hansens
Weigerung suchte er sich in Besitz des Gewehres zu setzen, was natürlich
leicht verhindert wurde. Endlich willigte er ein, das Fleisch nach der
Brigg zu schaffen, entweder in der Absicht, sich mit mir zu versöhnen,
oder sich einen Gefährten zu verschaffen. Nachdem ihm dies fehlgeschlagen,
war er zum zweitenmal nach Eta geflohen. Dort hätte ich ihn gern ge=
lassen, denn so gesund und stark er war, so ging doch nach seiner Ent=
fernung vom Schiffe dort alles einen besseren Gang; aber das böse Bei=
spiel ist ansteckend! und so beschloß ich, ihn auf alle Fälle zurückzuschaffen.

Ich hatte schon vor Eintritt des Winters den Plan gefaßt, im
zeitigen Frühjahr eine Rundreise im Kennedykanal zu unternehmen. Die
Mißgeschicke des Winters nahmen mich so vollständig in Anspruch, daß
dieser Gedanke sehr in den Hintergrund trat; doch tauchte er immer
wieder auf, und ich war nun entschlossen, die Reise allein mit unseren
vier übrigen Hunden zu unternehmen und wegen des Proviants mich
auf meine Flinte zu verlassen. Das Schiff war einmal nicht mehr zu
retten, denn schon durch das Verbrennen des Holz= und Takelwerkes im
Winter war es seeuntüchtig geworden. Um aber mit den drei Booten
über das Eis zu gehen und das offene Wasser aufzusuchen, mußten wir
mindestens noch einen Monat uns vorbereiten und die Kranken sich mehr
erholen lassen. Diese Zwischenzeit gedachte ich zu dem beschlossenen Aus=
fluge zu verwenden, vorher wollte ich aber noch eins versuchen. Die
Eskimos waren von der Northumberlandinsel nach Kap Alexander zurück=
gekehrt, wo nun ein besseres Jagdgebiet war. Kalutuna, der beste und
vorsorglichste Mann unter diesen Eskimos, hatte sieben Hunde durch den
Winter gebracht. Ich hatte nun Hans beauftragt, mit ihm wegen vier
dieser Hunde zu unterhandeln, sei es auf Kauf oder leihweise, und ihm
dafür meine sämtlichen Hunde bei meiner Abreise zusagen lassen.

Hans kehrte endlich von seiner Gesandtschaftsreise zurück, und zwar
mit Kaninchen, Walroßleber und Fleisch, eine willkommene Bescherung
für Leute, die bereits seit acht Tagen keinen Bissen frisches Fleisch gesehen.
Er brachte auch Metek und dessen Neffen, einen hübschen vierzehnjährigen
Burschen, mit. Der große Metek hatte kurz vor Abschluß unseres Ver=

trages einmal eine Seitenwand von unserem roten Boote gestohlen; sein
jetziger Besuch mit einer anständigen Schlittenladung Fleisch sollte augen=
scheinlich diese Scharte auswetzen. Die Hundetraktaten Hansens aber
hatten zu keinem Erfolge geführt, und ich sah, daß ich selbst nach Eta
und vielleicht nach Peteravik gehen müsse, meine eigene Überredungskunst
zu versuchen, wollte ich meinen Reiseplan nicht aufgeben. Zugleich hörte
ich von Hans, daß Godfrey zu Eta den großen Mann spiele und sich

Eskimohütte im Schneeorkan während des Eisbruches.

nicht wolle einfangen lassen, und ich hatte von dem Einfluß dieses Mannes
auf die Wilden nichts Gutes zu erwarten. Ich begann mit einer Kriegs=
list: ich legte ein Paar Fußsäcke auf Meteks Schlitten, untersuchte meine
sechsläufige Pistole, und lud ihn ein, mit nach Eta zu fahren. Sein
Neffe blieb unter Hansens Obhut auf dem Schiffe, und ich hüllte mich,
als wir unsere 20 Meilen zurückgelegt und in die Nähe der Nieder=
lassung kamen, so dicht in meine Kapuze, daß ich wohl für den Knaben
Paulik gelten konnte. Die Einwohner kamen heraus, um ihren Häuptling
zu bewillkommnen; unter den ersten war der, auf welchen ich es abgesehen;
er schrie sein „Tima!“ trotz dem besten Wilden. Einen Augenblick später

war ich an seinem Ohr, mit einem kurzen Gruß und einer bezeichnenden Handbewegung. Er fügte sich sofort und nachdem er seine 20 Meilen vor dem Schlitten hergegangen und getrabt, mit einer kurzen Zwischen= rast zu Anoatok, war er wieder Gefangener an Bord. Auch meine übrigen Unternehmungen hatten guten Erfolg.

Eta liegt in der nordöstlichen Biegung der Hartstenebucht; ihm gegenüber liegt Peteravik, wo sich Kalutuna mit seinen halbverhungerten Leuten aufhielt. Auf der reinen Fläche einer Schneelehne, die in einem Winkel von 45° an einem steilen Berge liegt, bemerkt man zwei schmutzige Flecke; näher gekommen sieht man, daß diese Flecke Löcher im Schnee sind, und in noch größerer Nähe entdeckt man über jedem Loch noch ein kleineres und eine Verdachung zwischen beiden. Dies sind die Türen und Fenster von Eta, zwei Hütten und vier Familien, bis auf die Luft= löcher völlig im Schnee vergraben. Als ich näher kam, umschwärmten mich die Einwohner mit ihrem „Nalegak! Nalegak! Tima!“ (Kapitän willkommen!) im lauten Chorus; niemals schienen Leute so erfreut über einen unverhofften Besuch, und so bestrebt, ihm gefällig zu sein. Aber sie waren luftig gekleidet und es blies ein kühler Nordost; sie krochen daher bald in ihren Ameisenhaufen zurück, und nachdem innen die Vor= bereitungen zur Aufnahme getroffen waren, folgte ich ihnen mit Metek durch einen ungewöhnlich langen Kriechtunnel von 10 m. Als ich innen auftauchte, erscholl ein neues Gebrüll des Willkommens.

Es waren schon vor mir Gäste angekommen, sechs stämmige Be= wohner der benachbarten Niederlassung, die auf der Jagd vom Sturm überfallen worden waren und jetzt auf der Mittelbank, dem Ehrenplatze hockten. Sie stimmten in das laute Willkommen ein, und bald atmete ich den ammoniakalischen Dunst von etwa 13 starken, wohlgenährten, ungewaschenen und unbekleideten Hausgenossen. Einen solchen Klumpen zusammengepferchter Menschen kann man nirgends mehr antreffen; Männer, Weiber und Kinder, mit nichts als ihrem nationalen Schmutz bedeckt, krabbelten durcheinander, wie die Würmer in einer Fischreuse. Der innere Raum war nur 5 m lang und 2 m breit; der erhöhte Platz, auf dem 13 Personen aufgestapelt waren, hatte 2 m Breite und beinahe eben so viel Tiefe. Es war eine Hitze von 90° (26° R.) in dem Raume.

Die Specklampe jeder Hausmutter brannte mit einer 40 cm langen Flamme. Das Vorderviertel eines Walrosses, das gefroren am Fuß= boden lag, wurde in Streifen geschnitten, und bald fingen die Kochkessel, deren jeder mit 5—8 kg belastet wurde, zu dampfen an. Metek, dem gelegentlich einige der Schläfer ein wenig halfen, leerte dieselben rein

aus. Mich hatte man herzlich zur Teilnahme eingeladen, aber ich hatte
zu viel von der Kochkunst gesehen, um mich überwinden zu können. Ich
genoß eine Handvoll gefrorener Lebernüsse, entkleidete mich wie die
übrigen, da mir ein mächtiger Schweiß ausbrach, warf meinen müden

Inneres einer Eskimohütte.

Körper über die Beine der Frau Aningna (Eidergans), legte ihr Kleines
unter ihre Achselgrube, meinen Kopf auf Meiuks etwas zu warmen Magen,
und schlief so als geehrtester Gast auf dem Ehrenplatze ein.

Ich blieb einige Zeit zu Eta, untersuchte den Gletscher, machte
Skizzen und sah einige alte Bekannte. Die Leute haben hier einen
sonderbaren Gebrauch, der sich übrigens bei einigen asiatischen Völker=

schaften wiederfindet: ich meine die regelrechten Förmlichkeiten bei der Trauer um die Toten. Hier wird systematisch geweint; wenn einer anfängt, wird erwartet, daß alle einstimmen, und es ist eine Pflicht der Höflichkeit für die Vornehmsten der Gesellschaft, den Hauptleidtragenden die Augen zu wischen. Oft versammeln sie sich auf Bestellung zu einem großen gemeinschaftlichen Weinen, und zuweilen kommt es vor, daß einer in Tränen ausbricht und die anderen aus Höflichkeit nachfolgen, ohne gleich zu wissen, um wen oder um was es sich handelt. Denn nicht Todesfälle allein werden so zeremoniös betrauert; jeder andere Unfall kann dazu Anlaß geben, wie das Mißlingen einer Jagd, das Reißen einer Walroßleine, der Tod eines Hundes. Frau Eidergans, geborene Schmalbauch (Jgurk), sah einmal von ihrem Kochtopf her nach mir und ließ einen sanften Tränenregen los. Ich kannte den Gegenstand ihres Schmerzes nicht, aber mit aller Geistesgegenwart zog ich mein Schnupftuch, wischte ihr höflich die Augen und weinte selbst ein paar Tränen. Dieses kleine Intermezzo war bald vorüber: Frau Eidergans ging wieder an ihren Kochtopf und der Nalegak an sein Notizbuch.

Neben den gewöhnlichen Trauerzeremonien kommen zuweilen auch, wenn nicht immer, Gebräuche ernsten Charakters vor. Soviel ich mich unterrichten konnte, erstreckten sich die religiösen Begriffe der Eskimos nur bis zur Anerkennung übernatürlicher Wesen, die durch gewisse Zeremonien versöhnt werden müssen. Der Priester und Zauberer (Angekok) des Stammes ist der allgemeine Ratgeber. Er bespricht Krankheiten und Wunden, dirigiert die Polizei und die Unternehmungen des kleinen Staates, und ist, wenn auch nicht dem Namen nach der Häuptling, doch in der Tat die Macht hinter dem Throne. Es steht ihm zu, Schmerzensopfer zu diktieren, die manchmal sehr drückend sein können. So kann der verwitwete Gatte angewiesen werden, sich der Robben- und Walroßjagd selbst ein ganzes Jahr lang zu enthalten. Öfter wird ihm die Enthaltsamkeit von einer beliebten Speise geboten, oder man legt ihm auf, die Kapuze zurückzuschlagen und unbedeckten Hauptes zu gehen.

Eine Schwester Kalutunas starb plötzlich in Peteravik. Ihr Körper wurde in Felle genäht, nicht in sitzender Stellung, sondern gerade gestreckt, und ihr Gatte trug sie ohne Hilfe nach ihrem Ruheplatz und bedeckte sie, Stein zu Stein fügend, mit einem rohen Steinkegel. Solange das Leichenbegängnis dauerte, wurde die Specklampe außerhalb der Hütte brennend erhalten; dann kamen die Trauernden zusammen, um zu klagen und zu weinen, und der Witwer schilderte rührend seinen Schmerz und die Tugenden seiner Abgeschiedenen.

Die Eskimos am Smithsund befinden sich nicht in so günstiger Lage wie die südlicher wohnenden, die an den dänischen Ansiedelungen einen Anhalt haben. Sie sind ein zurückgekommener, erlöschender Stamm, der zu sehr mit des Lebens Notdurft beschäftigt ist, als daß er Erinnerungen aus seiner Vergangenheit aufbewahrt hätte. Ihre Unvorsichtigkeit während der Zeit des Überflusses führt im Winter oft Hungersnot herbei, und auch die Nahrung im allgemeinen nimmt ab, denn die Jagdreviere veröden von Jahr zu Jahr mehr. Die Leute selbst wissen sehr gut, daß sie aussterben, aber diese Überzeugung stört ihren guten Humor nicht. Umringt von den Gräbern ihrer Toten, von Hütten, die sie noch als bewohnt gekannt, lassen sie sich selbst die Fleischvorräte schmecken, welche Leute, die seitdem gestorben sind, das Jahr vorher unterm Schnee begruben.

Auf die Häuptlingschaft scheint bei den grönländischen wie bei den übrigen Eskimos nur derjenige Ansprüche zu haben, der sich als der Stärkste und Mutigste erweist. Sie haben gewisse Traditionen von den Spielen und Übungen, durch welche diese Überlegenheit festgestellt wurde. Diese Sitte bestand noch bis in neuere Zeit, und noch jetzt finden sich Überbleibsel davon in ihren periodisch wiederkehrenden Belustigungen. Ringen, Springen, Ziehen mit gekrümmtem Finger oder Arme, Gegeneinanderstemmen der Hacken in sitzender Stellung, abwechselnd Schläge auf die linke Schulter geben und empfangen, weiter und mit einem stärkeren Bogen schießen, den schweren Stein eine größere Strecke tragen — solche Übungen gehören zu den Kraftproben. Ich sah einige solche Steine in der Fortunabucht und im Disko=Fjord, welche als Andenken noch auf der Stelle liegen, wo die Athleten sie hintrugen.

Zu den Privilegien des Häuptlings gehörte das zweifelhafte Vorrecht, soviel Weiber zu haben, als er ernähren konnte, außerdem besaß er wenig andere Auszeichnung, als einen nicht genau umschriebenen Anspruch auf gewisse Jagderträgnisse. In alten Zeiten besaßen die Unternalegaks, die Vorsteher kleinerer Niederlassungen, ihre Stelle ebenfalls infolge des persönlichen Hervortuns vor ihresgleichen, und so bestand eine Art von Feudalherrschaften ohne Erblichkeit.

Nächst den Angekoks, welche als die Spender des Guten angesehen werden, gibt es auch böse Zauberer, denen man alle die Übeltaten zuschreibt, die man ehedem in der Christenwelt den Hexen schuld gab. Auch diese Leute wurden getötet, und zwar unter schauerlichen Zeremonien, wenn die alten Gebräuche befolgt wurden.

Die Todesstrafe scheint nur bei Hauptverbrechen vorzukommen. Für geringere Vergehen haben sie eine Art Gerichtsverfahren.

Bärenjagd auf den Eisfeldern.

Sechzehntes Kapitel.

Das Walroß.   Ausflug nach Norden mit Eskimos.   Der große Gletscher noch einmal.
Methoden der Bärenjäger.   Letzter Versuch.

Als ich am Tage nach meiner Ankunft in Eta wieder erwachte, stand die Sonne schon fast im Mittag. Frau Eidergans hatte mein Frühstück sehr einladend hergerichtet: ein Klumpen gekochter Speck und ein ausgesuchter Schnitt Fleisch, zusammen an das Ende eines gekrümmten Knochenstücks angespießt. Die Zubereitungen hatte ich nicht gesehen, drängte mich als erfahrener Reisender überhaupt nie in Küchengeheimnisse; mein Appetit war wie gewöhnlich in bester Verfassung, und schon wollte ich das lockende Gericht erfassen, als ich sah, wie meine holde Wirtin am anderen Kochfeuer mit einem ähnlichen Knochen, der ein allgemeines eskimotisches Küchengerät ist, sich gemütlich am Leibe kratzte und dann gleich wieder damit in den Kochtopf fuhr und ein dampfendes Fleischstück herausholte. Hierbei verging mir aller Appetit.

Unterdessen hatten sich die sechs vom Unwetter verschlagenen Gäste zeitig schon zum Aufbruch gerüstet. Ich trug ihnen Grüße an Kalutuna auf und ließ ihn einladen, uns auf dem Schiffe zu besuchen. Des Nachmittags folgte ich ihnen mit Meiuk auf die Walroßjagd.

Das Walroß liefert den Eskimos um die Rensselaerbucht den größten Teil des Jahres den Hauptunterhalt; weiter südlich bis zum Murchisonkanal tun dies abwechselnd Robben, das See-Einhorn und der weiße Walfisch, die im Smithsund nur zufällig vorkommen. Die Art, das Walroß zu jagen, hängt sehr von der Jahreszeit ab. Im Herbste, wenn das Packeis nur teilweise geschlossen ist, sind diese Tiere häufig an den Stellen zu finden, wo Wasser und Eis sich mischen, und da diese späterhin sich schließen, so rücken sie weiter nach Süden vor. Die Eskimos nähern sich ihnen dann über das junge Eis und greifen sie in Spalten und Löchern mit Harpunen und Leinen an. Dieser Fang wird mit der kälter und stürmischer werdenden Jahreszeit äußerst gefährlich; selten vergeht ein Jahr, ohne daß ein Unglück geschieht.

Mit dem zeitigsten Frühjahr, d. h. etwa vier Wochen vor Wiederkehr der Sonne, beginnt die Jagd wieder und das Hungerleiden hört auf. Im Januar und Februar ist die Zeit des Darbens; aber in der zweiten Märzhälfte beginnt die Fischerei wieder. Alles gerät dann in Aufregung und Feuer.

Die Jagd geschieht in zweierlei Weise. Zuweilen hat das Walroß einen Eisberg erklettert und sich allzulange im Sonnenschein gelabt. Das Loch oder die Spalte im Eis ist unterdes zugefroren. Das Tier kann wie die anderen Robben gegen das Eis nur von unten herauf wirken, und wenn die rastlosen Jäger es in dieser Lage mit ihren Hunden aufspüren, so erliegt es ihren Speeren. Im zeitigen Frühjahr haben die Walrosse Junge, und dann ist ihre Glanzperiode. Die Mutter mit ihrem Kalbe wird dann von dem grimmig aussehenden Vater begleitet, und alle drei fluten von Spalte zu Spalte um die Eisberge oder lagern in der Sonne. Auf diesen Touren setzen ihre wachsamen menschlichen Feinde ein anderes Jagdkunststück ins Werk. Dies wird gleichfalls mit Harpune und Lanze ausgeführt, steigert sich aber oft zu einem regelmäßigen Kampfe, wobei der Alte wacker standhält und die Jäger mit wütender Tapferkeit angreift. Nicht selten werden die Alten samt den Jungen in dieser Schlacht erlegt. Dann sind die Hütten, diese armseligen, schneebedeckten Löcher, voller Leben und Tätigkeit. Haufen von Fleisch werden auf dem Eisfuß aufgetürmt; die Weiber spannen die Häute aus, um Sohlleder daraus zu machen; die Männer schneiden einiges zu Harpunen=

leinen zurecht. Finstere Walroßköpfe starren einen dann von den Schnee=
bänken herunter an, wo sie wegen der Zähne aufgestapelt sind. Die
Hunde werden auf dem Eise angebunden; die Kinder, jedes mit der Rippe
irgend eines Seetieres bewaffnet, spielen Ball zwischen den Schneetriften.

Noch am Tage meiner Ankunft wurde von den Leuten zu Eta vier
Walrosse getötet, und von denen zu Peteravik jedenfalls noch viel mehr.
Die Fleischmassen, die so in der günstigen Jahreszeit zusammengebracht
werden, sind enorm; man legt sie in Höhlen nieder, die mit schweren
Steinen geschlossen werden. Ich habe mehrere dieser Vorratskeller ge=
sehen, die das Fleisch von zehn Walrossen enthielten. Die armen Schelme
sind nie müßig; sie jagen unaufhaltsam, und wenn sie Unwetter verhindert,
so bringen sie einstweilen ihre schon gemachte Beute in Sicherheit. Bei
solchen Erträgnissen sollte man meinen, daß sie im Winter nicht zu darben
brauchten; aber neben ihrer Sorglosigkeit wirkt noch ein anderer Grund,
der ihre Vorräte rasch schwinden macht; es ist die große Konsumtion.
Es ist erstaunlich, wieviel eine Familie verzehrt, aber man kann dies
weniger einer puren Gefräßigkeit zuschreiben, sondern es erklärt sich viel=
mehr aus ihren besonderen Lebensverhältnissen und den Erfordernissen
ihres Organismus. Der Verbrauch an Kohlenstoff in ihrem Körper muß
bei den beständigen Anstrengungen in der kalten Luft ins Ungeheure gehen.
Ich glaube mich nicht zu irren, wenn ich annehme, daß ein Eskimo in
Zeiten des Überflusses täglich 4—5 kg Fleisch zu sich nimmt.

Die Walrosse scheinen sich das ganze Jahr um die von der Flut
zerbrochenen Ränder des Küsteneises aufzuhalten, denn wenn das Wasser
wieder offen wird, so sind sie gleich in Haufen da und spielen mit ihren
Jungen auf den offenen Stellen.

Hier haben sie natürlich von den Jägern des Nordens nichts zu
fürchten, da diese keine Kajaks wie die im Süden besitzen, sondern ihrem
Wild nur auf dem Eise nahe kommen können. Sie sind im Spätsommer
äußerst lebhaft, aber die Eskimos kundschaften ihre Schlupfwinkel sorg=
fältig aus, verbergen sich zwischen den Klippen, erwarten ihre Ankunft
in geduldigem Schweigen und bemächtigen sich ihrer mit Harpune und
Leine.

Meine Abreise aus der Etabucht wurde durch Nachrichten vom
Schiffe beschleunigt; Hans brachte von seiten des Doktors die Botschaft,
daß Mac Gary gefährlich erkrankt sei. Ich hatte einen Schlitten voll
Fleisch, konnte daher mit meinen vier maroden Hunden nicht sehr rasch
vorwärts, aber ich fuhr und lief abwechselnd, und war in sieben Stunden
nach Empfang der Nachricht auf dem Schiffe. Glücklicherweise hatte mein

ausgezeichneter zweiter Offizier die Krisis des Anfalls bereits überstanden. Den Hans hatte ich mit dem Auftrage zurückgelassen, daß er nach Peteravik gehen und Kalutuna nochmals zu einem Besuch auf dem Schiffe einladen solle; des besseren Erfolges halber hatte ich ihm als Geschenk einen Windebaum mitgegeben, ein unschätzbares Material zur Anfertigung von Harpunenschäften.

Auf der Brigg war man um diese Zeit (20. April) beschäftigt, die wenigen noch unverbrannten Balken auszuschneiden und Schlittenkufen daraus zu sägen, eine harte Arbeit für Invaliden, aber wir brauchten

Rüstung zum Aufbruch.

große Schlitten, wenn wir die Boote über das Eis nach dem offenen Wasser bringen wollten, das jetzt leider noch 2½ Meilen von uns entfernt lag. Unser Aufenthalt wurde dadurch immer öder und ungemütlicher.

Am 24. abends kam Hans zurück, mit Fleisch tüchtig beladen und in Begleitung von drei Eskimos, jeder mit seinem Schlittenzug und in völliger Jagdausrüstung. Der vornehmste darunter war Kalutuna, ein nobler Wilder und in jeder Hinsicht den anderen seines Stammes weit überlegen. Er grüßte mich mit ehrerbietiger Höflichkeit, aber wie einer, der ein Recht darauf hat, daß man ihm dafür gleiches tue, und nach kurzem Austausch von Begrüßungen setzte er sich auf den Ehrenplatz mir zur Seite. Ich wartete natürlich, bis die Gesellschaft gegessen und geschlafen hatte, denn bei den Wilden besonders gilt es für unanständig, Eile zu haben; alsdann eröffnete ich ihnen nach Verteilung einiger Geschenke den Plan einer nördlichen Inspektionsreise. Kalutuna empfing

sein Messer und seine Nadeln mit einem „Kujanaka", d. h. „Ich danke!"
die erste Danksagung, die ich von einem Wilden dieser oberen Gegenden
vernahm. Er nannte mich Freund, sagte, er liebe mich sehr und würde
sich glücklich schätzen, den Nalegak soak auf einer Jagd zu begleiten.

Nunmehr war es möglich, die schließende Besichtigung der jenseitigen
Küsten des Kennedykanals noch auszuführen, denn die unentbehrlichen
Hunde waren da, die Eskimos hatten ihrer sechzehn mitgebracht. Am
anderen Morgen brachen wir auf. Die Gesellschaft bestand aus Kalutuna,
Schunghu und Tatterat mit ihren drei Schlitten, aus Hans mit der
Morstonbüchse bewaffnet, und mir. Die Eingeborenen hatten als Waffe
nur ihr langes Messer und ihre Lanzen von See-Einhorn. Unsere ganze
Ausrüstung war nichts weniger als schwerfällig; wir führten außer Wal=
roßfleisch nichts, als was wir auf dem Leibe trugen. Walroßfleisch und
Speck waren in flache Scheiben von Zolldicke und etwa so groß wie ein
Folioband geschnitten; nachdem sie gefroren waren, wurden sie unmittelbar
auf die Querbalken der Schlitten gelegt und bildeten so eine Art Boden.
Büchse und Schlafsack wurden darauf gebunden, das Ganze mit einem
weichgeriebenen Bärenfell überdeckt und mit Streifen von Walroßhaut ge=
schnürt. In solcher Ausrüstung paßt der Schlitten wundervoll zu einer
wilden Reise. Er kann herumschleudern, wie er will, aber er schlägt doch
nicht um; die Kufen von Walfischknochen halten fest bei den härtesten
Stößen gegen das Eis; das Fleisch, so steif wie ein Brett gefroren, dient
dem Fahrer zum Sitz; die Hunde können nicht dazu, und beliebt man
eine kalte Schnitte, was nicht selten vorkommt, so dreht man den Schlitten
um und hackt das Fleisch zwischen den Querleisten heraus.

Mit einem lauten und wilden Chorus von Menschen und Hunden
jagten wir davon und kamen in etwa zwei Stunden an einen hohen Eis=
berg, etwa eine Meile von der Brigg. Von hier aus besichtigte ich das
Eis vor uns; es war nicht sehr einladend und schien zerbrochen und ver=
worfen. Dennoch gaben die Eskimos meinen Wünschen nach, den Über=
gang zu versuchen, und bald befanden wir uns zwischen den Hummocks.
Wir trabten neben den Schlitten her, überkletterten die Emporragungen
und kamen so ziemlich vorwärts. Etwa zwei Meilen vom Schiffe machten
wir Halt; Schunghu kroch in eine Schneebank und schlief bei 30° Kälte;
wir übrigen schickten uns zu einem Imbiß an. Die Schlitten wurden
umgedreht, und jeder war beschäftigt, sich etwas von dem gefrorenen rohen
Fleische loszumachen, als der Eskimo Tatterat in einen Freudenausruf
ausbrach. Er hatte einen Talgklumpen gefunden, den meine Leute ohne
mein Wissen zu meinem Privatgebrauch mir untergesteckt hatten. Augen=

blicklich drang sein Messer hinein, und als der innere Gehalt, einige
Stücke Leber und gekochtes Muskelfleisch so einladend zum Vorschein kam,
konnte auch Kalutuna der Versuchung nicht widerstehen, und beide schmausten
von den Leckerbissen, wie ein Gourmand von einer Trüffelpastete. Ich
trat hinzu und nahm mir auch einen tüchtigen Teil, aber der gute Hans
war so indigniert über das rücksichtslose Benehmen, daß er jede Teilnahme
ausschlug. Der zehnpfündige Klumpen verschwand trotzdem in wenigen
Minuten.

Nach der Mahlzeit ging es weiter, und es wäre mir alles nach
Wunsch gegangen, hätten mir nicht die Bären die Rechnung verdorben.
Die Spuren dieser Tiere wurden zahlreicher mit jedem neuen Eisberg,
den wir passierten; wir sahen ihre Lager im Schnee, wo sie auf Robben
gelauert hatten. Hierdurch kamen die Hunde schon oft aus der Richtung,
aber wir trieben sie fort, bis wir die jenseitige Küste zu Gesicht bekamen
und uns nicht sehr weit von den Dreibrüdertürmen befanden. Von hier
aus sah ich in der Richtung des Kennedykanals einen dunklen Streifen
gelagert: es war der Wasserhimmel, das sichere Zeichen, daß der Kanal
auch jetzt offen war. Jetzt wurde mir natürlich bange um den Erfolg
der Reise. In demselben Augenblicke wurden die Hunde einen großen
männlichen Bären gewahr, der eben eine Robbe verspeiste. Jetzt war
für Hunde und Jäger kein Halten mehr; sie waren taub für alles, was
nicht die Bärenhetze betraf. Mit unglaublicher Schnelligkeit flogen sie
dahin.

Die Männer hingen sich an die Schlitten und trieben die Hunde
mit dem Zuruf „Nannuk! Nannuk!" zu rasender Eile an. Es war die
leibhafte wilde Jagd der Volkssage. Nach einem tollen Rennen wurde
das Tier zum Stehen gebracht. Lanze und Büchse taten das übrige,
und es wurde Halt gemacht zu einem allgemeinen Schmause. Die Hunde
stopften sich voll, die Jäger nicht minder, und den Rest des Fleisches
bargen wir im Schnee. Ein zweiter Bär wurde bis zu einem großen
Eisberg, nördlich von Kap Russel, verfolgt, denn wir waren jetzt in die
Nähe des großen Gletschers gekommen; aber die Hunde hatten sich so
überfressen, daß sie nicht weiter konnten, und mit ihren Herren stand es
nicht viel besser. Eine Rast war unvermeidlich.

Am anderen Morgen suchte ich von neuem meine Freunde zur Reise
gen Norden zu bewegen. Aber da die Bären auf der grönländischen
Seite so zahlreich waren, so hatten sie beschlossen, nach dem großen
Gletscher einzulenken. Sie seien sicher, sagten sie, zwischen den Eisbergen
an seinem Fuße viel Wild zu finden. Keine noch so dringende Vorstellung

konnte sie bewegen, auf der von mir beschlossenen Route zu bleiben. Sie erklärten es für unmöglich, so hoch oben über den Kanal zu gehen, und Kalutuna fügte bezeichnend hinzu, daß sie das Bärenfleisch durchaus nötig zum Unterhalt ihrer Familien bedürfen, und daß der Nalegak kein Recht habe, sie in der Versorgung ihres Haushaltes zu hindern. Dieses Argument hatte Kraft und die Partei, die es vorbrachte, hatte ebenfalls Kraft. Ich sah, daß ich meine Besichtigung der Nordküste aufgeben mußte, wenigstens für diesmal. Ich wünschte mich nun baldigst zurück, um einen letzten Versuch mit Metek zu machen, ob er mir Hunde entweder verkaufen oder leihen wollte. Aber selbst dies ging nicht gleich, denn der ganze Tag wurde mit Bärenjagen verbracht. Die Wilden, so zügellos wie ihre Hunde, umfuhren die ganze Dallasbucht und machten endlich unter einer der Inseln unweit des Gletschers Halt.

So unlieb mir diese Verzögerung war, so brachte sie mir doch den Genuß, den großen Gletscher, dieses staunenswerte Eismonument, endlich einmal mit Muße betrachten zu können. Schon seit einigen Stunden hatte ich ihn über dem Eise wie eine weiße Nebelwolke hängen sehen, aber jetzt stieg er in klaren Umrissen und fast senkrecht vor mir in die Höhe. Der ganze Horizont, vorher so undeutlich und verschwommen, war von langen Reihen von Eisbergen unterbrochen, und wenn die Hunde, von dem Geschrei ihrer wilden Treiber gehetzt, dahinjagten und sich tiefer und tiefer in dem Eislabyrinth verloren, so schien es, als wollten die Schranken einer Eiswelt uns enger und enger einschließen. Endlich hielten meine Gefährten, und während sie ruhten und abfütterten, hatte ich Zeit, einen der höchsten Eisberge zu erklimmen. Die Atmosphäre war günstig; die blauen Kuppen von Washingtons Land waren in voller Sicht, und das schöne Kap John Barrow verlor sich in einer dunkeln Wasserwolke.

Später bogen wir nach der kleinen Gruppe felsiger Inselchen ein, welche dicht am Fuße des Gletschers liegen. Von einer solchen Insel, der nächsten am Gletscher, welche noch mit einiger Sicherheit betreten werden konnte, sah ich in noch größerer Nähe eine andere größere Insel, welche von der hereinhängenden Gletschermasse bereits halb begraben war, und noch immer lösten sich große Eismassen ab und stürzten zersplitternd herunter. Ruhe war nicht der Charakter dieser anscheinend soliden Masse, sondern alles zeigte Leben, Energie und Bewegung.

Die Oberfläche des Gletschers schien sich nach der Formation des Landes zu gestalten, über das er sich hinschob. Er war gegen den Hori=zont wellenförmig, aber in seinem Herabsteigen nach der See bildete er eine gebrochene Ebene mit einer allgemeinen Neigung von etwa 9°, die

Der Humboldtgletscher.

nach dem Vordergrunde zu noch geringer wurde. Mit herablaufenden
Längsspalten kreuzten sich horizontale Bruchlinien, die aus der Ferne
kaum zu bemerken waren und bis zum Wasser herab eine ungeheuere
Riesentreppe bildeten.

Es schien, als hätte das Eis unten seine Stütze verloren und die
obere Masse senke sich nun absatzweise herab. Eine solche Wirkung muß
in der Tat stattfinden, hervorgehend aus der Bodenwärme, dem mächtigen
Auftauen an der Oberfläche und dem beständigen Nagen des Seewassers
am Fuße. Die Wirksamkeit einer großen treibenden Kraft schien gerade
beginnen zu wollen, als ich ankam.

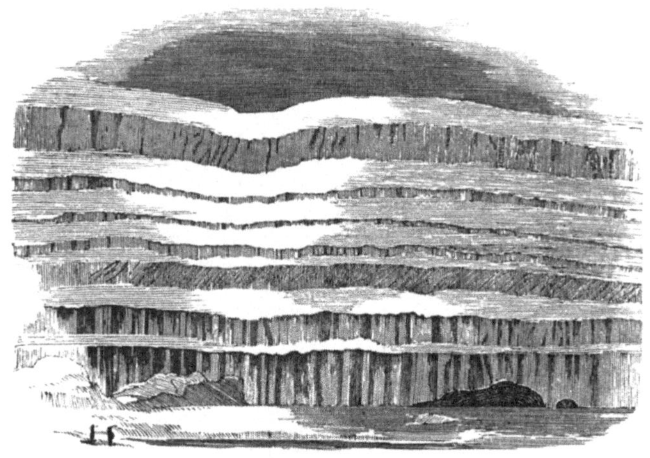

Stufenbau des Humboldtgletschers.

Die Eisstufen waren durch Druck von hinten offenbar in Bewegung,
die Spalten wurden immer weiter; es schien, als sei der Antrieb stärker,
je näher die Masse dem Wasser kam, und zuletzt schwamm sie in Gestalt
von Eisbergen davon. Man konnte lange Reihen dieser losgerissenen
Massen langsam in die Ferne ziehen sehen. Die Loslösung geht verhält=
nismäßig ruhig und regelmäßig von statten; die Berge stürzen nicht
kopfüber in die See, sondern steigen vielmehr aus der See auf, sobald
sie weit genug vorgeschoben sind, daß die Hebekraft des Wassers sie von
der Hauptmasse ablösen kann.

Die Wirkungen des Tauwassers auf der Oberfläche des Gletschers
waren sehr ersichtlich. Die zahlreichen Wasserrisse gaben da, wo sie nach
einer Einsattelung in der Gletscherfläche zusammenliefen, das treffende

Abbild von Flußsystemen. Diese eisgeborenen Flüsse verloren sich in der Regel in den mittleren Partien des Gletschers unter der Oberfläche, um zuweilen aus einem tiefer liegenden Tunnel wieder zu Tage zu kommen. Natürlich lag jetzt alles in den Banden des Eises, aber die Wirkungen der Wasserströme waren zu augenscheinlich, und Bonsall und Morton hatten ein Jahr vorher diese Wasserwerke im Gange gesehen.

Als ich sah, daß die Jäger sich endlich wieder zusammengefunden, klappte ich mein Skizzenbuch zu und begab mich zu ihnen. Wir gruben uns eine Höhle in eine Schneewehe, worein wir uns mit den Hunden legten und, uns gegenseitig wärmend, recht gemächlich schliefen. Die Höhle stürzte zwar über Nacht ein, aber wir waren so müde, daß wir darüber gar nicht aufwachten. Am folgenden Tage begann die Jagd längs des Gletschers und meine Ungeduld von neuem, und es gereichte mir wirklich zur Freude, daß Kalutuna meinem wieder= holten Zureden endlich nach= gab und sein Gespann nach dem Eisgürtel der südöst= lichen Küste umlenkte. Die Stelle, wo wir landeten, nannte ich Kap Kent. Es

Gefrorener Eistunnel.

war ein hervorragendes Vorgebirge und der Eisgürtel an seiner Basis mit herabgefallenen Felsbrocken überdeckt. Als ich diesen großen Eisgürtel entlang sah, wie er mit Millionen Tonnen von Trümmern aller Art be= laden war, mit Grünstein, Kalkstein und Chloritschiefer, rund und eckig, massiv und zerkleinert, fiel mir erst recht deutlich auf, wie ungeheuer die Verflößung von Felstrümmern durch das Treibeis ist, die in der Geologie eine so große Rolle spielt. Weit unten im Süden, in den gefrorenen Ge= wässern der Marschallbucht, hatte ich die durch den Frost aufgehaltenen Bruchstücke des vorjährigen Eisgürtels gesehen, jedes noch mit seiner schweren Last fremden Materials beladen.

In der südöstlichen Ecke der Dallasbucht, wo einige niedere Inseln an der Mündung des Fjords einigen Schutz gegen die Nordwinde geben, fanden wir Überbleibsel eskimoischer Bauwerke, Hütten, Steinkegel und Gräber. Obgleich sie offenbar längst verlassen waren, schienen doch meine Begleiter alles darauf Bezügliche recht gut zu kennen, denn sie unter= brachen ihre Jagd zwischen den Eisbergen, um einen Blick auf diese Denkmale einer dahingeschwundenen Generation ihrer Väter zu werfen. Es waren fünf Hütten mit zwei Steinpostamenten zum Darauflegen von Fleisch und einem der sonderbaren kleinen Käfige, welche als Schlafstellen dienen, wenn die Hütte überfüllt ist. Die Gräber lagen weiter am Fjord hinauf, und ich nahm von dem einen ein Messer aus Knochen, fand aber keine Spur von Eisen.

Die Hütten standen hoch über Wasser auf einer terrassenförmigen Berglehne. Der Eisgürtel unterhalb war alt, ohne Anzeichen von Zer= störung, und mußte schon viele Jahre in diesem Zustande gewesen sein. Eben so alt schien die Eisdecke der Bucht. Und dennoch lagen um diese alten Wohnstätten Knochen von Robben und Walrossen umher, auch der Rückenwirbel eines Walfisches fand sich vor.

Es mußte also hier vor alters offenes Wasser und ein Jagdrevier gewesen sein, und die Hütten hatten damals jedenfalls dicht am Wasser gestanden. „Una suna nuna? — was für ein Land ist dies?" fragte ich Kalutuna. Seine Antwort war lang und emphatisch, aber ich verstand sie nicht. Unser Dolmetscher sagte mir, daß der Ort noch immer die be= wohnte Stelle heiße, und daß die Erzählung unter ihnen noch lebendig sei, wie einst Familien hier am offenen Wasser gehaust und Moschus= ochsen die Hügel bewohnt hätten.

Wir folgten dem Eisgürtel und schnitten nur die Bucht ab, und so kamen wir folgenden Tages wieder auf dem Schiffe an.

Die ganze Reise hatte aus einer fast ununterbrochenen Folge sich ziemlich gleich bleibender Bärenjagden bestanden. Sie blieben immer interessant als charakteristischer Zug dieses rohen Volkes, obgleich sie für mich den Reiz der Neuheit verloren hatten. Die Hunde wurden sorg= fältig darauf abgerichtet, daß sie sich mit dem Bären in keinen Kampf einlassen, sondern nur seine Flucht aufhalten. Während der eine die Aufmerksamkeit des Bären von vorn auf sich zieht, fällt ihn der andere von hinten an, und da sie beständig auf der Hut sind und einer den anderen schützt, so geschieht es selten, daß sie ernstlich Schaden nehmen, oder daß es ihnen mißlingt, das Tier so lange aufzuhalten, bis die Jäger herankommen. Nehmen wir an, es sollte ein Bär am Fuße eines

Eisberges aufgespürt werden. Der Eskimo prüft die Spur sorgfältig
und scharfsinnig; er erkennt, wie alt sie ist, wo sie hinführt und wie viel
oder wenig Eile das Tier hatte, als es hier vorbeiging. Dann setzt er
die Hunde auf die Fährte und trabt mit ihnen schweigend über das Eis
hin. Um eine Ecke biegend, bekommen sie das Tier zu Gesicht, das wahr=
scheinlich ruhig dahinmarschiert und nur zuweilen mißtrauisch in der
Luft schnüffelt. Die Hunde springen an, in ein wölfisches Geheul aus=
brechend, der Jäger schreit „Nannuk, Nannuk!" und alle Sehnen spannen
sich an zu wilder Verfolgung. Der Bär erhebt sich auf den Hinterbeinen,

Bärenjagd zu zweien.

mustert seine Verfolger und rennt im vollen Lauf davon. Der Jäger
stemmt sich während des Laufens auf seinen Schlitten, erfaßt die Leinen
von ein Paar Hunden und macht sie los. Alles ist das Werk einer
Minute; das Jagen wird unterbrochen, die übrigen Zughunde rennen
mit anscheinender Leichtigkeit vorwärts. Jetzt näher bedrängt, gewinnt
der Bär einen Eisberg und stellt sich; die beiden Verfolger halten auf
kurze Entfernung von ihm und erwarten ruhig die Ankunft des Jägers.
In diesem Moment wird der ganze übrige Zug losgelassen, der Jäger
erfaßt seine Lanze, stolpert über Schnee und Eis vorwärts und macht
sich zum Angriff bereit.

Sind der Jäger zwei, so wird der Bär mit Leichtigkeit erlegt; der
eine tut, als wolle er ihm den Speer in die rechte Seite stoßen, das

Tier wendet seine Tatzen nach der bedrohten Flanke, läßt dadurch die linke ungedeckt und empfängt hier die Todeswunde. Aber auch ein einzelner Jäger bedenkt sich nicht. Die Lanze fest in den Händen haltend, reizt er das Tier zur Verfolgung, indem er ihm rasch über den Weg springt und tut, als ob er fliehe. Kaum hat jedoch das große lange Tier sich in dieselbe Richtung eingestellt, so springt der Jäger mit einem raschen Satz nach seiner früheren Stelle zurück; der Bär will sich nun abermals wenden, aber indem er dies ausführt, fährt ihm die Lanze unter der linken Schulter in die Seite. Es gehört so viel Geschick zu diesem Stoße, daß selbst ein geübter Jäger oft die Lanze stecken lassen und um sein Leben rennen muß; doch selbst dann wird es einem geschickten und kaltblütigen Manne, wenn ihn die Hunde gut unterstützen, selten mißlingen, das Tier vollends zu erlegen.

Manche Wunde trugen die Eskimos der Etabucht aus diesen Gefechten davon; von sieben Jägern, welche die Brigg im Dezember besuchten, hatten nicht weniger als fünf Zahnspuren des Bären aufzuweisen. Das Tier soll hier oben wilder sein als weiter südlich. Es braucht seine Zähne weit häufiger als in Büchern steht. Das Umarmen und Boxen, das der braune und graue Bär in der Gewohnheit hat, treibt der weiße nur unter Umständen. Während er über seine Eisfelder wandert, erhebt er sich auf die Hinterbeine, um weiter sehen zu können. In dieser Stellung sah ich ihn oft mit den Vordertatzen in der Luft herumfechten, als wolle er sich auf einen bevorstehenden Kampf einüben. Aber nur wenn er völlig umstellt ist, oder wenn eine Mutter ihr Junges zu verteidigen hat, ficht der Polarbär auf den Hacken sitzend.

Die Eskimojäger verließen nach einer Tagesrast das Schiff, vollgepackt mit Holz und anderen Geschenken. Sie versprachen, Metek womöglich zu bewegen, daß er mit seinen vier Hunden heraufkomme. Sie selbst willigten ein, mir von jedem Zuge einen Hund zu leihen. Es war mir erfreulich, daß ich diesen anfänglich so mißtrauischen Leuten jetzt in einem anderen Lichte erschien. Sie ließen mir jeder seinen Hund zurück, ohne einen Schatten von Zweifel in meine Ehrlichkeit zu setzen, und baten nur, auf die Pfoten der armen Tiere zu achten, da die Hungersnot sie fast um alle Hunde gebracht habe.

Der Mai war nun herangekommen. Metek, weniger vertrauensvoll, weil weniger vertrauenswert als Kalutuna, kam nicht mit den Hunden, und unser eigener abgetriebener Zug wurde fast täglich gebraucht, um Lebensmittel von Eta zu holen. Alles gemahnte mich, daß es bald Zeit sei, das Schiff zu verlassen und unser Schicksal den Eisfeldern anzuvertrauen. Unsere Vorbereitungen waren gut vorgerückt und die Leute soweit wieder gesundet, daß alle, mit Ausnahme von dreien oder vieren, mit Hand anlegen konnten. Alles, was die Hände rühren konnte, und wäre es auch nur zum Eiderdaunenzupfen gewesen, fand jeden Augenblick der Muße eine nützliche Verwendung. Aber seitdem unsere Gesellschaft durch reichlichere Kost wieder Spannkraft bekommen, wurden unsere Beschäftigungen systematischer und mannigfaltiger. Die Anfertigung von Bekleidungsstücken war gut vorgeschritten. Für jeden waren Mokassins von Segeltuch besorgt und drei Dutzend noch überschüssig in Vorrat. Jeder hatte drei Paar Stiefel, meist aus Teppichzeug, mit Sohlen von Walroß- oder Seehundshaut. Auch das Leder von den Heizgeräten des Schiffes und das Sprachrohr aus Guttapercha wurde verarbeitet. Die Wolldecken wurden in Oberkleider verwandelt. Jeder war sein eigener Schneider. Die wollenen Vorhänge, die früher unsere Kojen geziert hatten, gaben ein paar große Bettziechen her, die tüchtig mit Eiderdaunen gestopft wurden. Zwei Büffelpelze von derselben Größe wurden so vorgerichtet, daß sie sich an diese Federbetten anknöpfen ließen, so daß sie nach Bedarf in Schlafsäcke verwandelt und dann zum Trocknen und Lüften leicht wieder auseinander genommen werden konnten.

Aber ich konnte mich nicht entschließen, diese Gegend zu verlassen, ohne einen letzten Versuch gemacht zu haben, die jenseitigen Küsten des Kanals zu erreichen. Durch unsere Verbindung mit den Eskimos und ein paar eigene gute Jagderfolge waren wir für wenigstens eine Woche mit Lebensmitteln versehen. Ich besprach mich mit den Offizieren, verteilte die Arbeiten, die während meiner Abwesenheit getan werden sollten, und stach noch einmal aus, nur von Morton begleitet. Wir hatten einen leichten Schlitten, bespannt mit unseren Hunden und zwei von den geliehenen; wir selbst gingen zu Fuße. Wir erkämpften uns nämlich unseren Weg durch das Eis, hatten Gefährlichkeiten und Abenteuer bei Tag und Nacht; aber außer einer Reihe von Beobachtungen, durch die wir unsere Karten berichtigen und vervollständigen konnten, hatten wir kein weiteres Resultat. Wir fanden endlich unseren Weg zum Schiffe zurück, Morton aufs neue zusammengebrochen und ich nur gerade noch befähigt, unsere schließliche Abreise zu überwachen. Die Aufsuchungsarbeiten waren hiermit geschlossen.

Abschied der Freunde von Eta.

Siebzehntes Kapitel.

Vorbereitung zur Abreise. Ausrüstung der Boote und Schlitten. Verproviantierung. Abschied
vom Schiffe. Fortschaffung der Kranken. Vogeljagden. Gefahren im Eise. Ohlsens Tod.
Hansens Flucht. Ankunft am offenen Meere, Abschied von den Eskimos.

Die Einzelheiten der Vorbereitung zu unserer Flucht werden für den
Leser wenig Interesse haben; sie waren aber so wichtig für uns,
daß ich sie nicht ganz mit Stillschweigen übergehen kann. Sie hatten
schon zeitig im Herbste begonnen und waren auch während unserer härte=
sten Winterprüfungen nie ganz eingestellt worden.

Unsere Provisionssäcke waren von angemessener Größe, so daß sie
unter den Bänken der Boote Platz hatten. Sie waren wasserdicht gemacht
mittels Teer und Pech, nachdem sie vorher gegen diese Stoffe durch eine
Lage von Mehlkleister und Gips undurchdringlich gemacht worden waren.
Jeder Sack wurde tüchtig mit Stricken eingeschnürt. Alle diese Hand=
arbeiten hatten uns im Winter und noch mehr im Frühjahr Beschäftigung
gegeben und zugleich den Geist einigermaßen in Spannung erhalten.

Aber es gab noch mehr zu tun. Das Schiffsbrot wurde mit Hebebäumen zu Pulver geschlagen und dieses in die Säcke gestampft; Schweinefett und Talg wurden eingeschmolzen und in die Säcke gefüllt; dann ließen wir sie gefrieren. Ein Vorrat eingedickter Bohnensuppe wurde in gleicher Weise für die Zukunft aufbehalten und das Mehl wie der Rest von Fleischzwieback durch doppelte Säcke vor der Nässe geschützt. Dies war alles, was wir an Lebensmitteln mit uns zu nehmen hatten. In der ersten Zeit nach unserem Aufbruch, während wir unsere fahrende Habe über das Eis schafften, mußte es Zeit genug geben, noch einige Male mit dem Hundeschlitten nach dem Schiffe zurückzufahren und einige zurück= gelassene Lebensmittel nachzubringen; wegen alles Weiteren waren wir auf unsere Flinten angewiesen.

Neben allem diesem hatten wir unseren Kampierbedarf und die hoch= wichtige Ausrüstung der Boote und Schlitten zu besorgen. Wir hatten der Boote drei, alle stark mitgenommen durch Stürme und Eis. Zwei davon waren Walfischboote aus Zedernholz, 8 m lang, 2 m in der Mitte breit und 1 m tief. Sie wurden im Kiel und Boden durch eichene Balken und Rippen verstärkt, durch einen Aufsetzbord um 15 cm vertieft und er= hielten ein nettes Zeltdach von Segeltuch. Unsere vorjährige vergebliche Fahrt nach der Beecheyinsel hatte mich belehrt, daß es besser sei, jedem Boote nur einen Mast zu geben. Sie bekamen einen sehr starken, von dem man hoffen konnte, daß er sowohl auf dem Eise wie auf dem Wasser werde Segel tragen können. Das dritte Boot war unser „roter Erich“. Wir setzten es auf den alten Schlitten Faith, nicht sowohl in der Hoff= nung, beide zur Fahrt zu benutzen, als vielmehr, um im Notfall Brenn= holz zu haben, wenn es uns an Speck mangeln sollte. Alle Boote waren, trotz unserer Zimmerkunst, keineswegs seetüchtig zu nennen. Die drei Boote wurden auf Schlitten gestellt, die von der Mannschaft mittels Stricken und Schulterriemen gezogen werden mußten. Die Provisionen wurden säuberlich unter die Ruderbänke gestaut; die wissenschaftlichen Instrumente kamen unter die Rudertaljen des einen Bootes, „die Hoff= nung“; unseren schönen Theodoliten mußten wir als zu groß und zu schwer leider im Stiche lassen. Pulver und Blei, von dem unser Leben abhing, wurde sorgfältig in Beutel und Zinnbüchsen verteilt; die Zünd= hütchen, kostbarer als Gold, nahm ich in eigene Verwahrung. Es wurden Plätze für die Gewehre eingerichtet und Jäger für jedes Boot ernannt. Die Kochapparate waren Petersens Fach, der ein sehr guter Metallflicker war. Alle alten Ofenrohre, die zwei arktische Winter durchgemacht, wurden in Requisition gesetzt; jedes Boot hatte zwei große eiserne Hohl=

zylinder als Wetterschutz für das Feuer, das in eisernen Näpfen voll
Schweinefett oder Speck mittels starker Dochte unterhalten wurde. In
diese Zylinder wurden Zinngefäße eingehangen, worin man Schnee
schmelzen oder Tee und Suppe kochen konnte. Diese Gefäße waren aus
zerschnittenen Zwiebackbüchsen gemacht. Es war gut, daß wir hiervon
einiges zuzusetzen hatten, denn sie hielten das Feuer nicht lange aus.
Aber wir hatten auch das Zinn zu Rate zu halten, denn wir bedurften
desselben als Bootbeschlag gegen das Eis. Unser Küchengeräte war so
aufgebraucht, daß wir weder Tassen noch Teller mehr hatten, außer irdene,
welche die Reise nicht aushalten konnten. Demnach schnitten wir Teller
aus allen nur möglichen zurückgelegten Zinnwaren. Die Fleischzwieback=
büchsen gaben ein schönes Service her, und einige früher der natur=
historischen Sammlung angehörige Büchsen mit der schauerlichen Aufschrift
„Ätzsublimat" und „Arsenik" wurden ausgeleert, gescheuert und zu Tee=
tassen verarbeitet.

Um den Gedanken eine bestimmte Richtung zu geben, hatte ich den
Tag der Abreise im voraus auf den 17. Mai angesetzt; jedermann erhielt
24 Stunden für sich, um seine 4 kg Provianteffekten auszuwählen und
in Ordnung zu bringen; nach dieser Zeit gehörte er nicht mehr sich selbst,
sondern lediglich der Gesellschaft an. Das lange geduldete Bummeln
unserer Rekonvaleszenten hatte sie verwöhnt, und es ging ihnen diese
Anordnung schwer ein. Einige von ihnen, welche noch an Dingen arbei=
teten, die ihnen wichtig sein konnten, warfen sie in Patientenlaune un=
vollendet weg. Ich ließ sie in einigen Fällen aufheben und von anderen
fertig machen; doch die Anordnung erhielt ich unerbittlich aufrecht. Es
war unumgänglich notwendig, alle Gedanken und Kräfte des Einzelnen
auf das eine große gemeinschaftliche Werk zu richten, die Abreise auf
Nimmerwiederkehr.

Es gibt leider wenige Menschen, welche das Mißgeschick erhebt.
Nicht ein Zeichen von Freude oder Lebhaftigkeit war an den Leuten zu
bemerken, als wir endlich anfingen, die Boote auf die Schlitten zu setzen
und nach dem Eisfuß hinüberzuschaffen. Es gab viele Zweifler, die gar
nicht glauben wollten, daß es wirklich heimginge. Sie meinten, es werde
einen gewöhnlichen Ausflug geben und man werde schließlich immer
wieder auf das Schiff zurückkommen. Als wir die glatte Eisfläche vom
Schiffe aus überfuhren, was sehr gut ging, da die Boote ihre Ladung
noch nicht hatten, hob sich die Stimmung schon bedeutend; die Unglücks=
propheten hatten behauptet, die Schlitten würden keinen Zoll weit von der
Stelle rücken. Das erste harte Werk war die Hinüberschaffung der Boot=

schlitten über das viele Brucheis, das zwischen der Eisfläche und dem Eisfuße lag; doch in 24 Stunden war es geschehen, und unsere kleinen Archen standen glücklich oben mit ihrer netten Zeltbedachung und dem übrigen Ausputz, dem sogar eine aus einem alten Hemd gemachte kleine amerikanische Flagge nicht fehlte. Alles begab sich hierauf wieder an Bord, wo das beste Abendbrot uns labte, das unter bewandten Umständen noch aufzutreiben war; dann legten wir uns und träumten von der Abreise am morgenden Tage. Die Leute waren aber fast alle noch Invaliden und des Arbeitens und der freien Luft ungewohnt geworden; man durfte sie nur sehr allmählich wieder daran gewöhnen. Wir machten auch am ersten Tage nur zwei Meilen, und zwar nur mit dem einen Boote, und in dieser Weise wurden sie auch die nächstfolgenden Tage noch geschont. Sie kehrten zeitig zurück zu einem tüchtigen Abendessen und zu warmen Betten, und ich hatte die Freude, sie jeden Morgen gestärkter und wohlgemuter wieder auszusenden. Das Wetter war glücklicherweise prachtvoll.

Unser letzter Abschied vom Schiffe aber fand in feierlicher Weise statt. Die ganze Mannschaft versammelte sich in dem ausgeräumten und zerstörten Winterverschlag, um an der Zeremonie teilzunehmen. Es war ein Sonntag. Die Mooswände waren niedergerissen und die Holzstützen davon verbrannt worden, die Betten waren schon nach den Booten geschafft, der ganze Raum leer und kalt, alles ringsum öde und trostlos. Wir lasen die Gebete und ein Kapitel aus der Bibel, und dann, als alle schweigend in der Runde standen, löste ich das Porträt Franklins aus seinem Rahmen und wickelte es in eine Gummirolle. Demnächst verlas ich die von den verschiedenen zu Inspektionen Beauftragten eingereichten Fundberichte, aus welchen allen die Notwendigkeit dieses letzten Schrittes sich klar ergab. Ich wandte mich dann an die ganze Mannschaft; ich versuchte nicht die Schwierigkeiten zu verbergen, welche uns bevorstanden, aber ich versicherte sie, daß durch Energie und strenge Unterwerfung unter mein Kommando alle zu besiegen sein würden, daß die 300 Meilen von Eis und Wasser, welche zwischen uns und den nördlichsten Ansiedelungen von Grönland lagen, mit Sicherheit für die meisten von uns, mit Hoffnung für alle zurückgelegt werden könnten. Ich fügte hinzu, daß Ehre und Religion uns als Kameraden und Christen die Pflicht auferlegten, jede Rücksicht auf das eigene Selbst dem Schutze der Verwundeten und Kranken nachzusetzen, und daß dies für jeden und unter allen Umständen die oberste Verhaltungsregel sei. Zum Schlusse gab ich ihnen zu beherzigen, wie viel Prüfungen wir bereits überstanden und wie oft

eine unsichtbare Macht jeden von uns errettet habe aus Not und Gefahr.
So ermahnte ich sie, ihr Vertrauen auf den zu setzen, der in seinen Be=
schlüssen nicht wankend werde. Meine Worte fanden gute Aufnahme.
Nach kurzer Beratung setzte einer der Offiziere eine schriftliche Erklärung
auf, worin meinen Ansichten volle Zustimmung gegeben und getreue
Mitwirkung bei dem Unternehmen, den Süden in Booten zu erreichen,
zugesagt wurde. Alle ohne Ausnahme hatten unterschrieben.

Die von mir vorgelesene Auseinandersetzung der Gründe, welche
mich zum Aufgeben des Schiffs bewogen, heftete ich jetzt an eine Strebe
neben dem Schiffsaufgange an, wo sie jedem in die Augen fallen mußte,
der etwa in der Folge, wenn ein Unglück uns überkommen, das Schiff
besuchen sollte. Sie schloß mit folgenden Worten:

„Ich betrachte das Verlassen des Schiffes als unvermeidlich. Wir
haben nur noch für 36 Tage Lebensmittel, und eine sorgfältige Unter=
suchung hat gelehrt, daß wir unserem Fahrzeug nicht länger Brennholz
entnehmen können, ohne es gänzlich seeuntüchtig zu machen. In einem
dritten Winter würden wir, um nicht Hungers zu sterben, gezwungen sein,
in der Weise der Eskimos zu leben, und alle Hoffnung aufgeben müssen,
bei dem Schiffe und seinen Hilfsmitteln zu bleiben. In keiner Weise
würde daher für die Aufsuchung Franklins ferner etwas geschehen können.

„Unter allen Umständen würde ein längeres Bleiben denen von
unserer Gesellschaft verderblich werden, welche bereits von der außer=
ordentlichen Strenge des Klimas und seinen krankmachenden Einflüssen
leiden. Der Skorbut hat jedes Mitglied der Expedition mehr oder
weniger geschwächt, und eine außergewöhnliche, mit Starrkrampf ver=
wandte Krankheit hat zwei unserer besten Leute hingerafft. Ich glaube
von mir und meinen Gefährten sagen zu können, daß wir alles, was er=
wartet werden konnte, getan haben, um unsere Ausdauer und Hingebung
für unser Unternehmen zu beweisen. Der Versuch, durch Überschreitung
des Eises mit Schlitten südlich zu entkommen, erscheint mir als eine ge=
bieterische Pflicht, als das einzige Mittel, unser Leben und die mühsam
erlangten Resultate zu retten!

Advance, 20. Mai 1855.

E. K. Kane.“

Dann versammelten wir uns auf dem Deck; die Flaggen wurden
aufgehißt und wieder eingezogen; die Leute machten noch ein paarmal
die Runde um das Schiff, musterten den Bau und tauschten Bemerkungen
aus über die zahlreichen Defekte und Wunden, die wir ihm durch das

fortgesetzte Ausholzen geschlagen. Das Gallionbild, die schöne Auguste genannt, eine kleine blaue Mädchenfigur mit hochroten Wangen, die ihre Brust und Nase zwischen Eisbergen eingebüßt, wurde herabgenommen und an Bord des Bootes „Hoffnung“ gebracht. „Sie ist jedenfalls Holz“, sagten die Leute, als ich zögerte, diese neue Belastung noch auf= zunehmen, „und wenn wir sie nicht fortbringen, können wir sie ver= brennen.“ Als wir alle reisefertig waren, kletterten wir noch einmal über das Eis nach den Booten. Hier wurde alles gemustert und jedem Boote seine Leute zugeteilt.

Jeder Mann trug wollene Unterkleider und darüber einen voll= ständigen Pelzanzug nach Art der Eskimos, die schon beschriebenen Stiefel zum Wechseln, einen Schulterriemen zum Ziehen und eine große Schnee= brille, ebenfalls nach Eskimoart dadurch gefertigt, daß man einen feinen Spalt in ein Stückchen Holz schnitt. Einige hatten ganze Gesichtsmasken aus Guttapercha, was aber noch weniger elegant aussah, als die Holzbrillen.

Abgerechnet vier Kranke, die sich nicht regen konnten, und mich selbst, der ich das Hundegespann zu führen und den allgemeinen Schaffner= und Kurierdienst zu versehen hatte, blieben nur zwölf Mann, was auf jeden Schlitten sechs gegeben haben würde, also zu wenig, um ihn fortzubringen. Man mußte sich daher entschließen, nur einen Schlitten auf einmal zu nehmen und den anderen allemal nachzuholen.

Die Tagesordnung für die Reise war von mir genau entworfen worden; sie begann und schloß mit einem allgemeinen Gebet. Jeder hatte sein zugewiesenes Amt; das Kochen ging der Reihe nach.

Die Bootschlitten machten nur kurze Stationen, jeder etwas über eine halbe Stunde täglich. Es war Hauptregel, daß niemals von neuem aufgebrochen wurde, bevor nicht alle gehörig ausgeschlafen und geruht hatten. Die Weiterreise richtete sich also weniger nach festgesetzten Stun= den, als nach dem Zustande der Mannschaft. Dabei galt die Regel, die Mittagszeit und den grellsten Sonnenschein zu verschlafen. In den wohl= überdeckten, mit Menschen und Schlafutensilien vollgestopften Booten fanden die Müden eine leidliche Bequemlichkeit, obgleich die Luft immer noch kalt genug war. Am 23. Mai waren beide Schlitten erst zwei Meilen vom Schiffe entfernt.

Während dieses langsamen Abrückens war ich vollauf beschäftigt mit Reisen zwischen der Station Anoatok, den Eskimowohnungen und dem verlassenen Schiffe. Schon während der Vorbereitungen zur Abreise hatte ich Anoatok (d. i.: der von Winden geliebte Ort) zu einer Zwischen= station und einem Ruheplatz für unsere Kranken während der Unruhe

der Reise ausersehen. Der verfallene Steinkeller wurde ausgebessert, ge=
reinigt, mit einer Art Ofen und einem Rauchrohr versehen und das
Innere durch Hobelspäne, Kissen und Decken so wohnlich als möglich ge=
macht. Am 15. Mai wurde mit Fortschaffen der Kranken nach der
Hütte begonnen, nach und nach auch ein großer Teil der Lebensmittel
vorausgeschafft und in der Nähe versteckt, denn die geschwächten Leute
hatten schon an den Schlitten und Booten genug zu ziehen. Alle diese
Transporte geschahen durch unser kleines Hundegespann, ohne welches
unser Fluchtversuch gewiß jämmerlich gescheitert sein würde. Sie zogen
in den nächsten 14 Tagen nach der Abreise den beladenen Schlitten in
verschiedenen Touren zwischen 180 bis 200 Meilen weit.

Viele einzelne Vorfälle aus dieser Zeit, so interessant und wichtig
sie für uns waren, können hier nicht erzählt werden. Der Anfang der
Reise ging schlecht genug; die Leute an den Schlitten verloren oft den
Mut und wurden hinfällig. Es zeigten sich bei den einzelnen Anschwel=
lungen und Skorbutanfälle. Es war klar, daß sie ohne eine bessere Kost
nicht bestehen konnten; sie mußten, wenn nicht frisches Fleisch, doch wenig=
stens frisches Brot und heißen Tee haben. Während ich Godfrey nach
Eta sandte, jagte ich mit Morton nach dem Schiffe zurück, jetzt ein trau=
riger Aufenthalt. Alles umher sah so aus, wie im vorigen Jahr bei
dem Leichenbegängnis unseres Kameraden. Magog, ein alter Rabe, einer
von dem Paare, das sich zwei Jahre in unserer Nähe aufgehalten, hatte
von dem Schiffe Besitz genommen. Wir zündeten Feuer an, schmolzen
Speck und buken reichlich Brot, fanden auch noch einige Bohnen und ge=
trocknete Äpfel. Nach kurzer Rast machten wir uns auf den Rückweg und
verteilten unsere Vorräte an die Leute auf dem Eise. Sofort eilte ich
nach der Krankenstation, wo damals noch die Patienten lagen, die ich in
hilflosem Zustande fand. Ihre Lebensmittel waren erschöpft, die Lampe
verlöscht, der Sturm hatte den Eingang erbrochen und das Innere mit
Schnee angefüllt, ohne daß sie es hindern konnten. Nachdem ich hier
Ordnung geschafft und die Kranken erwärmt, getrocknet und erquickt
hatte, taten wir einen langen Schlaf und ließen einen tüchtigen Sturm
vorübergehen. Nach einiger Zeit stellte sich hier Godfrey ein und brachte
Metek mit; sie hatten zwei Schlitten mit reichlichen Fleischvorräten bei
sich. Mit einem Teile derselben eilte ich sogleich zu den Leuten auf dem
Eise und fand sie im Kampfe mit den Schneewehen des letzten Sturmes
sehr erschöpft, doch nicht entmutigt.

Abermals fuhr ich nach dem Schiffe, diesmal außer Morton noch
von Metek mit seinem Schlitten begleitet, um Brot zu backen. Wie dieses

Brot oder Mehlpudding in drei Stunden bereitet werden kann, soll hier nicht verraten werden — genug, es ging. Wir packten Metek eine Ladung von 75 kg auf seinen Schlitten, an Herrn Brooks adressiert. Er lieferte sie ab, hatte jedoch eine schriftliche Weisung für diesen, daß er ihn sogleich wieder aufs Schiff senden solle, auf die Seite gebracht. Es half ihm aber nichts; wir brauchten ihn und seine Hunde zu notwendig, und zudem konnte er uns nicht entgehen, da seine Wohnung jenseits lag und es nur einen Weg dahin gab. Er kam also wieder, und wir hatten währenddes etwa 50 kg Gebäck fertig und ein paar Säcke Schweinefett ausgeschmolzen. Nach diesem starken Tagewerke gingen wir zu Bett. Zu Bett! Es war nichts mehr vorhanden, was dem ähnlich gesehen hätte. Wir trennten die alten Matratzen auf, krochen in die Polsterhaare hinein und schliefen gut genug. Wir verließen das Schiff mit zwei starken Schlittenladungen; es waren die letzten Vorräte, die mitzunehmen waren. Zu meinem großen Bedauern mußte manches dahinten bleiben, unter anderem die so emsig zusammengetragene naturhistorische Sammlung, mehrere Instrumente und meine stillen Freunde, die Bücher. Ich warf einen letzten Abschiedsblick auf alles rund um mich und gab dann meinen Hunden das Peitschensignal zur Abfahrt. — Nachdem wir so unsere Mundvorräte glücklich in Anoatok beisammen hatten, bestimmte ich sofort zwei südlicher gelegene Stationen, wohin dieselben voraus zu schaffen waren; die eine hieß Nawialik, der Platz der dicken Möwen, eine Landspitze gegenüber Kap Hatherton, die andere war eine ebene Eisfläche bei der Littleton= insel. Die Fortschaffung zu Schlitten wurde teils von Metek, teils von mir besorgt. Auf einer dieser Touren fand ich zu meiner großen Be= stürzung, daß das Eis plötzlich eine Änderung erfahren hatte; es war bleifarbig und von durchdringendem Wasser naß und mürbe geworden. Es mußte mir bange werden um unsere Leute mit den Booten und um die zeitige Unterbringung der Lebensmittel; ich mußte suchen, von den Eskimos noch einige Hunde zu erhalten. Mein nächster Zweck aber war zur Zeit, uns wieder frisches Fleisch zu verschaffen, und ich befand mich in dieser Absicht eben auf einem Abstecher nach Eta. Als ich in die Nähe dieser Niederlassung kam — es mochte Mitternacht sein, denn die Sonne stand tief am Himmel — schlug schon von weitem lautes Gelächter an mein Ohr, und als ich um die Ecke bog, stieß ich plötzlich auf ein Lager von Eingeborenen. Einige dreißig Männer, Weiber und Kinder waren auf einer kleinen, durch Vogeldünger gefleckten Felsplatte ver= sammelt. Außer einer Moosbank, welche den Windzug vom Fjord her abhielt, waren sie gänzlich ohne Schutz gegen das Wetter, obgleich die

Temperatur 5⁰ unter Null war (zirka — 16⁰ R.). Die Hütten waren ganz verlassen, der Schneetunnel war eingefallen, das Fenster war offen wie im Sommer. Alles, was Leben hatte, befand sich auf dem nackten Felsen. Und wie sie schrieen und lachten, schnarchten und sich umher= wälzten, dieses Zigeunervolk! einige saugten Vogelbälge aus, andere kochten unglaubliche Mengen von Alken in mächtigen Töpfen aus Speck= stein; zwei Jungen balgten sich um eine Eule; es war das einzige Exem= plar der Strix nyctea, das ich anders als im Fluge gesehen; aber ehe ich sie retten konnte, hatten sie dieselbe in Stücke gerissen, aßen das warme Fleisch und Blut und begruben ihre Gesichter in den zerzausten Federn. Die Feuer wurden mit Torfmoos und den fetten Vogelbälgen unterhalten, dienten aber bloß zum Kochen, denn um sich zu wärmen, hockten die Leute lieber eng zusammen. Kresut, der alte blinde Patriarch, bildete das Zentrum, und um ihn sammelte sich, wie um einen Brennpunkt, ein Gewirr von Männern, Weibern und Kindern, so durcheinander ge= schlungen wie ein Nest voll Aale. Nur die Kinder trollten ab und zu und brachten Moos herbei, die Gesichter mit Blut beschmiert, in den Zähnen Leckerbissen von roher Leber. Die ganze Szene zeugte von Überfluß und Faulheit — es war das dolce far niente des kurzen Es= kimosommers. An eine Vorsorge für den dunklen Winter dachte kein einziger von diesen Naturmenschen, denn obgleich überall auf den Felsen Vögel in der Sonne trockneten, so hätte doch eine einzige Jagdgesellschaft von Peteravik die ganzen Vorräte in einer Nacht aufessen können.

Freilich sah es aus, als könne hier niemals Mangel herrschen. Die kleinen Alke nisteten in den Schuttkegeln unter den Klippen in so un= geheurer Menge, daß die Leute mit dem Fleischholen nicht mehr Arbeit hatten als ein Koch, wenn er Gemüse holt. Ein Knabe, der mit einem aus Seehundsriemen geflochtenen Fangnetz nach den Klippen geschickt wurde, kam in wenigen Minuten mit so viel Vögeln zurück, als er nur tragen konnte.

Aningna, Marsumas Weib, hatte nächst der Madame Metek einen größeren Einfluß als die anderen Weiber der Ansiedelung. Ich hatte ihr einmal einen Blutschwär geöffnet, was die dankbare Seele nie ver= gessen konnte. Sie jagte ohne Umstände den alten Kresut von seinem Mittelplatze und setzte den Nalegak dafür hin. Um mir eine Decke zu geben, zog sie ihren eigenen Oberrock von Vogelbälgen aus, und ihr zweijähriges Kind gab sie mir als Kopfkissen. Nachdem ich den inneren Menschen mit Vogellebern gestärkt, war ich bald entschlafen. Am Morgen ließ ich meine abgetriebenen Hunde in der Pflege von Marsuma und

Aningna und nahm einstweilen ihr eigenes Gespann. Unsere Beziehungen
zu diesen unseren Freunden waren der Art, daß sich dies von selbst ver=
stand. Die Leute sahen wohl, daß es uns nicht am besten ging. Der
alte Nessak belud meinen Schlitten reichlich mit Walroßfleisch, und zwei
der jungen Leute begleiteten mich, um mir durch das schwer passierbare
Brucheis zwischen der Littletoninsel und dem Festlande zu helfen.

Der Vogelfang auf den Eisklippen.

Bevor ich Eta verließ, machte ich einen Morgenspaziergang mit dem
jungen Sipsu (hübscher Junge) nach dem landeinwärts dicht unter einem
Gletscher gelegenen See. Er führte mich zuerst über den Spielplatz, wo
alle seine jungen Freunde aus der Niederlassung sich mit Ballschlagen
erlustigten. Jeder hatte eine Walroßrippe als Pritsche; der Ball, den
sie eine Bank von gefrorenem Schnee hinaufzutreiben suchten, war aus
einer Gelenkkugel des Walrosses gemacht. Schallendes Gelächter ertönte,
wenn einer der eifrigen Schläger fehl traf, und aufgeregter wurde ihr
Geschrei, je mehr sich das Spiel der Entscheidung näherte; sie zählten

hitzig an den Fingern — acht, acht, acht! denn mit zehn war das Spiel gewonnen.

Überraschend war es und doch so natürlich, daß diese vom Hunger herumgepeitschten Eisnomaden so gut ihre Spiele und Erlustigungen hatten, wie unsere Kinder unter einem milderen Himmel, daß die Eltern ihren Kleinen Spielschlitten, kleine Harpunen und Netze machten, Miniatursinnbilder eines Lebens voll Leiden und Gefahren. Wie fremdartig nahm sich diese heitere Kinderlust aus unter den drohenden Schatten dieser zackigen Eisklippen! Ich wurde erdrückt von dem Gedanken, daß wir selbst möglicherweise noch länger in dieser Welt des Eises würden schmachten müssen, und diese Kinder desselben Schöpfers hatten hier ihre Heimat und spielten so vergnügt und unbefangen wie die Vögel, die über uns kreisten.

Die Naturszenerie am See, die außer mir und dem Leutnant Hartstene noch kein Weißer wieder gesehen hat, ist von ergreifender Wirkung. Eine mächtige, im Sonnenschein glitzernde Eismasse ist zwischen hohe schwarze Basaltwände eingezwängt; an ihrem Fuße öffnet sich ein großer Tunnel, und aus diesem hervor in den See stürzt sich ein wilder Strom, der die stille Wasserfläche weithin aufrührt und auf ihr einen großen Halbkreis von Schaum zieht. Myriaden von Vögeln flogen umher, und die grünen Abhänge waren besät mit den Blüten der purpurfarbenen Lychnis und des arktischen Hühnerdarms.

Die See wimmelt von Fischen, anscheinend Lachsforellen, aber die Eingebornen kennen den Fischfang nicht. Der Gletscherstrom ist 3 m breit, und man versicherte mir, daß er zu keiner Zeit des Jahres ganz aufhört. Obwohl der Tunnel sich mit Eis verschließt und der See oft viele Fuß dick überfriert, so kann man doch, selbst mitten im Winter, den Strom unter der Decke sehen und hören, wie er sich seinen Weg unter dem Gletscher hervor in den See bahnt.

Diese armen Eskimos kennen außer ihrer kleinen Welt nichts weiter. Zeigt man nach Osten, auf das Festland, wo die Renntiere unbehelligt ziehen, weil sie dieselben nicht zu jagen wissen, so antworten sie: „Sermik“, d. i. Gletscher, Eiswall; fragt man, wie weit ihre Nation nach Süd und Nord reicht, so erfolgt immer wieder dasselbe Kopfschütteln, dasselbe „Sermik soak“, dahinter gibt es für sie nichts mehr. Holz haben sie nicht, da die See soweit keines herausführt; sie kennen deshalb nicht Pfeil und Bogen, wie die südlicheren Stämme, und der Kajak existiert bei ihnen nur als ein sagenhaftes Wort. Der enge Belt, auf den sie angewiesen sind, ist mindestens 150 Meilen lang, und durch die ganze

Strecke kennt jedermann den anderen. Kein Heirats=, Geburts= oder
Todesfall ereignet sich, der nicht überall durchgesprochen und ins Gedächt=
nis aufgenommen würde. Ich selbst konnte 140 Leute beim Namen
nennen. Alle scheinen eine einzige große Familie zu bilden; ihre Hütten
sind in Entfernungen verteilt, wie sie eine Hundetour ergibt und wie die
Jagdplätze liegen. Hat ihnen der Winter Straßen gebaut und Land und
Meer in eine feste Masse zusammengekittet, so beginnen die freundschaft=
lichen Besuche und durch die Dunkelheit verbreiten sich die Nachrichten

Ballschlagen der Kinder.

von dem Befinden und den Hilfsmitteln aller. Die Hauptreiseroute ist
dann so ausgefahren wie eine unserer Landstraßen; die Hunde rennen
von Hütte zu Hütte, fast ohne daß der Fahrer sie leitet. Letzterer richtet
sich nach den Sternen; jeder Fels hat seinen Namen, jeder Hügel seine
Bedeutung, und ein Fleischversteck in dieser rauhen Wildnis kann selbst
von dem jüngsten Jäger ohne besondere Mühe wieder aufgefunden werden.

Um zu zeigen, in welche Gefahren diese Leute geraten können, gebe
ich eine Geschichte, wie deren viele aus der neuesten Zeit im Umlaufe
waren. Während der Hungersnot im letzten Winter in Eta beschlossen
zwei unserer Freunde, Awatok und Meiuk, das Walroß auf dem offenen

Eise aufzusuchen. Es war ein höchst gefährliches Unternehmen, aber sie hielten es doch für besser, als ihre Hunde aufzuessen. Es gelang ihnen, ein großes männliches Walroß zu erlegen, und eben wollten sie vergnügt heimkehren, als ein Nordwind das Eis zerbrach und sie sich auf treibenden Schollen befanden. Ein Europäer würde in dieser Lage gesucht haben ans Land zu kommen, diese aber wußten, daß das Eistreiben an der Küste stets am gefährlichsten ist, und trieben ihre Hunde auf den nächsten Eisberg zu. Sie erreichten ihn nach einigen Kämpfen und arbeiteten sich mit ihren Hunden und ihrem halbzerlegten Wild hinauf. Dies war zu Ende des letzten Mondlichts im Dezember: eine dicke Finsternis umgab sie. Sie banden die Hunde an zackiges Eis fest, und streckten sich selbst nieder, um nicht durch den Sturm fortgeblasen zu werden. Zuerst brach sich die See über ihnen, aber sie erreichten einen höheren Standpunkt und bauten aus Eis eine Art Schirm. In der fünften Nacht erfror Metuk einen Fuß und Awatok verlor eine große Zehe. Aber sie blieben wohlgemut und aßen ihr Walroßfleisch, während sie langsam nach Süden trieben. Der Berg kam zweimal in Kollision mit Eisfeldern, und sie waren der Meinung, sie hätten den „großen Kessel" bereits passiert und wären in das Nordwasser der Baffinsbai eingelaufen. Es war gegen Ende des zweiten Mondlichtes, also nach einer Gefangenschaft von vier Wochen, als sie fanden, daß ihr Eisberg Grund gefaßt habe. Sie machten ihre Hunde los, sobald sie sahen, daß das junge Eis um den Berg sie tragen werde. Sie hatten die Hunde an lange Walroßleinen gelegt, und durch deren Hilfe gelang es ihnen, sich selbst durch den offenen Wassersaum durchzuschleppen, der immer einen Eisberg umgibt, und festes Eis zu gewinnen. Sie langten in ihrer Heimat an, wie vom Tode Erstandene; aber das Willkommen war ein trauriges, denn hier war noch immer Hungersnot.

Als ich von meinem letzten Ausfluge zurückkam, war die Mannschaft mit den Booten der Hütte von Anoatok nahe gekommen. Das Eis war allmählich praktikabel und der Gesundheitszustand besser geworden. Aber in demselben Maße war auch die Eßlust der Leute gewachsen; die Meldung: das frische Fleisch ist zu Ende — das Brot geht zur Neige — wiederholte sich häufiger. Ich mußte noch einmal zu dem Schiffe meine Zuflucht nehmen. Da die Hunde mit den Transporten nach den südlicheren Stationen beschäftigt waren, so ging ich mit Tom Hickey zu Fuße dahin. Wir kneteten Mehl — diesmal den letzten Rest — in einem Sauerkrautfaß ein, machten aus Büchern ein Feuer und fingen an zu backen.

Nach drei Tagen kam ein Schlitten und holte die Früchte unseres Fleißes ab. Es war ein heftiger Schneesturm losgebrochen. Wir fanden bei unserer Ankunft bei den Booten, daß dieselben infolgedessen schon zwei Tage fest gelegen hatten. Es war fast alles in Schnee vergraben, und als Brooks aus dem schneebedeckten Zeltdach auftauchte, sah er aus, als erhebe sich ein Walroß über das Eis. Das Befinden der Leute war gut, aber um so mehr fühlten sie den Mangel an Fleisch.

Die Boote, im Sturme kampierend.

Es hatten sechs Eskimos — drei davon Weiber — während des Sturmes bei den Booten Schutz gesucht. Ihr Benehmen war so ehrerbietig und offen, daß ich mich entschloß, noch einmal mit Petersen als Dolmetscher nach Eta zu fahren und auf Grund unseres Bedürfnisses und ihrer eigenen Gesetze förmlich Beistand zu verlangen. Ich hatte dies schon früher gewollt; aber Marsuma und Metek waren so beschäftigt mit ihrem Vogelfang gewesen, daß es mir leid tat, sie ihren Familien zu entziehen.

Unsere Hunde gingen langsam vorwärts; das mißfarbige Eis veranlaßte uns zu weiten Umwegen. Als wir an die Littletoninsel kamen, überfiel uns einer der heftigsten Stürme, die ich je erlebt. Er hatte den Charakter und die Gewalt eines Sturmwirbels. Die Hunde waren buchstäblich aus dem Geschirr fortgeblasen, und wir selbst konnten uns nur durch Niederwerfen auf das Gesicht vor dem Weggewehtwerden schützen.

Es schien, als müsse das Eis sogleich brechen. Wir benutzten eine augen=
blickliche Pause, nahmen den Schlitten auf die Schultern, riefen unsere
erschreckten Hunde zusammen und liefen auf die Klippen der Eiderinsel
zu, wo wir in höchster Erschöpfung anlangten.

Vor der nächstliegenden Gefahr waren wir jetzt sicher, aber unsere
Lage war dadurch nicht gebessert. Wir befanden uns auf einer nackten
Klippe, die so wütend vom Sturme gepeischt wurde, daß wir uns nicht
auf den Beinen erhalten konnten; die Luft war trotz des langen nordischen
Tages so durch Schnee verfinstert, daß keiner den anderen oder die Hunde
zu sehen vermochte. Da gab es keine Spalte und keine Hervorragung,
die uns einigen Schutz hätte geben können. Ich sah, daß wir entweder
hier untergehen oder fort mußten. Es schien unmöglich, daß das Eis
einem solchen Orkan widerstehen könne, und ein breiter Kanal trennte
uns von der Küste Grönlands. Petersen behauptete sogar, das Eis sei
schon aufgebrochen und treibe vor dem Sturme. Indes der Übergang
mußte versucht werden und er gelang. Wir erreichten das Land an einem
Kap, wo ein dunkler, wohl 10 m hoher Hornblendefelsen eine Barrikade
bildete, hinter welcher die treibenden Schneemassen sich auftürmten. Wir
hatten gerade noch Kräfte genug, uns in diesen Schneeberg einzugraben.
Hunde und Schlitten wurden hereingezogen, und alles kauerte in einem
Haufen beisammen. Bald waren wir so überweht, daß es schien, als
wüte der Sturm in weiter Ferne von uns; sein Dröhnen klang uns wie
das Brummen eines großen Schwungrades, außer wenn ein stärkerer
Stoß über unser Grab hinfuhr und den Schnee wie Hagel aufschlagen
ließ. Unser größter Feind hier war die Hitze. Unsere Pelzjacken hatte
uns der Sturm buchstäblich vom Leibe gerissen; aber die vereinte Aus=
dünstung von Menschen und Hunden brachte den Schnee um uns zum
Schmelzen und wir waren bald bis auf die Haut durchnäßt. Es war
ein widerwärtiges Dampfbad, das seine Wirkung auf uns in einer be=
unruhigenden Neigung zu Ohnmachten und Kräfteverlust äußerte.

Man sollte kaum denken, daß eine so schreckliche Lage auch ihre
komischen Intermezzos haben könne. Tudla, unser Leithund, bekam einen
heftigen Krampfanfall, und diese Gelegenheit benutzten die anderen, ihrer
Gewohnheit nach, zur Ausfechtung irgend eines Familienzwistes, der erst
nach vieler Mühe und nicht eher geschlichtet werden konnte, als bis alles,
was von Petersens Ober= und Unterbeinkleidern noch vorhanden war,
vollends draufgegangen.

Wir fühlten das Bedürfnis unbedingter Ruhe, das bei äußerster
Erschöpfung sich geltend macht; aber wir fürchteten jeden Augenblick, daß

die Kämpfenden das Schneedach zum Einstürzen bringen würden. In der Tat brach endlich unser ganzes Himmelbett herunter, und wir sahen uns nun in einem Augenblicke der Wut der Elemente preisgegeben. Doch dauerte es nicht lange, so hatte der Sturm ein neues Kristalldach über uns gebaut. Wir kauerten und schwitzten, bis unser Magen an eine Ver=änderung unserer Lage mahnte. Dem Sturme die Stirn zu bieten, war unmöglich; es blieb nur übrig, uns von ihm nordöstlich treiben zu lassen, und so kamen wir nach 20 Stunden tüchtig umhergeschleudert bei den Männern der Bootsexpedition wieder an. Sie waren vor dem Sturme ebenfalls eingekrochen und wunderten sich so sehr wie wir selbst, daß das Eis noch hielt.

Wir gaben unseren Schlitten an Morton ab, der sofort mit Marsuma und Nessak nach Eta aufbrach, um Unterhandlungen zu pflegen. Ich selbst blieb bei den Booten. Das Eis, obwohl noch nicht aufgebrochen, war vom Sturme und der vorrückenden Jahreszeit so angegriffen, daß wir keine Stunde mehr zu verlieren hatten. Die Schneefelder vor uns waren bereits von Nässe durchdrungen; an den Eisbergen trat das schwarze Wasser direkt an die Oberfläche, und diese war ganz mit Tümpeln über=säet. Wir boten am 5. Juni alle unsere Kräfte auf, die gefährliche Passage zu bewerkstelligen; aber obgleich wir die Boote ausgeladen und alles auf die Schlitten gebracht hatten, konnten doch Unfälle nicht ver=hütet werden. Einer der Schlitten brach ein und zog sechs Mann mit ins Wasser, und viel fehlte nicht, so hätten wir die „Hoffnung" ganz eingebüßt. Sie konnte nur mit Mühe wieder herausgebracht werden.

Am 6. Juni hatten wir dieselbe entmutigende Arbeit; das Eis war kaum noch zu passieren; Gesunde und Kranke spannten sich an die Zug=leinen; es gab kaum einen, der nicht beständig bis auf die Haut durch=näßt war. Am folgenden Tage kam Morton von Eta zurück. Die Ein=geborenen hatten dem brüderlichen Hilferufe entsprochen; sie kamen herunter mit reichlichen Vorräten von Fleisch und Speck und sämtlichen gesunden Hunden, die sie noch besaßen. Ich bekam so wieder ein brauchbares Ge=spann, ein Besitztum, das in unserer Lage mehr Wert hatte, als die Hilfe von zehn starken Männern. Ich brach noch einmal mit Metek nach dem Schiffe auf, um den letzten Rest von Talg abzuholen und dann die Kranken von Anoatok herunterzuschaffen. Ich hatte, um sie zu besuchen und zu pflegen, alle Zeit aufgewendet, die ich meinen übrigen Pflichten abbrechen konnte, und bin überzeugt, daß durch die Maßregel, sie an diesen Zufluchtsort zu bringen, ihr Leben gerettet wurde. Als wir sie hierher schafften, waren sie so herunter, daß sie sich kaum regen konnten:

nur einer war noch im stande, Schnee für die anderen zu schmelzen. Anfangs mußten sie noch in einer Temperatur unter Null leben (15° Kälte R.); als aber die Sonne anfing wärmer zu scheinen, ge= wannen sie wieder etwas Kräfte und konnten schließlich herauskriechen und sich wärmen. Als wir sie jetzt abholten, war ihr ganzer Zustand um vieles erfreulicher geworden.

Während ich bei meinem letzten Abstecher nach dem Schiffe mit den leeren Schlitten unter den Klippen dahinjagte, erfuhr ich sehr handgreiflich, wie der kommende Sommer bereits an den Felsen über uns arbeitete. Sie kamen jetzt aus den Banden eines harten und langdauernden Frostes los und rollten unter einem Getöse, das dem einer Schlacht glich, die Abhänge herab. Hier und da verließ ein großes Lager von Fels und Erde seine Stelle auf einmal, häufte sich unterwegs noch mehr an und fuhr wie ein steinerner Katarakt in die Tiefe. Die Hunde waren von diesem Lärm so erschreckt, daß sie kaum zu regieren waren. Einmal war ich nahe daran, von einem solchen Bergfall verschüttet zu werden, und entging ihm nur, weil Metek, der hinter mir war, mich noch zeitig genug warnte. — Mein letzter Besuch auf dem Schiffe war kurz; wir hatten nur noch wenig mitzunehmen.

Der Transport der Bootschlitten behielt seinen bedenklichen Charakter. So brach an einer schwachen Stelle die „Hoffnung" ein und wäre ohne Ohlsens Kraft und Geistesgegenwart verloren gewesen. Ich sah von weitem, wie das Eis nachgab; Ohlsen aber fuhr augenblicklich mit einem Hebebaum unter den Schlitten und trug so die Last, bis man auf festeres Eis kam. Er war ein sehr kräftiger Mann und würde dies haben aus= führen können, ohne sich Schaden zu tun; aber es scheint, als habe er unter den eigenen Füßen den Halt verloren und nur durch eine noch verzweifeltere Anstrengung sich heraushelfen können. Sie kostete ihn das Leben; er war am dritten Tage tot. Ich brachte eben einen Kranken von der Station herunter und fuhr nicht ohne Angst an der Stelle vorbei, wo der Vorfall sich begeben hatte. Ein wenig weiterhin saß Ohlsen, sehr bleich, auf einem Eisklumpen. Er zeigte nach dem Halteplatze in der Ferne hin und sagte mit schwacher Stimme, er habe die Gesellschaft nicht aufhalten wollen, er fühle nur etwas Krampf im Kreuze — es werde bald besser werden. Ich setzte ihn auf Stephensons Platz auf den Schlitten und brachte ihn nach den Booten, wo wir ihn in unsere wärmsten Pelze hüllten. Trotz aller Sorgfalt verschlimmerte sich sein Zustand rasch. Die Symptome zeigten gleich anfangs eine entfernte Ähnlichkeit mit dem so gefürchteten Starrkrampfe. Am folgenden Tage,

dem 6. Juni, legten wir wieder alle Hand an die Zugleinen. Das Eis
vor uns war nicht besser als die letzten Tage, und wir alle waren sehr
mutlos. Nach etwa zweistündigem Schleppen setzte ein Wind aus Norden
ein, der erste seit unserer Abreise vom Schiffe. Alsbald setzten wir Segel
auf die Boote. Der Wind hob sich fast zum Sturm, und wir rannten
tüchtig vor ihm her, nach dem Depot auf der Littletoninsel zu. Es war
eine ganz neue Empfindung für unsere lahmen Leute, dieses Segeln über

Bergrutsch.

festes Eis. Über Flächen, deren Überschreiten durch mühsames Ziehen
uns stundenlang aufgehalten haben würde, glitten wir jetzt ohne Anstoß
dahin. Wir fürchteten anfangs Gefahren, aber bei der Schnelligkeit der
Schlitten hielt das mürbe Eis fast so gut wie festes. Die Leute sahen,
daß es jetzt ernstlich vorwärts ging, daß neue Landmarken sich vor ihnen
auftaten und alte hinter ihnen verschwanden.

Ihre Stimmung hob sich; die Kranken stiegen auf die Ruderbänke,
die Gesunden hingen sich an die Bootseiten, und zum erstenmal seit einem
Jahre ertönte wieder ein munteres Matrosenlied. Wir hatten an diesem
Tage eine größere Strecke zurückgelegt, als an den fünf früheren zusammen.

Gegen Abend kampierten wir an einem kleinen Eisberge, der uns reichlich mit süßem Wasser versorgte. Hier kamen zwei Eskimos, Sipsu und der alte Nessak, zu uns. Sie brachten gute Neuigkeiten; meine Hunde waren fast völlig wieder reisefähig geworden, und da die beiden sich erboten, uns behilflich zu sein, so schirrte ich unseren und ihren Zug zusammen und beauftragte sie, die letzten beiden Kranken, Wilson und Whipple, aus der Hütte abzuholen. Wir durften nun hoffen, bald alle wieder vereinigt zu sein; nur der Zustand des alten Ohlsen trübte uns die Freude des Wiedersehens.

Von hier ab ging es mit Hilfe der Segel noch ein paar Tage vorwärts, nicht ohne gelegentliche Unfälle; bald zersplitterte eine Spiere, bald brachen einige Leute durch das schwammige Eis. Wenn die Eisfelder hin und wieder zu unsicher wurden, so arbeiteten wir uns mit großer Mühe auf den Eisgürtel hinauf. Das Besteigen dieser soliden Hochstraße und das Wiederverlassen derselben mußte stets mit Hilfe der Art geschehen. Es mußte durch Herunterhauen eine schiefe Fläche hergestellt werden, 3, 5, selbst 10 m lang, und über dieselbe wurden die Bootschlitten mit großer Mühe gehoben und gezogen. Diese Dinge sind leicht zu erzählen; aber in unserer damaligen Lage, wo das Brechen eines Holzstückes einen unersetzlichen Verlust bildete und ein Tag Verzögerung unser Leben in Gefahr setzte, waren sie ernsthaft genug. Selbst auf den Eisfeldern mußten wir oft zur Art greifen, und die Schlitten warteten zuweilen stundenlang, bis wir eine Passage durch die Hummocks gehauen hatten. Zuweilen trafen wir sowohl auf dem Eise als auf dem Gürtel mächtige Schneewehen, die wir mit Schaufeln durchbrechen mußten, um vielleicht bald darauf, selbst noch in der ausgeschaufelten Schlippe, ins Wasser einzusinken. Niederschlagend war es für die armen Leute, wenn wir gezwungen wurden, den Eisgürtel wieder einmal zu verlassen, und in die Eisfelder zu stechen, die wie ein graublaues Schlammbett vor uns lagen, mit schwarzen Wassertümpeln überstreut, nur hier und da einen weißen festeren Klumpen Eises zeigend. Das Fortkommen würde für uns jedenfalls zu mühsam gewesen sein, hätten nicht Eskimos zuweilen freundlich mit Hand angelegt. Ich erinnere mich, daß einmal der Schlitten mit einigen Mann so tief untersank, daß das darauf stehende Boot lose schwamm. Da kamen gerade sieben Eingeborene heran, fünf stämmige Männer und zwei eben so kernhafte Weiber, legten, ohne eine Aufforderung abzuwarten, sogleich mit Hand an und arbeiteten über einen halben Tag mit uns, ohne eine Belohnung zu verlangen.

Nachdem wir uns in dieser jämmerlichen Weise mehrere Tage fortgeschleppt, kamen wir endlich in die unverkennbare Nähe des offenen Wassers. Wir waren vor Pakiurlek, der größten Insel der Littletongruppe, gegenüber dem Großen Flusse. Hier schlossen sich uns Wilson und Whipple an, geleitet von dem treuen alten Nessak. Sie waren unterwegs zweimal eingebrochen, ohne ernstlich Schaden zu nehmen. Jetzt war nur noch einer von der ganzen Gesellschaft abwesend: Hans, der gute Sohn und getreue Liebhaber von Fiskernaes, mein Busenfreund, fehlte seit fast zwei Monaten. Er war Anfang April mit langem Gesicht zu mir gekommen und hatte um Erlaubnis gebeten, einen Besuch in Peteravik zu machen. Er habe keine Stiefel, gab er an, und möchte sich einen Vorrat von Walroßhaut zu Sohlen verschaffen; die Hunde brauche er nicht, er gehe lieber zu Fuße. Es war ein langer Marsch, aber er war der Mann dazu, und so gab ich meine Einwilligung. Petersen und ich gaben ihm Aufträge mit, und er schied mit der Zusage, unterwegs in Eta einzusprechen.

Wir hatten den Hans bei den schweren Arbeiten der letzten zwei Monate sehr vermißt, aber er war nicht zurückgekommen, und die Geschichten, welche von Eta zu uns herüberkamen, gaben viel Stoff zu Unterhaltungen und Vermutungen. Er war dort eingekehrt, wie er versprochen, und hatte Nessaks Weibe Auftrag für ein Paar Stiefel gegeben; dann aber war er weiter gegangen nach Peteravik, wo Schunghu mit seiner hübschen Tochter wohnte. Hans war der Liebling aller, besonders des schönen Geschlechts, und als „Partie" betrachtet einer der größten Männer im Lande. Eingedenk seiner alten Liebe in Fiskernaes wollte ich kaum glauben, was ich hörte, aber überall, wo ich mich später nach ihm erkundigte, hörte ich dieselbe Geschichte. Der ungetreue Hans war zuletzt gesehen worden, wie er auf einem Schlitten in südöstlicher Richtung von Peteravik fuhr und ein Eskimomädchen mit ihm. Seiner eigenen Angabe nach war er auf dem Wege nach einer neuen Niederlassung, namens Uwarrow Suksuk, tief im Murchisonsunde. So war denn Hans leider ein Ehemann geworden.

Mit den Schlittenreisen war es, das lehrte die Beschaffenheit des Eises, nun bald zu Ende, nicht aber mit den Schwierigkeiten und Gefahren. Der an das offene Wasser grenzende Teil eines Eisfeldes wird stets von Strömungen benagt, während die Oberfläche anscheinend noch solid ist. Zuweilen war das Eis so durchsichtig, daß man die kräuselnden

Wasserwirbel darunter erkennen konnte; an anderen Stellen hatten sich große Löcher aufgetan und bereits Wasservögel an ihnen ihr Quartier genommen. Im ganzen jedoch erschien das Eis noch hart und gangbar, obgleich nicht dicker als 30 cm und oft nur 15 cm.

Die Beschaffenheit des Eises hielt während der ganzen Länge des Kanals der Littletoninsel an, und wir waren beständig genötigt, die Eisdecke vorauf mit dem Bootshaken oder Narwalhorn zu sondieren, eine Vorsicht, die wir von den Eskimos gelernt hatten. Wir waren eben auf einem weiten Umwege zur Vermeidung von Löchern, als Notsignale uns sagten, daß das kleine Boot, der „rote Erich", verschwunden sei. Dieses unglückliche kleine Ding enthielt alle teuer erkauften Dokumente der Expedition. Jeder fühlte, daß es Ehrensache sei, dieselben nicht untergehen zu lassen. Es hatte uns Kampf genug gekostet, die naturhistorischen Sammlungen dahinten zu lassen, zu denen jeder seinen Beitrag gestellt hatte; aber die Urkunde des Kreuzzuges, die Logbücher, die meteorologischen Register, die Pläne und Tagebücher zu verlieren, erschien allen als ein Unglück, das nicht gut zu machen sei. Als ich zur Stelle kam, war alles in Verwirrung. Blake stand, eine Walfischleine um den Leib geschlungen, bis an die Kniee im Eisschlamme und fischte nach dem Dokumentenkasten; Bonsall, triefend naß, suchte die Proviantsäcke heraufzubringen. Zum Glück war das Boot sehr leicht und alles wurde gerettet. Es wurde soweit erleichtert, bis es einen Mann tragen konnte, und die Ladung wurde an Leinen aufs Eis gezogen. Es war sicherlich ein großer Glücksfall, daß kein Leben verloren ging. Stephenson sank und wurde nur noch durch eine Schlittenkufe oben erhalten, und Morton war eben daran, von der Strömung unters Eis geführt zu werden, als ihn Bonsall beim Schopfe erfaßte und rettete.

Wir waren nunmehr dicht an der kleinen Bucht, wo wir vor zwei Jahren das Rettungsboot mit den Provisionen verbargen, gerade für einen solchen Fall wie der, in welchem wir uns jetzt befanden. Unter dem gefrorenen Boden vergraben, waren unsere Vorräte selbst der Spürnase unserer wilden Verbündeten entgangen und kamen uns jetzt trefflich zu statten. Ich ließ alles abholen, das Salzfleisch ausgenommen, das für uns solange schon ein Gift gewesen war.

Am 12. Juni hatten wir unsere Boote, Schlitten und alle Vorräte in einer Meerenge gegenüber dem Elendskap, dem Orte unserer letzten Affaire im Schneesturme, glücklich beisammen. Die Felsen waren mit unseren Provisionen bedeckt; es wurde alles wasserdicht eingepackt und war so trocken und unversehrt, wie es vom Schiffe gekommen. Von einem etwa 250 m hohen Hügel der Inselgruppe erblickte ich zum erstenmal das offene Wasser, das Ziel unserer so langwierigen Anstrengungen, vor mir hingebreitet. Es erstreckte sich dem Anscheine nach bis zum Alexanderkap und trat auf der Westseite oder rechts um 1—1$\frac{1}{2}$ Meile näher heran als jenseits. Aber das Eis links führte in die Tiefe der Bucht und war daher vor Wind und Wetter geschützt. Meine abgetriebenen Kameraden verwandten sich dringend für die geradere Richtung auf das Wasser zu, doch ich wußte, daß die Eisstraße uns leichter und sicherer vorwärts bringen werde, und beschloß also, dem Lande zu folgen.

Inzwischen war aber unser armer Ohlsen gestorben, und wir hatten ihm den letzten Dienst erwiesen. Ich schickte die Eskimos mit dem Auftrage fort, Vögel zu holen, denn ich hatte ihnen stets unsere schwachen Seiten, so auch die Krankheit und den Tod Ohlsens sorgfältig verheimlicht, ob mit Recht oder Unrecht, mögen die Moralisten entscheiden. Wir nähten unseren Kameraden in seine Decken, trugen ihn eine kleine Schlucht hinan, machten mit großer Mühe eine Vertiefung für den Entschlafenen und bedeckten ihn mit Felsstücken, zum Schutz gegen Füchse und Bären. Wir widmeten dem Andenken unseres Bruders zwei Stunden und gingen dann wieder an unser mühsames Reisetagewerk. Als wir uns den Ansiedelungen näherten, kamen die Eingeborenen in Scharen zu unserem Beistand herbei. Sie erboten sich aus freien Stücken, uns ziehen zu helfen, fuhren unsere Kranken auf Handschlitten und enthoben uns aller Sorge für den täglichen Unterhalt. Die Menge der Alken, die sie uns brachten, war ungeheuer; sie lieferten für uns und unsere Hunde die Woche gewiß 8000 Stück, die sie alle mit ihren kleinen Handnetzen gefangen hatten. Alle Sorge schwand von uns; die Leute ließen ihre alten Schifferlieder von neuem hören, die Schlitten gingen lustig vorwärts, und Scherz und Gelächter hatten das frühere finstere Schweigen abgelöst.

Bei einer unserer Abendrasten, als die Eingebornen sich nach ihren Feldfeuern zurückgezogen hatten, kamen Metek und seine Frau, um sich von mir privatim in einer wichtigen Sache Rats zu holen. Sie brachten einen fetten, komisch aussehenden Burschen mit. „Dieser hier", sagten sie, „ist Akommoda, unser jüngster Sohn. Er schläft schlecht zur Nacht, sein Bauch ist immer rund und hart — er ißt Speck, aber kein Fleisch, und blutet aus der Nase; zudem wächst er nicht." — Sie waren also gekommen, um von mir als großem Angekok einen Zauber oder eine Kur für ihren Sohn zu erbitten. Ich sagte ihnen, um dem Burschen zu helfen, müsse ich meine Hand in das Salzwasser tauchen, dort wo die

See an den Eisrand stößt, und sie ihm auf den Magen legen. Wenn
sie mir also binnen drei Tagen ihren runden Sprößling dahin bringen
würden, so wollte ich in Betracht der Freundlichkeit des Stammes meine
Macht an ihm versuchen. Sie schieden dankerfüllt und erhielten als Vor=
kur ein Stück braune Seife, ein seidenes Hemd und ein Geheimmittel
gegen alles Speckessen. Ich rechnete darauf, daß die Sehnsucht der
Eltern, ihren Sohn gehörig doktern zu lassen, den Gang unserer Schlitten
beschleunigen und uns zeitiger zu dem heilenden Wasser bringen werde,
was wir dringender bedurften als Akommoda.

Endlich (am 16. Juni) waren unsere Boote am offenen Wasser.
Wir sahen seinen tief indigo=blauen Horizont und hörten sein Brausen
gegen den Eisstrand. Sein Dunst erfrischte unsere Nasen und unsere
Herzen. Unser Lager war kaum $^1/_2$ Stunde von der See. Wir er=
reichten sie am südlichen Ausstriche der Etabucht, etwa eine Meile vom
Alexanderkap. Ein schwarzes Vorgebirge, Kap Willkommen, bezeichnete
die Stelle. Wie prächtig schlug die Brandung gegen seine Wände! Es
waren noch Riffe von zerschelltem Eise zwischen ihm und uns, und ein
breiter Gürtel von Eisschlamm umsäumte träge wogend den Eisrand —
fürchterliche Schranken für Boote und Schlitten! Doch wir hatten
schlimmere Hindernisse überwunden und hofften auch diese zu besiegen.

Wir hatten nun unsere Boote vorzubereiten für eine lange und
abenteuerliche Fahrt. Sie waren so klein und schwer beladen, daß auf
ihre Schwimmkunst nicht allzuviel Verlaß war, zudem waren sie von
Frost und Sonne ganz geborsten, und die Fugen klafften weit. Wir
mußten nun vor allem die Boote kalfatern und die Ladung richtig stauen.
Ein energischer Südwest überkam uns hierbei und jagte uns noch einmal
Angst ein. Die Eskimos hatten zu dieser Zeit ihr Lager neben uns auf=
geschlagen. Die ganze Niederlassung von Eta war bei Kap Alexander,
um uns Lebewohl zu sagen.

Jeder hatte sein Messer, seine Feile, seine Säge oder sonst ein
hochgehaltenes Andenken bekommen. Die Kinder hatten ein Stück Seife,
die größte aller Arzneien. Das kleine lustige Volk drängte sich selbst,
während ich schrieb, zu mir heran, mit dem Geschrei: „Kujanake, Kuja=
nake, Nalegak saak" — d. i. „Dank, Dank, großer Häuptling!" Während
Meiuk immer neue Haufen von Vögeln herbeischleppte, als sollte ich mich
für alle Ewigkeit satt essen, weinte die arme Aningna neben dem Zelt=
vorhange und wischte sich die Augen mit einem Vogelbalge.

Mein Herz wurde warm gegen diese armen, schmutzigen, bedauer=
lichen und doch so glücklichen Wesen, die solange unsere Nachbarn und

endlich so getreue Freunde waren. Es war nichts Erheucheltes in ihrem
Trennungsschmerze: es hatten sich 22 um mich versammelt, alle bemüht,
uns noch irgend einen Dienst zu leisten; nur zwei Weiber und der alte,
blinde Kresut (Treibholz) waren daheim geblieben. Es kamen immer noch
mehr: zehnjährige Knaben schoben kleine Kinder auf Schlitten vor sich
her; das ganze Völkchen wollte bei uns auf den Eiswiesen bleiben. Wir
kochten für sie im großen Feldkessel; sie schliefen im „roten Erich“; ein
naher Eisberg gab ihnen Trinkwasser, und so waren sie reich an allem,
worauf sie Wert legten: Schlafen, Essen, Trinken und Gesellschaft, und
schienen, über sich ihre geliebte, kurze Sommersonne, über die Maßen
glücklich.

Seit wir die Littletoninsel erreicht hatten, betrachteten uns unsere
Freunde als ihre Gäste. Sie arbeiteten emsig, Männer, Weiber und
Kinder, uns vorwärts zu helfen. Ohne sie hätte unsere traurige Pilger=
fahrt sich noch um wenigstens 14 Tage verlängert, und jetzt schon war
es so spät im Jahre, daß unser Leben von Stunden abhing.

Der einzige schwere Fehler dieser Eskimos war das Stehlen. An=
fangs mögen sie auf Verrat gesonnen haben, und ich habe Ursache zu
glauben, daß sie eine gewisse abergläubische Furcht hegten, unsere Gegen=
wart könne ihnen Unglück bringen, und daß sie uns wohl gern aus dem
Wege geräumt hätten. Doch dies war alles längst vorbei. Als die Tage
der Trübsal für uns und für sie kamen, als wir uns ihrer Lebensweise
anbequemten, bei ihnen Aushilfe an frischem Fleische suchten und sie
wiederum Schutz auf unserem „großen Boote“, Schutz und Rast bei
ihren wilden Bärenjagden fanden, da liefen unsere Interessen und Ge=
wohnheiten so ineinander, daß jede Spur von Feindschaft schwand. Gott
weiß, daß es nie treuere Freunde gegeben hat, seit sie uns Freundschaft
schwuren, mag auch Furcht vor der Macht des großen Angekok und vor
seinen Feuergewehren das ihrige mit beigetragen haben. Obgleich seit
Ohlsens Tode zahllose Artikel, die für sie einen unschätzbaren Wert
haben mußten, unbewacht auf dem Eise umherlagen, so haben sie doch
nicht einen Nagel gestohlen, und als ich mich hierüber lobend aussprach,
erklärte Metek durch Petersen: „Ihr habt uns Gutes getan — wir sind
nicht hungrig, wir wollen nichts nehmen (d. h. stehlen) — wir wollen
euch helfen — wir sind Freunde.“

Die Verteilung unserer letzten Geschenke gab eine förmliche Szene.
Meine Amputiermesser, die größte aller Gaben, gingen in Meteks und
Nessaks Besitz, aber jeder andere bekam noch irgend etwas. Die Hunde
wurden ihnen noch als Gemeingut überlassen, mit Ausnahme von Tudla

und Whitey, unseren Leithunden, die ich, als Gefährten so mancher Ge=
fahr, mit in die Heimat nahm.

Aber noch hatte ich mich mit der armen Mutter Nualik abzufinden.
Sie war uns durch die ganze Etabucht mit ihrem Knaben Akommoda ge=
folgt und erwartete ängstlich den Augenblick der Ankunft am Salzwasser,
womit ich versprochenermaßen den Dämon aus seinem Magen austreiben
sollte. Es blieb mir nichts übrig, als die Zeremonie in aller Form vor=
zunehmen. Daneben überließ ich aber dem kleinen Leidenden — denn
das war er in der Tat — meinen ganzen kleinen Vorrat seidener Hemden.

Wir hatten nunmehr von diesem verlassenen zutraulichen Völkchen
Abschied zu nehmen. Ich versammelte sie um mich und sprach zu ihnen
wie zu Brüdern, denen ich noch immer Dank schuldig sei. Ich teilte ihnen
mit, was ich von den südlicheren Stämmen wußte, von denen die Gletscher
und die See sie trennten, erzählte ihnen von den reicheren Hilfsquellen
in einer weniger rauhen Gegend, nicht allzuweit gen Süden, von der
längeren Dauer des Tageslichts, der geringeren Kälte, der ergiebigeren
Jagd, dem häufigen Treibholze, dem Kajak, den Fischnetzen. Ich suchte
ihnen begreiflich zu machen, wie sie unter mutiger und vorsichtiger Füh=
rung und geduldigem Marschieren in ein paar Sommer dorthin gelangen
könnten. Ich gab ihnen Zeichnungen der Küste mit ihren Vorsprüngen,
Jagdplätzen und den besten Haltepunkten bis zu den dänischen Ansiede=
lungen hin. Sie umringten mich enger und lauschten mit atemlosem
Interesse, und als Petersen ihnen erzählte vom Walfisch, von den weißen
Bären, der langen Jagdzeit im offenen Wasser mit Kajak und Flinte,
sahen sie sich bedeutungsvoll an. Es sollte mich nicht wundern, wenn sie
einmal, vielleicht unter Hansens Leitung, die Reise versuchten. — Das
war unser Abschied.

Müdemannsruhe.

Achtzehntes Kapitel.

Einschiffung mit Sturm. Die Heimreise und Schicksale auf derselben. Müdemannsruhe. Vor=
sehungshalt. Die Melvillebucht. Hungersnot und Rettung. Festes Land. Rast in Uppernivik.
Zusammentreffen mit dem Aufsuchungsgeschwader.

Es war bei dem sanft gedämpften Lichte eines Sonntagabends', am
17. Juni, als wir, nachdem wir mit vieler Mühe unsere Boote
durch die Hummocks befördert, an der offenen Wasserstraße standen.
Noch vor Mitternacht hatten wir den „roten Erich" ins Wasser gelassen;
aber noch sollte es uns nicht so wohl werden, daß wir uns einschifften,
denn ein schon lange drohender Sturm brach jetzt los, der Wogenwall
warf sich auf den Eisrand und zwang uns durch Losbrechen immer neuer
Schollen, unsere Boote und unsere auf dem Eise aufgestapelte Habe immer
weiter rückwärts zu schaffen. Durch diese Arbeit wurden wir so erschöpft,
daß wir für jetzt alle Gedanken an die Einschiffung aufgaben und uns
fast eine halbe Stunde zurück in den Schutz eines eingefrorenen Eisberges
zurückzogen. Doch auch hier wurden wir verfolgt. Es stürmte die ganze

folgende Nacht fürchterlich, unser Eisberg machte sich durch die Eisfelder fort, und so verloren wir diese unsere Zufluchtsstätte. Von neuem mußten wir rückwärts, und es stand beim Andauern des Sturmes eine Spring= flut zu befürchten, welche uns verderblich werden mußte. Endlich ge= wannen wir einen niedrigen Eisberg, dem ich zutraute, daß wir uns im Fall eines gänzlichen Eisbruchs auf ihn würden retten können. Die ganze Eisfläche war bereits mit langen Spalten durchzogen und das Eis unter unseren Füßen begann merklich zu schaukeln! Hätte ich, den Leuten zu Gefallen, den äußeren Eisweg gewählt gehabt, so gab es schwerlich ein Mittel, den Gefahren des Eisaufganges zu entgehen. Ich erkletterte den höchsten Punkt des Eisberges, aber es war vor Nebel, Gewölk und Flugwasser unmöglich, weiter als tausend Schritte zu sehen. Die See schob das Eis fast auf den Berg hinauf, alles um uns brodelte wie in einem Hexenkessel, und die Eisschollen rannten in allen möglichen Stellungen unter betäubendem Gekrach gegen und durcheinander.

Der Sturm schwieg endlich, die Wasser wurden wieder ruhig, und alle Hände arbeiteten an der Einschiffung. Die Boote wurden gestaut und die Ladung unter sie gleich geteilt, die Schlitten losgemacht und an die Bootseiten gebunden, und am 19. nachmittags, bei einer See so glatt wie ein Gartenteich, stachen wir aus, ich mit der „Hoffnung“ voran, dann der „rote Erich“ und zum Schluß der „Glaube“. Indem wir die west= liche Spitze von Kap Alexander umfuhren, erhob sich ein frischer Wind, und als wir den sich vor uns ausdehnenden Sund erblickten, sahen wir, ganz wie vor zwei Jahren, die Kittiwaks und die Elfenbein= und Jäger= möwen kreischend und fischend ihre Flügelspitzen in die kräuselnden Wogen des schönen Wassers tauchen. Wir wollten unsere erste Rast auf der Sutherlandinsel nehmen, doch sie war mit einem so steilen Eisgürtel verbarrikadiert, daß das Landen unmöglich war. Ich kletterte vom Boots= maste aus auf das Plateau hinüber und füllte unsere Kochkessel mit Schnee, und dann hielten wir auf die Hakluytsinseln zu. Wir hatten eine schlechte Überfahrt bei kurzen, stoßenden Wellen, und nach einer Weile schöpfte der „rote Erich“ Wasser. Seine drei Insassen retteten sich auf die anderen beiden Boote, doch war es unmöglich die Ladung zu bergen. Alles, was wir tun konnten, war, daß wir das Boot flott erhielten und es ans Schleppseil nahmen. Zu derselben Zeit gab auch die „Hoffnung“ Notsignale; man meldete, daß sie mehr Wasser zöge, als man ausschöpfen könne. Der Wind ging nach Westen herum, von woher wir ihn nicht brauchen konnten. Ich hielt eine rasche Umschau und sah vor uns den großen Blink des Packeises. Wir wußten, daß die Ränder dieser großen Eisfelder immer Spalten oder Wasserzungen haben, welche etwa denselben Schutz geben wie Flußmündungen an einer gefährlichen Küste. Wir waren auch so glücklich eine solche Zuflucht zu finden, legten uns an einer alten Scholle fest, und die ermüdete Mannschaft tat einen langen Schlaf. Wir zogen darauf weiter, indem wir die Boote meist mit Bootshaken schleppten, zuweilen auch über Eisfelder ziehen mußten, bis wir wieder offenes Wasser erreichten und der Hakluytsinsel zuruderten. Sie war kaum einladender als die Insel am Tage vorher, doch fanden wir Gelegenheit, uns und unsere Habe mit der Flut auf das Landeis und dann unter Felsen zu bergen. Es schneite schwer des Nachts und die Arbeit des Kalfaterns ging schlecht von statten. Doch konnten wir ein Zelt errichten und unser Souper aus Brotstaub und Talg mit ein paar Vögeln würzen. Wir hatten zwar im Laufe des Tages eine Robbe ge= schossen, aber sie war uns durch Untersinken verloren gegangen.

Am Morgen des 22. drangen wir durch den Schneesturm nach der Northumberlandinsel vor, wo Myriaden von Alken uns begrüßten, was wir mit der gewöhnlichen Einladung zu Mittag beantworteten.

Am folgenden Morgen kamen wir an dem Murchisonsund vorbei und übernachteten auf dem Landeise am Fuße von Kap Parry. Wir hatten einen harten Tag gehabt und die Boote teils über das Eis schleppen, teils uns im Zickzack durch enge Eisspalten winden müssen. Der nächste Tag brachte uns in die Nähe des Fitzclarencefelsens, der wie eine ägyp= tische Pyramide von einem Eisfelde emporsteigt und mit einem Obelisken gekrönt ist. Am folgenden Tage machten wir bei mehr offenen Eisschlippen schöne Fortschritte, und ich kam 16 Stunden lang nicht vom Steuer= ruder weg.

Wir waren am Ende dieses Tages völlig erschöpft. Unsere täglichen Rationen waren vom Anfange an sehr klein gewesen; aber bei dem Aufenthalt, der uns überall zu erwarten schien, hatte ich sie auf ein Minimum herabgesetzt, nämlich auf 16 Unzen Brotpulver und ein Stück= chen Talg von der Größe einer Walnuß. Dazu kam freilich Tee, der immer sehr erquickte.

Diese unzureichende Kost bewirkte bei der Mannschaft einen immer stärkeren Verfall der Muskelkräfte. Die Leute waren sich dessen anfangs kaum bewußt und glaubten, es liege an der Beschaffenheit des Eises, daß ihnen das Ziehen und Schieben immer saurer werde. Als wir aber im Nebel des nächsten Morgens unsere Arbeit fortsetzen und weiter durch die wildverworrenen Eisfelder hinschleppen wollten, wurde die Wahrheit plötzlich allen klar. Wir hatten das Gefühl des Hungers verloren, die

Pillen von Brotstaub und Talg mit Tee genügten uns fast. Gern hätte ich das kleine Boot nach einem Hügel gesandt, wo es nach Angabe der Eskimos große Mengen von Vögeln geben sollte; aber die Leute konnten auch dieses nicht mehr ziehen. Wir waren alle sehr entmutigt und es blieb uns nichts weiter übrig, als das Weggehen des Nebels abzuwarten und dann vielleicht eine glatte Eisfläche oder irgend eine Wasserschlippe zu entdecken, die uns der Mühe des Schleppens überhob. Ich hatte einen Eisberg erstiegen, aber es war nichts in Sicht als der Dalrymplefelsen, der in weiter Ferne wie ein roterzener Turm in die Lüfte ragte. Kaum aber war ich zu den Booten zurückgekehrt, als ein Sturm aus Nordwest über uns hereinbrach; eine Eisflarde, die etwa eine halbe Stunde über uns an einer Eiszunge hing, begann auf derselben zu schwingen wie eine Tür in der Angel, und rückte dann langsam gegen unseren engen Ruhe= platz an. Anfänglich trieb auch unsere eigene große Scholle vor dem Winde, aber nicht lange darauf stieß sie mit dem feststehenden Eise dicht am Fuße der Felsküste zusammen, und im Augenblicke umgab uns die wildeste Zerstörung ringsum. Die Leute sprangen mechanisch auf ihre Posten und trugen die Boote und Vorräte zurück; ich gab in diesem Moment alle Hoffnung auf Rettung auf. Es war nicht ein gewöhnliches Nippen (Einquetschen), wie es die Walfischfahrer nennen, denn die ganze Eisfläche, auf der wir standen, zerschellte nach jeder Seite hin und auf viele hundert Schritte weit, und die Bruchstücke überschlugen und türmten sich wie toll unter dem Drucke. Ich glaube nicht, daß von unserer kleinen Schar, welche doch an schwere Prüfungen gewöhnt und im stande war, die Gefahren auch zu bemessen, die sie bekämpfte — ich glaube wie gesagt nicht, daß es einen darunter gibt, der genau angeben könnte, wie, warum, oder auch nur wann wir uns wieder flott fanden. Wir wissen nur, daß wir inmitten eines ganz unbeschreiblichen Getöses, das tausend Trompeten eben so wenig durchdrungen hätten wie die Stimme eines Menschen, herumflogen und wirbelten, und bald in die Höhe geworfen wurden, bald wieder herunterglitten in einen Schwall von Eistrümmern, und daß, als die Leute bei der nun folgenden Pause ihre Bootshaken packten, die Boote in einem wilden Strom von Eis, Schnee und Wasser dahingerissen wurden. So wurden wir völlig machtlos dahingeführt, solange als das Aufwühlen der an der Küste hin noch stehenden Eisfelder dauerte, und gewannen zuweilen einen Blick auf das drohende Vorgebirge, das durch den Schnee= himmel auf uns herabsah. Endlich blieb die Scholle an den Felsen stehen, die kleineren Bruchstücke trennten sich von ihr, und wir konnten mit Boots= haken und Rudern unsere kleine Flottille von ihnen frei machen. Zu unserer freudigen Überraschung fanden wir uns bald in einem Streifen Küstenwasser, das uns Raum zum Rudern und die Gewißheit gab, das dicht vor uns Land sei. Als wir dieses erreichten, fanden wir es ebenso mit einem unzugänglichen Eisgürtel umwallt, wie Sutherland und Hakluyt. Wir fuhren an seinem Rande hin, suchten aber vergeblich nach einer Landungsstelle oder einem Zufluchtswinkel. Der Sturm und das Eistreiben begannen von neuem, aber wir konnten nichts tun, als mit einem

Klippen am Vorsehungshaltplatze.

Wurfanker die Boote an den Eisrand festlegen und auf das Steigen der Flut warten. Die „Hoffnung" zerstieß sich den Boden und verlor einen Teil ihrer Wetterverschalung, und alle Boote wurden übel zugerichtet. Es war ein greulicher Sturm, und nur durch beständige Anstrengung vermochten wir die Boote flott zu erhalten, indem wir das hereinschlagende Wasser fort und fort ausschöpften und das herandringende Eis mit Bootshaken abwiesen.

Endlich war die Flut hoch genug, daß wir die Eisklippe erklettern konnten. Wir zogen die Boote einzeln auf einen schmalen Rand hinauf, waren aber zu ermüdet, um sie ausladen zu können. Eine tiefe und enge Schlucht in den Felsen öffnete sich nahe an unserer Landungsstelle, und als wir die Boote in dieselbe hineinschoben, schienen sich die Felsen über uns schließen zu wollen, bis die Schlucht eine plötzliche Seitenwendung nahm und wir nun eine Felswand zwischen uns und dem Sturm bekamen. Wir waren in einer förmlichen Höhle.

Eben hatten wir das letzte Boot, den „roten Erich", eingebracht, als ein lange nicht gehörter, aber wohlbekannter Ton unser Ohr schmeichelte: es huschte eine Schar Eidergänse an uns vorbei; wir wußten somit, daß Brüteplätze in der Nähe sein mußten, und als wir uns nun naß und hungrig zu dem langersehnten Schlafe niederlegten, geschah es nur — um von Eiern und wieder Eiern in Überfluß zu träumen.

Wir blieben fast drei Tage in unserer Kristallwohnung und sammelten täglich wohl 1200 Eier. Draußen raste der Sturm unablässig fort, und unsere Eiersucher hatten Mühe, sich auf den Beinen zu erhalten; aber eine lustigere Gesellschaft von Feinschmeckern, wie sie innen beisammen saß und schwelgte, hat es schwerlich noch gegeben.

Am 3. Juli wurde der Wind mäßiger, aber es fiel immer noch massenhafter Schnee. Am nächsten Morgen tranken wir einen vaterländischen Eierpunsch, zu welchem unsere Spiritusflaschen das geistige Element notdürftig hergaben, aber so verdünnt, daß er vor jedem Mäßigkeitsvereine hätte bestehen können, und dann ließen wir unsere Boote wieder ins Wasser und sagten der „Müdemannsruhe" ein dankbares Lebewohl. Wir ruderten nach dem Südostende der Wolstenholm-Insel, aber hier verließ uns die Flut, und wir machten uns wieder auf den Eisgürtel. Die nächsten Tage ging es nun langsam in südlicher Richtung weiter in schmalen Wasserstrichen, welche sich zwischen dem Küsteneise und den Eisfeldern öffneten. Das Wetter war beständig trübe und jeder Beobachtung ungünstig, und wir befanden uns schon vor einem großen Gletscher, ehe wir inne wurden, daß ein weiteres Fortkommen längs der Küste unmöglich sei. Lange Ketten von Eisbergen vertraten uns den Weg; ihre Zwischenräume waren mit Scholleneis gestopft, und es wäre ein hoffnungsloses Beginnen gewesen, hier durchbrechen zu wollen. Wir suchten 16 Stunden lang vergeblich nach einem Auswege. Das Eis war über die Maßen zerbrochen und verworfen. Von einem Eisberge herab entdeckte ich zwar endlich einen möglichen Ausweg nach Westen, zugleich aber fand sich, daß unsere Boote in den harten Kämpfen der letzten Tage furchtbar gelitten hatten. Die „Hoffnung" war tatsächlich nicht mehr seetüchtig, und es kostete unser letztes Holz sie auszubessern. Stückchen für Stückchen hatten wir bereits zwei Schlitten zersägt und verbrannt und nur einen verschont, als unentbehrlich bei etwaigen Eisüberschrei-

tungen. Gleichzeitig schienen die Vögel, deren wir bei der Dalrymple=
insel so viel gesehen, wie vom Sturme vertrieben. Wir waren wieder
auf die knappen täglichen Rationen gesetzt, ein Wechsel, der notwendig
bald seine nachteiligen Folgen äußern mußte. Ich beschloß daher, trotz
der Eisbarrikaden, doch lieber der Küste zu folgen, um uns die Möglich=
keit der Gewinnung einiger Subsistenzmittel offen zu erhalten. Wir
brauchten 52 Stunden, um diese rauhen Pässe zu forcieren, eine so müh=
selige Arbeit, daß sie ohne die disziplinierte Ausdauer der Leute ganz
untunlich hätte erscheinen müssen.

Als wir die Eisschranke im Rücken hatten, zeigten sich wieder offene
Kanäle, und es schien einige Stunden lang, während wir mit einem
leichten Winde dahinfuhren, als sei alle Not vorüber. Aber plötzlich er=
schien wieder ein auf den Karten gar nicht verzeichneter Gletscher, vor
welchem sich die Eisfelder viel weiter in die See hineingeschoben als die,
welche wir eben mit solcher Anstrengung passiert hatten.

Unser erster Entschluß war, diese Eisschranken auf alle Fälle west=
lich zu umfahren, da unsere Leute viel zu erschöpft waren, als daß man
an ein Hinüberschleppen durch die Hummocks denken durfte, besonders da
die weiche Schneedecke des Eises als ein unübersteigliches Hindernis er=
schien. Ich erklomm wieder eine unserer gewöhnlichen Warten, einen Eis=
berg; aber was ich da erblickte, war eines der niederschlagendsten Schau=
spiele: es gab kein „westliches Wasser“; die Eisfelder waren noch nicht
aufgebrochen, weithin nach Süden, gegen Kap York zu, stand alles noch
fest. Da lagen wir also in einer Sackgasse zwischen zwei Eisbarrieren,
die beide für Leute in unserer Verfassung unübersteiglich waren, mit
jammervoll geringen Subsistenzmitteln und gebrochenen Kräften, und hier
sollten wir warten, bis der Spätsommer uns einen Weg geöffnet haben
würde.

Ich ließ nach den Klippen der Küste hinwenden. So verlassen und
schauervoll sie aussahen, so war es doch immer besser, sie zu erreichen
und an der unwirtlichen Küste Fuß zu fassen, als unnütze Wagnisse zur
See zu bestehen. Ein schmaler Kanal, eine wahre Spalte im Landeise,
leitete uns nach einer niedrigen Felsplatte hin, wo wir dicht unter dem
Schatten der steilen Küste landeten. Meine Skizze dieser wilden Örtlich=
keit kann, gleich der von „Müdemannsruhe“, nur einen sehr mangelhaften
Begriff von der Szene geben. Wo das Kap für den direkten Anprall
der Nordostwinde offen liegt, am Fuße eines himmelhohen Absturzes,
hatte sich noch immer ein Stück des Wintereisgürtels, am Felsen klebend,
erhalten, nicht mehr als $1^1/_2$ m breit. Die Fluten überschwemmten es

und die Wogen scheuerten beständig daran, aber es gewährte doch den Booten einen vollkommen sicheren Standort. Darüber türmte sich Klippe auf Klippe, mindestens 300 m hoch, die Gipfel meist in Nebel gehüllt, und von unten bis oben schwärmten Vögel, die in den Felsspalten nisteten. Am dichtesten saßen die Nester auf den Felskanten in etwa 50 m Höhe, aber Lummen sowohl wie dreizehige Möwen bedeckten den Himmel wie mit weißglänzenden Flecken und ließen ihr unaufhörliches Krächzen und Kreischen hören! Um die Szene zu mildern, führte rechts eine natür=liche Brücke in einen kleinen Talgrund, mit grünen Moosen überzogen, und jenseits und darüber hing klar und weiß der Gletscher. Dieser war an seinem Abfalle etwa zwei Meilen breit, zog sich in sanfter Ansteigung etwa eine Meile nach rückwärts und wurde dann, den Unebenheiten seines Felsbettes folgend, plötzlich zu einem steilen, von Spalten durchzogenen Hügel, der in schroffen Terrassen emporstieg. Dann kamen zwei weniger zerklüftete Eisstrecken, die sich nach hinten dem großen Eismeere des Binnenlandes anschlossen. Von einer nördlich liegenden hohen Klippe hatte ich eine herrliche Aussicht auf diesen großen Eisozean, welcher das ganze Innere von Grönland zu bedecken scheint. Es war eine ungeheure wellenförmige Ebene purpurfarbigen Eises, mit Inseln dicht besetzt, und der ganze Horizont erschien durch das Spiel der Sonnenstrahlen in dem kristallreinen Eise wie ein prächtiger Brillantring.

Der Gletscher sandte mehr Wasser aus als einer der früher im Norden gesehenen, den Humboldtgletscher und den bei Eta ausgenommen. Ein Gießbach überflutete das Eis in einer Tiefe von $\frac{1}{2}$—1 m und breitete sich weithin auf dem Scholleneise aus; ein anderer, der in größerer Höhe seinen Ausweg fand, stürzte in Katarakten von Fels zu Fels hinab.

Ranunculus, Steinbrecharten, Hühnerdarm, zahlreiche Moose und arktische Gräser blühten neben den unteren Partien des Gletschers. Das Thermometer zeigte im Schatten 38, in der Sonne 39° F.

Was aber der schätzbarste Zug der Landschaft war; sie wimmelte von Leben. Die Lumme und ihre Eier, in Labrador als besondere Lecker=bissen geschätzt, das auf dem Guanoboden üppig wachsende Löffelkraut — alles in endloser Fülle; man denke, welchen Reiz das haben mußte für uns ausgehungerte, vom Skorbut aufgeriebene Leute!

Feuermaterial konnte ich nicht hergeben, denn unser ganzer Vorrat von Speck und Talg betrug kaum noch 50 kg. Die eifrigsten Kochkünst=ler machten Versuche mit organischen Stoffen, die zur Hand waren: trockene Vogelnester, Gras= und Moosbatzen, die fettigen Vogelbälge —

aber nichts wollte brennen, und so mußten sie sich endlich mit dem Ge=
danken trösten, daß die Hitze möglicherweise den echten Wohlgeschmack be=
einträchtigen könne. Wir beschränkten uns der Mann durchschnittlich auf
einen Vogel für die Mahlzeit — aus freier Wahl, nicht aus Notwendig=
keit — und erhöhten die Tafelfreuden durch den besten Salat von der
Welt: rohe Eier und Löffelkraut.

Vorsehungshaltplatz.

Es war ein glorioses Fest, die Woche, die wir am Vorsehungshalt=
platze verlebten, so voll von Erquickung und Frohsinn, daß ich mich nie=
mals überwinden konnte, die Leute mit unserer eigentlichen Lage bekannt
zu machen. Es hatten nur zwei mich begleitet, als ich die Umschau über
das öde Eisfeld hielt, und diese hatten mir versprechen müssen, darüber
zu schweigen.

Es dauerte bis zum 8. Juli, ehe das Aussehen des Eises uns Hoff=
nung gab, weiter zu kommen. Wir hatten uns auf die neuen Kämpfe
mit der See und ihren Gefahren durch Einlegung eines Vorrates von

Vögeln vorbereitet; 250 Lummen waren ordentlich abgehäutet und auf den Felsen getrocknet worden, und so hatten wir doch einen leidlichen Zubiß zu unserem Brotstaub und Talg.

Schon beim Antritt unserer Weiterreise hatten wir wieder ein Mißgeschick. Indem wir die „Hoffnung" von dem zerbrechlichen, sich verzehrenden Eiswerft hinablassen wollten, auf das wir sie bei unserer Ankunft geborgen hatten, stürzte sie ins Wasser hinunter, verlor Regelinge und Bollwerk, unser bestes Schießgewehr fiel heraus und versank, und ihm folgte, was das Schlimmste war, unser allgemeiner Günstling, unser Kessel, der Suppen-, Back-, Tee- und Wasserkessel in einer Person. Seinen Posten erbte in der Folge eine längst ausgeleerte Zinnbüchse, die mir vor zwei Jahren eine gute Tante mit Gingernüssen gefüllt hatte.

Unsere Küstenfahrt ging längs des Eisrandes hin. Nachdem wir die von John Roß so benannten Karmesinklippen passiert hatten, war unsere Stimmung eine so gute, daß die Reise fast einem Festtagsausfluge glich. Unser Lauf ging immer hart an der Küste hin, außer wo ein sich vorschiebender Gletscher uns zum Ausbiegen nötigte. Die Vögel der Küste erfreuten sich des neuen Sommers, und wenn wir anhielten, geschah es an irgend einer grünbekleideten Landspitze neben einem Gießbache, den das Gletschereis von oben herabsandte. Unsere Jäger erkletterten die Klippen und kamen mit kleinen Alken beladen zurück; lustig loderten große Feuer aus Torfrasen, die nichts als die Mühe des Zusammentragens kosteten, und die glücklich gelaunten Ruderer würzten sich ihr langes Tagewerk mit der Aussicht auf den Feierabend, wo sie sich im Sonnenscheine hinstrecken und glücklich träumen konnten, bis der Morgen sie zur Waschung und zum Gebete rief. Unser Genuß war um so größer, da wir alle wohl wußten, daß es nicht so bleiben werde.

Diese Gegend mußte einmal ein Lieblingsaufenthalt der Eingeborenen, ein wahres Eskimoparadies gewesen sein. Wir rasteten selten, ohne Ruinen ihrer Wohnungen zu finden, aber alle mit Flechten überzogen und Kennzeichen hohen Alters an sich tragend. Eine derselben, unter 76° 20′, war einst ohne Zweifel ein ausgedehntes Dorf. Steinkegel zur sicheren Aufbewahrung von Fleisch standen in langen Reihen, und die Hütten, aus schweren Steinen erbaut, standen einander gegenüber und bildeten eine förmliche Gasse. Die Zeichen eines Einsinkens der grönländischen Küste, die ich schon bei Uppernivik aufwärts beobachtet hatte, waren auch hier vorhanden. Einige dieser Hütten wurden von der See bespült oder waren von dem Fluteis eingerissen. Die Torfsohle,

allem Anschein nach von sehr altem Gewächs, schnitt dicht am Wasser=
rande ab und zeigte ¹/₂ m dicke Durchschnitte. Eine dieser Senkung ent=
sprechende, ebenso deutlich ausgesprochene Hebung des Landes hatte ich
nördlich vom Wolstenholmsunde festgestellt. Der Drehpunkt zwischen bei=
den Bewegungen mag etwa unter dem 77. Breitengrade liegen.

Am 21. Juli erreichten wir Kap York nach einer sehr geschlängelten,
aber romantischen Fahrt in nebeligem Wetter. Hier hörten die Wasser=

Unter den Karmesinklippen.

zungen längs der Küste auf oder verwandelten sich in schmale, kaum
passierbare Schlippen. Alles zeugte von dem diesmaligen späten Beginn
der guten Jahreszeit. Der rote Schnee war wenigstens 14 Tage hinter
seiner gewöhnlichen Zeit zurück. Eine feste Eisdecke, mit zahlreichen
Zungen besetzt, dehnte sich hier noch weit nach Süd und Ost hinaus. Wir
hatten nur zu wählen zwischen einem neuen Stillliegen, bis das Küsten=
eis sich öffnen würde, und dem Verlassen der Küste, um westlich einen
Wasserweg zu suchen. Wir sandten einige Leute aus, um zu erfahren,
ob nicht Eskimos ihren Sommeraufenthalt zu Episok, hinter dem Gletscher

vom Kap Imalik, genommen hatten, und nahmen in der Zwischenzeit ein Inventarium unserer Vorräte auf. Wir fanden:

getrocknete Lummen . . . . 195 Stück.
Schweinespeck . . . . 56 kg
Mehl . . . . 25 „
Maismehl . . . . 25 „
Fleischzwieback . . . . 40 „
Brot . . . . 174 „

Dies ergab, außer den Vögeln, 320 kg Lebensmittel, oder etwa 18 kg für den Mann. Wir fanden einen Rasen, der allenfalls die Dienste von Torf leisten und unsere Kessel heizen konnte, und unter Veranschlagung desselben kommandierten wir an Brennvorräten:

Rasen, für zwei Kochfeuer täglich . . 7 Tage,
zwei Schlittenkufen . . . . 6 „
Reserveruder, Schlitten, ein leeres Faß 4 „

So waren 17 Tage gedeckt, und im ganzen etwa 3 Wochen, wenn man das hinzurechnete, was das rote Boot und unsere leer werden Proviant= säcke noch hergaben. Die Aussagen unserer zurückkehrenden Abgesandten gaben keinen Grund, länger zu verweilen; es waren keine Eskimos zu Imalik und auch wohl seit Jahren keine dort gewesen; auch gab es keine Vögel in der Nachbarschaft.

Ich erstieg mit Mac Gary noch einmal die Felsen und inspizierte mit Hilfe des Fernrohrs sorgfältig das Eisfeld. Das Festeis, wie die Walfischjäger das unbewegliche Küsteneis nennen, lag in fast ununter= brochener Ausdehnung vor uns und schloß sich unfern von unserem Standpunkte an die Küste. Die Flarden an der Außenseite waren groß und hatten sich augenscheinlich erst vor kurzem abgelöst. Zu meiner Freude jedoch sah ich deutlich einen Kanal, der sich an der Haupteismasse hinzog, bis er seewärts aus dem Gesichte verschwand. Ich berief die Offiziere zusammen, legte ihnen meine Gründe dar und ließ die Wiedereinschiffung vorbereiten. Die Boote wurden aufgeholt, sorgfältig untersucht und so= viel als möglich ausgeflickt. Das rote Boot wurde abgetakelt und aus= geladen, um gelegentlich als Brennholz zu dienen. Es wurde eine große Steinpyramide auf einem in die Augen fallenden Punkte errichtet, wir kargten uns ein rotes Flanellhemd ab und befestigten es als Flagge oben darauf. Hier legte ich einen gedrängten Bericht über unsere Lage und unser Vorhaben nieder, und dann stachen wir in südwestlicher Richtung in die Eisfelder.

Das Eis, durch welches die Fahrt ging, wurde allmählich immer geschlossener, und zuweilen mußten wir unsere ganze Eiskenntnis anstrengen, um zu bestimmen, ob irgend eine Wasserschlippe befahrbar sei oder nicht. Die Unregelmäßigkeiten der Eisfläche, die mit Hummocks und zuweilen mit größeren Massen besetzt war, hinderten eine weite Fernsicht, und außerdem befielen uns öfters Nebel. Eines Abends wurde ich aus tiefem Schlafe geweckt, um zu erfahren, daß wir die Richtung verloren. Der Steuermann am vordersten Boote hatte sich von der unregelmäßigen Gestalt eines großen Eisberges, der ihm im Wege lag, beirren lassen und steuerte jetzt küstenwärts, weit ab von unserem eigentlichen Kurse. Der schmale Kanal, in den er uns eingeklemmt hatte, war kaum zwei Bootslängen breit; er endete nicht weit von uns in einem leichten Zickzack, und zwar sowohl vor als hinter uns, denn die Spalte schloß sich zusehends, und der Rückzug war uns bereits abgeschnitten. Ohne die Leute von unserer mißlichen Lage zu unterrichten, ließ ich die Boote aufs Eis ziehen und unter dem Vorwande, Kleider und Vorräte zu trocknen, ein Lager aufschlagen. Nach ein paar Stunden wurde das Wetter zum erstenmal klar genug, um einen Blick in die Ferne tun zu lassen, und ich erkletterte mit Mac Gary zu diesem Zweck einen Eisberg, wohl 100 m hoch. Aber da sah es schrecklich aus: wir waren tief ins Innere der Melvillebucht geraten; von allen Seiten umstarrten uns ungeheure Eisberge und wild aufgetürmte Schollen. Mein tapferer Offizier, von Natur nicht sehr empfindsam und längst abgehärtet gegen die Wechselfälle des Walfischjägerlebens, vergoß Tränen bei diesem Anblicke.

Hier gab es keine Wahl mehr: wir mußten uns wieder vor die Schlitten spannen und, koste es, was es wolle, uns einen Rückweg nach Westen bahnen. Einen Schlitten hatten wir bereits verfeuert; deshalb zersägten wir jetzt auch das rote Boot, zu dem er gehört hatte, brachten seine leichten Zederplanken in die anderen Boote und legten uns dann wieder in die Schulterriemen, wie in früheren Zeiten. Erst nach dreitägiger saurer Arbeit kamen wir wieder an den Eisberg, der unserem Steuermann einen falschen Weg gewiesen. Wir holten die Boote über seine Zunge hinweg und schifften uns frohen Mutes auf einem neuen offenen Kanal ein, während ein schöner, frischer Nordwind blies.

Unsere kleine Flotte war jetzt auf zwei Boote reduziert. Das Land im Norden war nicht mehr sichtbar, und so oft wir den Rand des Festeises verließen, um seinen tiefen Einbuchtungen auszuweichen, mußten wir uns lediglich auf den Kompaß verlassen. Es war noch auf wenigstens acht Tage Feuermaterial vorhanden, aber die Lebensmittel schwanden sehr zusammen; wir trafen wenig Vögel unterwegs, und ein größeres Wild zu erlegen, wollte gar nicht gelingen. Wir sahen mehrmals Robben auf dem Eise, aber sie waren sehr auf ihrer Hut; ein paarmal trafen wir auf schlafende Walrosse und kamen bei einer Gelegenheit wirklich auf Lanzen= wurfnähe an; aber das Tier fuhr auf den Angreifer los und entkam dann.

Am 28. hielt ich eine stille Musterung unserer Angelegenheiten. In den letzten Tagen hatten wir uns so weit beschränkt, daß wir von den zuletzt eingelegten Vorräten nur drei Eier und zwei Vogelbrüste täglich entnahmen; daneben hatten wir noch ein wenig Brotpulver, und unser Vorrat an Brennstoffen gestattete uns, bei jedem Halt das unentbehrliche Labsal, Tee, reichlich zu uns zu nehmen. Die Kräfte der Leute schwanden bei dieser knappen Kost dahin; aber eine sorgfältige Berechnung der Provisionen lehrte, daß selbst das Gereichte noch zu viel sei, wenn man nicht ein ganz unangemessenes Vertrauen auf Jagdglück hegen wollte. Unser nächster Landungsplatz, dem wir alle mit Sehnsucht entgegenharrten, mußte Kap Shackleton sein, eine der volkreichsten Vogelkolonien der Küste. Aber wenn ich überschlug, wie viel Tage wir noch brauchen würden, ehe wir dieses gastliche Gestade erreichten, so ergab eine leichte Division, daß der Mann als Tagesration jetzt nur noch 5 Unzen Brotpulver, 4 Unzen Talg und 3 Unzen Vogelfleisch erhalten könne.

Bisher waren wir größtenteils dem Rande des Festeises gefolgt; es hatte uns gelegentlich einen Ruheplatz oder eine Zufluchtsstätte gewährt und wir konnten zuweilen mit unseren Flinten etwas zur Ausbesserung der Küchenvorräte tun. Aber unsere Fortschritte waren dabei widerwärtig langsam; unser Vogelschrot ging bereits so sehr auf die Neige, daß ich mir sagen mußte, unsere Sicherheit hänge davon ab, daß wir uns rascher fortbewegten. Ich beschloß daher, es mit der mehr offenen See zu ver= suchen. Der Versuch schlug für die zwei nächsten Tage fehl: wir wurden von dichten Nebeln befallen; ein Südwest brachte uns das äußere Packeis über den Hals und zwang uns, unsere Flotte aufs Treibeis zu ziehen. Dabei kamen wir natürlich wieder rückwärts und verloren etwa fünf bis sechs Meilen. Die über die Maßen angestrengten Leute fühlten gar sehr den Mangel des schützenden Festeises. Trotzdem blieb ich bei meinem Vorsatze und steuerte SSW, so genau, als es die Eiskanäle zuließen, und beständig darauf ausgehend, uns in freieres Wasser zu bringen.

Nach Verlauf einiger Tage jedoch gerieten die Kräfte der Leute ernstlich in Verfall, denn die erste Folge einer knappen Kost ist nicht Hungergefühl, sondern Kräfteabnahme, und zwar so allmählich, daß sie sich nur durch einen Zufall herausstellt. So fanden wir eines Tages zu unserem großen Erstaunen, daß die „Hoffnung“, die eben über eine Eiszunge geschafft werden sollte, nicht von der Stelle wich. Ich glaubte erst, der nasse Schnee halte ihre Kufen fest, und da wir bei dem herrschenden starken Winde Eile hatten, auf eine stärkere Flarde hinüber zu kommen, so ließ ich ausladen und die gesamte Mannschaft an dem leeren Boote ziehen. Zu einer anderen Zeit hätten sie die zu bewegende Last auf den Schultern tragen können, jetzt aber brachten sie dieselbe durch unablässiges Ziehen kaum im Schneckengange vorwärts. Der „Glaube“, der währenddes stehen bleiben mußte, entging kaum der Zerstörung. Die Flarde zerbrach durch den Druck des äußeren Eises, und wir sahen, wie unser bestes Boot mit allen unseren Vorräten rasch von uns weggeführt wurde. Dieser Anblick machte auf die Leute einen fast krampfhaften Eindruck. Die „Hoffnung“ in See zu setzen und dem anderen Boote zu Hilfe zu eilen, würde unter anderen Umständen das Nächstliegende gewesen sein; jetzt aber konnte davon keine Rede sein. Zum Glück kam, noch ehe wir Zeit hatten, die Größe unseres Mißgeschickes zu ermessen, eine runde Eistafel herangekreist; Mac Gary und ich sprangen im Augenblick auf sie hinüber, und es gelang uns, sie über den Spalt zu flößen, der zwischen uns und dem „Glauben“ entstanden war, und das Boot zu retten.

So verschlimmerten sich unsere Zustände fort und fort; die alten Atembeschwerden stellten sich wieder ein, und unsere Beine schwollen so stark an, daß wir uns genötigt sahen, unsere segeltuchenen Stiefel aufzuschneiden. Das Symptom aber, das mir die meiste Sorge machte, war die Schlaflosigkeit. Eine Art schleichendes Fieber, das uns bei der Arbeit anhing, war bis jetzt nur durch gründliches Ausruhen nach jedem Tagewerk niedergehalten worden, und auf dieser erfrischenden Wirkung beruhten alle unsere Hoffnungen des Durchkommens.

Man darf nicht vergessen, daß wir uns jetzt in der offenen Bucht befanden, mitten in der Linie der großen Eisströmung nach dem Atlantischen Meere, und zwar in so gebrechlichen und seeuntüchtigen Booten, daß nur beständiges Ausschöpfen sie flott erhalten konnte.

Es war in dieser Krisis unseres Schicksals, als wir einmal eine große, anscheinend schlafende Robbe auf einer kleinen Eisscholle schwimmen sahen, wie es die Gewohnheit dieser Tiere ist. Sie war von der bärtigen

Art und so groß, daß ich sie anfänglich für ein Walroß hielt. Die
„Hoffnung" erhielt das Signal, uns zu folgen, und vor Spannung
zitternd, machten wir uns daran, das Tier zu beschleichen. Petersen
wurde mit der langen englischen Büchse an den Bug gestellt; die Ruder
wurden zur Verhütung des Geräusches mit Strümpfen umwickelt. Während
wir uns näherten, wurde die Aufregung so groß, daß die Ruderer kaum
Takt zu halten vermochten. Ich hatte für solche Fälle gewisse stumme
Signale festgesetzt, um das Geräusch der Kommandowörter zu vermeiden.
Nachdem wir uns bis auf etwa 100 Schritte genähert, wurden die Ruder
eingezogen und das Boot nur mit einem Hinterruder weiter bewegt.

Die Robbe schlief nicht — sie richtete den Kopf auf, nachdem wir
uns beinahe bis auf Schußweite genähert, und ich sehe noch den angst=
vollen, fast verzweifelten Ausdruck auf' den eingefallenen Gesichtern der
Leute, als sie diese Bewegung sahen — es hing ja ihr Leben von diesem
Fange ab. Ich senkte die Hand, zum Zeichen, daß Petersen schießen sollte:
der arme Bursche war fast starr vor Aufregung und suchte vergeblich auf
dem Bootrande nach einem Auflagepunkte für seine Flinte. Die Robbe
erhob sich auf ihre Brustflossen, starrte uns einen Augenblick mit er=
schrockener Neugier an und krümmte sich dann, um sich ins Wasser zu
werfen. In demselben Augenblick krachte der Schuß und das Tier streckte
sich in voller Länge auf dem Eise aus; sein Kopf lag fast schon im Wasser,
als er schlaff zur Seite fiel. Ich wollte noch einmal schießen lassen, aber
jetzt hatte alle Disziplin ein Ende. Mit wildem Geheul trieben die Leute
beide Boote auf die Scholle. Eine Menge Hände packte die Robbe und
zog sie auf das festere Eis. Die Leute waren halb wahnsinnig — jetzt
sah ich erst, wie weit der Hunger uns schon heruntergebracht hatte.
Lachend und heulend rannten sie auf dem Eise umher und schwangen ihre
Messer in der Luft. In noch nicht fünf Minuten hatten alle die blutigen
Finger im Munde oder schlangen an langen Speckstreifen.

Nicht eine Unze ging von dieser Robbe verloren. Die Eingeweide
wanderten ohne jegliche Vorbereitung in den Suppenkessel; die Flossen=
knorpel wurden in eine Art Salat zerschnitten herumgereicht, und selbst
die Leber war in Gefahr, noch warm und roh verzehrt zu werden. Auf
der großen stehenden Scholle, auf welche wir für die Nacht die Boote
gezogen hatten, spendeten wir Glücklichen zwei ganze Planken des
„roten Erich" an ein großes Kochfeuer, und hielten ein seltenes, wildes
Gelage, unbekümmert um die Gefahr, daß wir ins Treibeis geraten
konnten.

Dies war das letztemal, daß wir erfuhren, wie weh der Hunger tut. Um mit Georg Stephenson zu sprechen: „Der Zauber war gebrochen und die Hunde sicher." Die Hunde habe ich kaum erwähnt, denn niemand dachte gern an sie. Die armen Geschöpfe, Tudla und Whitey, betrachteten wir als letztes Mittel gegen das Verhungern. Sie waren nach Mac Garys Ausdruck „wandelndes Fleisch" und „konnten ihr Fett selber über das Eis schleppen." Einmal kurz vor Müdemannsruhe, war ich nahe daran, sie zu schlachten, aber wir konnten dieses Opfer doch nicht übers Herz bringen. — Über unsere Weiterfahrt kann ich mich kurz fassen. Wir

Ein schwimmender Eisberg.

schossen am zweiten oder dritten Tage wieder eine Robbe und hatten von da an beständig Mundvorrat zur Genüge.

Am 1. August erblickten wir den „Teufelsdaumen" und waren nun wieder in den bekannten Örtlichkeiten, wo die Walfischjäger sich tummeln. Das Wasser der Bucht war völlig frei, und wir waren die letzten beiden Tage östlich gefahren. Bald gelangten wir zu den Enteninseln und gingen von da südlich nach Kap Shackleton über, wo wir uns anschickten zu landen.

Terra firma! Festes Land! Wie schön erschien uns dieses und mit welch hochgehendem Dankgefühl näherten wir uns ihm! Bald war ein stiller Winkel zwischen den struppigen Felsen der Küste ausgesucht, bald unsere Glückwünsche ausgetauscht, und nun zogen wir unsere zerstoßenen

Boote hoch und trocken auf die Felsen und legten uns, dem Himmel dankend für unsere Rettung, zur Ruhe.

Und jetzt, bei einer anscheinend gewissen Aussicht, daß wir die Heimat wiedersehen würden, stellte sich die nervenschwache Besorgnis ein, welche einer allzulange hingehaltenen Hoffnung zu folgen pflegt. Ich konnte mich nicht entschließen, die Fahrt an der freien Meerseite zu wählen, sondern suchte furchtsam die stillen Wasserkanäle tief hinten zwischen den Inseln auf, welche labyrinthartig längs der Küste hingesäet sind. Bei einer Nachtrast auf einem solchen Felsen war es, daß Petersen mich mit einer Geschichte aufweckte. Er hatte eben einen Eingeborenen gesehen und erkannt, welcher in seinem gebrechlichen Kajak augenscheinlich Eider=daunen zwischen den Inseln sammelte. Der Mann war einmal sein Haus=genosse gewesen. „Paul Zacharis", hatte er ihm zugerufen, „kennst du mich nicht? Ich bin Karl Petersen!" — „Nein", hatte er geantwortet, „der ist tot, sagt seine Frau." Und nachdem er mit einem stumpfsinnigen Staunen einen Augenblick Petersens langen Bart angestiert, war er in furchtbeflügelter Hast davongerudert.

Zwei Tage später hatte sich ein Nebel auf die uns umringenden Inseln gelagert, und als derselbe sich hob, fanden wir uns in gemäch=lichem Takte unter dem Schatten von Karkumat hinrudernd. Da drang ein bekannter Ton zu uns über das Wasser. Wir hatten oft dem Gekreisch der Möwen und dem Bellen des Fuchses gelauscht und geglaubt, das Eskimosignal „Huk!" zu hören; aber diesmal war kein solcher Irrtum möglich, die Laute endeten mit einem deutlichen „Hallo!" Horch, Petersen — Ruder — Menschen — was gibt's? Und er lauschte an=fangs ruhig, dann geriet er in ein freudiges Zittern und sagte halblaut: „Es sind Dänen." Es war der erste Ton einer christlichen Stimme, die uns beim Wiedereintritt in die Welt begrüßte. Da standen wir alle und lugten mit langen Hälsen in die entfernten Buchtenwinkel hinein; schon glaubten wir geträumt zu haben, als der Ruf von neuem ertönte, und wir nunmehr, mit den Rudern weit ausgreifend, daß das Weißeschenholz knarrte, auf das Felskap zuschossen, von woher der Ton kam, in ängstlicher Spannung jeden grünen Fleck durchmusternd, wo am ehesten die Lager=stätten von Seefahrern sein konnten.

Nach und nach — denn wir mochten eine gute halbe Stunde so gerudert haben — wurde der einzelne Mast einer kleinen Schaluppe sicht=bar; Petersen, der bis jetzt sehr still und ernst gewesen war, brach bei dem Anblick in Schluchzen aus und konnte sich nur in einzelnen dänischen

und englischen Ausrufungen Luft machen. „Es ist das „Fräulein Fleischer“
— das Tranboot von Uppernivik! Carlie Mossyn, der Küfergeselle,
muß unterwegs sein, um Speck von Kingatok zu holen. Die „Marianne“
ist angekommen mit Carlie Mossyn —“ und nun fing er wieder von vorn
an und verschluckte die Hälfte seiner Worte und rang die Hände.

Allerdings war es Carlie Mossyn. Der ruhige Gang der Dinge
in den dänischen Ansiedelungen ist jahraus und jahrein derselbe, und so
hatte Petersen ganz das richtige getroffen. Die „Marianne“, das einzig
jährlich hier heraufkommende Schiff, lag zu Pröven, und das „Fräulein
Fleischer“ hatte die jährliche Specklieferung von Kingatok abzuholen.

Hier bekamen wir zuerst einen dunkeln Begriff von den Vorgängen
in der großen Welt während unserer Abwesenheit. Es schien uns wie
ein sonderbares Mißverständnis, als wir hörten, daß Frankreich und
England sich mit dem Muselmann gegen die griechische Kirche verbunden
haben sollten. Der erzählende Böttchergeselle war ein guter Lutheraner
und alle seine Nachrichten hatten denselben religiösen Anstrich wie er selbst.

„Was gibt's Neues von Amerika? He, Petersen?“ und wir sahen
ihn alle erwartungsvoll an, daß er uns die Antwort verdolmetsche.

„Amerika?“ sagte Carlie — „wir wissen nicht viel von diesem
Lande, denn sie haben an unseren Küsten keine Walfischjäger; aber ein
Dampfer und eine Barke gingen vor 14 Tagen hier vorbei, um euch im
Eise zu suchen.“

Wie langsam der Mann alle seine Nachrichten von sich gab! Er
schien uns wie ein Orakel, dessen Aussprüchen wir in fieberhafter Er=
wartung lauschten. — „Sebastopol ist noch nicht genommen.“ — Was
wußten wir von Sebastopol! „Aber Sir John Franklin?“ — das ging
uns näher an, und unsere eigene kleine Angelegenheit trat jetzt bedeutend
in den Vordergrund. Franklins Leute, oder vielmehr Spuren von Toten,
die ihnen einst angehört haben mochten, hatten sich fast 250 Meilen südlich
von dem Punkte gefunden, wo wir sie gesucht hatten. Der Erzähler wußte
das von dem Geistlichen, Pastor Kraag, der eine deutsche Zeitung hielt.

Nun wurden die Ruder wieder ins Wasser gesenkt, und weiter ging
es in den Nebel hinein. Wir übernachteten noch einmal in der gewöhn=
lichen Weise, wuschen uns in süßem Wasser rein und stutzten unsere zer=
lumpten Pelze und Wollenkleider auf. Korsarsoak, der Schneegipfel von
Sandersons Hope, zeigte sich jetzt über dem Nebel, und wir hörten Hunde=
gebell. Petersen war Faktor der Niederlassung gewesen und er lenkte
meine Aufmerksamkeit mit einer Art Stolz auf das Anschlagen der Arbeits=

glocke. Es ist 6 Uhr. Wir nähern uns dem Ende unserer Prüfungen. Kann es ein Traum sein? . . .

Wir fuhren in den großen Hafen hinein, wandten uns bei dem alten Brauhaus um die Ecke und zogen, umringt von einer Schar Kinder, unsere Boote zum letztenmal auf das Felsenufer.

Vierundachtzig Tage hatten wir in freier Luft gelebt und waren so verwöhnt und wetterfest geworden, daß wir nicht ohne ein Gefühl von Erstickung zwischen vier Wänden zu verweilen mochten. Doch wir tranken diese Nacht an mancher gastfreundlichen Schwelle Kaffee und lauschten immer von neuem wieder dem freundlichen Willkommen und den Glück= wünschen ob unserer Erlösung.

Die Dänen von Uppernivik erwiesen uns alle möglichen Freundlich= keiten. Die Bewohner dieser entlegenen Ansiedlungen hängen hinsichtlich ihrer Vorräte von dem jährlich einmal erscheinenden Handelsschiff der Kolonie ab und konnten natürlich unseren vielerlei Bedürfnissen nicht ab= helfen, ohne sich selbst manches abzubrechen. Aber sie richteten zu unserer Aufnahme einen Speicher ein und teilten in wahrhaft christlicher Liebe ihre Vorräte mit uns. Sie gaben uns noch manche Einzelheiten über die verschiedenen Franklinexpeditionen, und unter anderen schmerzlichen Nachrichten war auch die von dem Verunglücken meines Freundes und Gefährten Bellot.

Das dänische Schiff war erst am 4. September zur Heimkehr fertig; wir wandten aber diese Zwischenzeit wohl an, um unsere Gesundheit zu restaurieren und uns wieder an das Leben unter Dach und Fach zu ge= wöhnen. Sonderbar, aber nicht unerklärlich war es, daß uns die Ruhe und das jetzige bequeme Leben mehr angriff, als alle Strapazen der vorhergegangenen drei Monate. Am 6. verließ ich mit allen meinen Leuten Uppernivik auf der „Marianne", einem festen, altmodisch gebauten Fahrzeug, unter dem Kommando des Kapitäns Ammondson, der uns an den Shetlandsinseln abzusetzen versprach. Unser kleines Boot „Glaube", das wir als eine kostbare Reliquie betrachteten, machte die Reise mit. Außer den Pelzen auf unserem Leibe und den schriftlichen Belegstücken über unsere Arbeiten und Leiden war dieses Boot alles, was wir von der „Advance" und ihren Schätzen zurückbrachten.

Am 11. kamen wir nach Godhaven, dem Inspektorat von Nord= grönland, wo uns mein alter Freund, Herr Olrik, aufs herzlichste will= kommen hieß. Die „Marianne" hatte hier bloß einige Waren abzugeben und ihre Papiere zu empfangen; aber man verschob ihre Abreise bis zum letztmöglichen Augenblick, in der Hoffnung, daß noch Nachrichten von Kapitän Hartstenes Geschwader einlaufen könnten, von welchem man seit dem 21. Juli nichts mehr vernommen hatte. Schon waren wir im Begriff die Anker zu lichten, als die Wache auf dem Hügel einen Dampfer in der Ferne anmeldete. Er kam näher, mit einer Barke im Schlepptau, und bald erkannten wir die Sterne und Streifen der Unionsflagge. Zum letztenmal wurde der „Glaube“ ins Wasser gelassen und die kleine Flagge, die so nahe an beiden Polen geweht hatte, öffnete sich noch einmal im Winde. Brooks am Steuer und Herrn Olrik zur Seite fuhr ich in Begleitung aller Boote der Niederlassung den Ankommenden entgegen, Selbst auf die erlegte Robbe ruderten die Leute nicht heftiger zu als jetzt. Wir näherten uns den Schiffen und den mutigen Männern, die gekommen waren uns zu suchen; wir konnten die Narben sehen, welche auch diese Schiffe im Kampfe mit dem Eise davongetragen; wir erkannten die Goldtressen an den Mützen der Offiziere und unterschieden die Gruppen, die mit Fernröhren in der Hand uns betrachteten.

Jetzt waren wir an der Schiffsseite. Ein Offizier, Kapitän Hartstene, rief einen kleinen Mann in zerrissenem Flanellhemd an: „Ist das Dr. Kane?“ und auf das „Ja“, welches folgte, füllte sich das Takelwerk mit Landsleuten und stürmischer Jubelruf empfing die Wiedergefundenen.

<hr>

Das lange Ausbleiben der „Advance“ und der Mangel jeder Nachricht über das Schicksal Kanes und seiner Genossen mußte natürlich in ihrer Heimat große Teilnahme und Besorgnis erregen; ein Kongreßbeschluß vom 3. Februar 1855 autorisierte das Marineministerium zur schnellmöglichen Abfertigung eines oder zweier Fahrzeuge nach den nordischen Gewässern, um nach den Vermißten zu suchen und ihnen womöglich Beistand zu leisten. Es wurden für diesen Zweck der Dampfer „Arctic“ und das Barkschiff „Release“ ausgerüstet und nächst vollem Proviant noch mit Extravorräten auf zwei Jahre versehen. Unter der Bemannung befand sich auch Dr. Kanes Bruder.

Die Schiffe gingen im Juni unter dem Kommando von Leutnant Hartstene in See. Sie hatten gleich von ihrem Eintritt in die Baffinsbai an mit den gewöhnlichen Schwierigkeiten und Gefahren der Eisfahrt zu kämpfen; doch hatten sie gegen die „Advance“ den Vorteil, daß sie zuweilen von der Dampfkraft Gebrauch machen konnten, um sich durchzudrängen oder herauszuwickeln. Sie suchten mit möglichster Beschleunigung

Smithsund zu gewinnen, und es war insofern wenigstens diese Expedition besser gestellt als alle anderen, da sie bestimmt wußte, wohin sie ihre Forschungen zu richten habe.

Wie die Folge ergab, hatten sich beide Expeditionen gekreuzt, indem Kane mit seinen Leuten sich mehr links an das Eis der Melvillebucht gehalten hatte, während Leutnant Hartstene gerade auf Kap Alexander zuging und auch so glücklich war, die Etabucht zu erreichen, wo er dann von den uns bekannten Eskimos die sichere Kunde erhielt, daß die Gesuchten sich bereits auf den Heimweg begeben. Hartstene berichtet über diesen Teil seiner Erlebnisse Folgendes:

„Kap Alexander und die nahe Sutherlandinsel, zwei sehr augenfällige Punkte außer dem Bereich der Eskimos, wurden gründlich untersucht, aber nicht die leiseste Spur verriet, daß jemals zivilisierte Menschen hierher gekommen waren. Sehr betreten hierüber, umfuhr ich das Kap mit dem Dampfer; das Eis dehnte sich in kompakter Masse bis zur westlichen Küste und nördlich, so weit man sehen konnte; aber ein schmaler Wasserweg führte so nahe an der Küste hin, daß sich die kleinsten Gegenstände am Lande unterscheiden ließen. Wir drangen vor, ohne das Mindeste zu entdecken, bis wir die letzte, in Nordost sichtbare Landspitze erreichten, die wir für Kap Hatherton hielten, welche sich aber später als Pelhamspitze aufwies. Hier bemerkten wir einige zusammengelegte Steine am Lande. Es stiegen sofort einige Mann aus und fanden bei dem sorgsam aufgeschichteten Steinhaufen ein Glasfläschchen, in dessen Kork ein K geschnitten war. Dieses enthielt einen großen Moskito und dabei ein Stückchen Patronenpapier nebst einer Büchsenkugel; auf dem Papier war offenbar mit der Spitze der Kugel geschrieben „Dr. Kane 1853.“ Dies konnte uns wenig Licht geben, indes wir mußten doch nun, daß die Gesuchten hier gewesen waren, und ich beschloß nun, in nördlicher Richtung soweit als möglich vorzudringen. Aber bald stellte sich ein endloses Feld schweren, mit Hummocks dicht bedeckten Eises in den Weg, mit vielen Eisbergen, die alle nach Süden trieben. Wir wichen mit dem Eise zurück, immer spähend, ob sich nicht ein Durchgang öffnen werde, und besichtigten auf dieser Retirade Kap Hatherton und die Littletoninseln, doch ohne Erfolg. Wir suchten endlich Schutz hinter einem vorspringenden Punkte, etwa vier Meilen nordwestlich von Kap Alexander, als uns plötzlich der Klang menschlicher Stimmen ins Ohr drang. Freudigen Herzens machte ich mich mit einigen Gefährten auf, und nach einem langen, mühsamen Durcharbeiten trafen wir zwei Eskimos, denen anscheinend sehr viel daran lag, auf das Schiff zu kommen. Da sie jedoch abgewiesen wurden, deuteten sie sehr bezeichnend nach einer sehr schönen, geschützten Bucht, wo demnach eine Niederlassung zu vermuten war. Wir beschlossen, zu folgen, und bald sahen wir unsere Mühe glänzend belohnt. Im Hintergrunde der Bucht fand sich eine Niederlassung von einigen 30 Eskimos in sieben Zelten, die alle mit Segeltuch überzogen waren. Wir sahen hier noch viele andere Sachen, wie zinnerne Töpfe, Teller und Büchsen, Eisenstäbe, Messer und Gabeln, ein baumwollenes Hemd, zerbrochene Ruder und Querhölzer, und endlich auch das Rohr eines Teleskops, das als Dr. Kanes Eigentum erkannt wurde. Eine genaue, von drei verschiedenen Personen wiederholte Ausfragung des verständigsten Eingeborenen, unterstützt von einem kleinen Eskimowörterbuch sowie durch Zeichnungen von Schiffen, Booten, Personen ꝛc., ergab endlich Folgendes: Dr. Kane (dessen Namen die Eingeborenen sehr deutlich aussprachen und dessen Aussehen sie treffend beschrieben) habe sein Schiff irgendwo im Norden verloren und sei mit dem Dolmetscher Karl Petersen und 17 anderen hier gewesen, mit zwei Booten und Schlitten, und nach zehn Tagen Aufenthalt seien sie in süd= licher Richtung abgefahren nach Uppernivik." —

Bei dieser Lage der Dinge hatte es Kapitän Hartstene für geboten gehalten, nach dem Süden umzukehren, nahm die glücklich Aufgefundenen, wie wir bereits erfuhren, an Bord, und die Schwergeprüften begrüßten nach glücklicher, kurzer Fahrt die milden Gestade der Heimat.

Deutsch=Ostafrika von Paul Reichard

Geh. M. 5.—., geb. M. 6.—

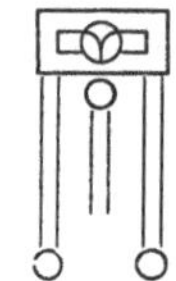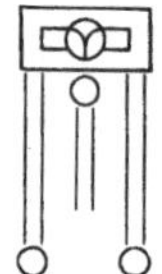

Eine umfaffende Schilderung des Landes und feiner Bewohner, feiner politischen und wirtschaftlichen Entwickelung von einem genauen Kenner Afrikas

Illuftriert durch 36 Vollbilder, fämtlich nach Originalphotographien

Cook, der Weltumfegler

Leben, Reifen und Ende des Kapitäns James Cook, insbesondere Schilderung feiner drei großen Entdeckungsfahrten. Mit 62 Text=Abbildungen und vier Farbendruckbildern. Fünfte Auflage. Geheftet M. 3.50. Fein gebunden M. 4.50.

Franklin, der Held des nördlichen Eismeeres

Sechfte Auflage. Mit zahlreichen Text=Abbildungen fowie vier feinen Farbendruck= bildern nach Aquarellen von Albert Richter. Wohlfeile Ausgabe. Geh. M. 3.—. Geb. M. 3.60.

Ein Weltfahrer

oder: **Erlebniffe in vier Erdteilen.** Jugend, Schick= fal, Reifen und Entdeckungen von Elifha Kent Kane, dem Nordpolfahrer. Unter Benutzung der beften amerikanischen Quellen herausgegeben von J. G. Kutzner. Vierte Auflage. Mit einem Bunt= bilde und 85 Text=Abbildungen. Wohlfeile Ausgabe. Geh. M. 2.—. Geb. M. 2.50.

David Livingftones Entdeckungsreifen im Süden u. Innern des afri=

kanifchen Kontinents während der Jahre 1840—1873. Nach David Livingftones Werken und hinterlaffenen Aufzeichnungen bearbeitet von Richard Oberländer. Sechfte, umgearbeitete Auflage. Mit 70 Text=Abbildungen und vier Tonbildern. Geheftet M. 4.—. Fein gebunden M. 5.—.

Livingftones Nachfolger

Afrika quer durchwandert von Stanley, Cameron, Serpa Pinta, Wißmann, und anderen. Mit befonderer Rückficht auf die Congo= und Angra=Pequena=Niederlaffungen bearbeitet von Richard Ober= länder. Zweite, vermehrte und verbefferte Auflage. Mit 80 Text=Abbildungen und einem Titelbilde. Geheftet M. 4.—. Fein gebunden M. 5.—.

Kleines Gemälde der Welt

Leichtfaßliche Darftellung der Grund= züge der Naturkunde mit befonderer Rückficht auf das Werden und Sein unferer Erde. Von A. von Reichenbach. Wohlfeile Ausgabe. In zwei Bänden. Geheftet je M. 1.20. Gebunden je M. 1.60.

Erfter Band: **Rundfchau auf den Ge=** **bieten der Phyfik, Chemie, Aftrono=** **mie und Naturgefchichte.** Mit 139 Text= Abbildungen und einem Titelbild.

Zweiter Band: **Entftebung des** **Weltalls und Entwickelung der** **Erdoberfläche.** Mit 95 Text=Abbil= dungen und einem Titelbild.

Der Menfch vormals und heute

Gefchichte und Verbrei= tung der menfchlichen Raffen. Eine Völkerkunde für jung und alt. Von Richard Oberländer. Geh. M. 2.—. Geb. M. 2.50. Mit 100 Text=Abbildungen, vier Tonbildern und Buntbild.

Fahrten und Abenteuer im deutfchen Elchlande

Von C. Waldmann. Zweite Auflage. Geheftet M. 4.—. Gebunden M. 5.—.

Verlag von Otto Spamer in Leipzig.

Ferdinand Cortez
und
Die Eroberung von Mexiko

Für Jugend und Volk geschildert

von

Johannes Kleinpaul.

Mit 48 Text-Abbildungen.   ❋   Gebunden M. **5.50.**

Der Verfasser des lebendig geschriebenen Buches hat es verstanden, ein anschauliches und getreues Bild des großen Eroberers und seiner kühnen Taten zu entrollen, wie es fesselnder und für die Phantasie des jugendlichen Lesers anregender nicht gedacht werden kann. Mit stets gesteigerter Spannung wird dieser seinen Helden auf allen seinen Zügen bis zum Schlusse begleiten.

Buch der denkwürdigsten Entdeckungen

auf dem Gebiete der Länder- und Völkerkunde
Von **Louis Thomas.**

Zwei Bändchen.

Erstes Bändchen: Die älteren Land- und Seereisen bis zur Auffindung der Seewege nach Amerika und Indien. Zehnte Auflage. Mit 67 Text-Abbildungen und einem Titelbilde.

Zweites Bändchen: Entdeckungen und geographisch bedeutsame Unternehmungen nach Auffindung der neuen Welt bis zur Gegenwart. Zehnte, durchgesehene Auflage. Mit 80 Text-Abbild. und einem Titelbilde.

Preis jedes Bändchens: Gebunden M. **2.50.**

Beide Teile in einem Bande gebunden M. **5.—.**

Das mit großem pädagogischen Geschick und Verständnis verfaßte Werkchen ist für die Hand des Lehrers wie des Schülers, also zur Ergänzung des Schulunterrichts berechnet, daher für Schul- und Volksbibliotheken gleich unentbehrlich.

Verlag von Otto Spamer in Leipzig.

Der Weltverkehr

und seine Mittel

Mit einer Übersicht über Welthandel und Weltwirtschaft

In neunter Auflage

durchaus neubearbeitet von

Ingenieur **C. Merckel**, Geh. Ober=Postrat **Münch**, Reg.=Baumeister
Nestle, Dr. **R. Riedl**, Ober=Postrat a. D. **C. Schmücker**, Kaiserl.
Marine=Oberbaurat **Tjard Schwarz**, Kgl. Wasserbauinsp. **Stecher**
und Prof. **L. Troske**, Kgl. Eisenbahninspektor a. D.

Mit 846 Text=Abbildungen sowie 14 teils farbigen Tafeln

Geheftet **12.50** M., in elegantem Einbande **15** M.

Ein Buch, das den modernen Weltverkehr und seine Mittel schildert, ist für
jedermann interessant. Es ist unentbehrlich in der Bücherei des Kaufmanns wie des
Industriellen, des Offiziers und des Gelehrten.

Himmel und Erde

ihre ewigen Gesetze und ihre wahrnehmbaren Erscheinungen

Leichtfaßlich dargestellt für Naturfreunde, Schüler und Schülerinnen
höherer Lehranstalten, für Familien etc.

von

F. Thies

Geheftet M. **2.80**   Gebunden M. **3.60**

Mit 72 Text=Abbildungen

In geistvoll anregender Weise leitet uns der Verfasser durch die fernsten Himmelsräume
und läßt uns dabei alle die unzähligen Wunder der Sternenwelt schauen. In überaus klarer
und gemeinverständlicher Weise werden hierbei die Erscheinungen der Gestirne am Himmel,
die Gesetze ihrer scheinbaren und wahren Bewegungen, ihrer Größen, Entfernungen und
physischen Eigenschaften erläutert, während die Einrichtungen der hervorragendsten Sternwarten
sowie ihre Instrumente in einem besonderen Kapitel ausführliche Besprechung finden. Die bei=
gefügten zahlreichen, vortrefflich ausgeführten Abbildungen tragen dazu bei, dem Leser das
Verständnis zu erleichtern.

Verlag von Otto Spamer in Leipzig.

Buch der Erfindungen

Ausgabe in <u>einem</u> Bande

Unter Mitwirkung von
Prof. Dr. **Laffar-Cohn** und Hauptmann a. D. **Caftner**
bearbeitet von

Wilhelm Berdrow

Mit 705 Text-Abildungen und 8 teils mehrfarbigen Tafeln.
Geheftet M. **12.50.** Gebunden M. **15.—.**

Für den weiteften Kreis der nach Bildung Strebenden, insbefondere für die heranwachfende Jugend, fehlte bisher ein Buch, das flott ge= fchrieben, in überfehbarem Umfange und in großen Zügen das Wefent= liche aus all dem vielgeftaltigen Betriebe unferes gewerblichen und induftriellen Lebens gab. Ein folches liegt hiermit vor. Der als Fach= fchriftfteller vorteilhaft bekannte Verfaffer, der in hervorragendem Maße die Gabe einer populären Darftellung, lebendige und anfchauliche Sprache befitzt, hat, klaren Blicks und fefter Hand das Wefentliche vom Unwefentlichen trennend, in einem etwa 90 Bogen faffenden Band eine Überficht über die Entwickelung und gegenwärtige Geftaltung unferer gefamten Gewerbe und Induftrien unter Berückfichtigung aller Errungenfchaften bis auf die jüngften Tage ge= geben, wie fie in folcher Gediegenheit nirgends exiftiert.

Die Illuftration ift ungewöhnlich reichhaltig und wird den aller= höchften Anfprüchen gerecht. Über 700 vortrefflich ausgeführte Text= Abbildungen und acht, zum Teil mehrfarbige Beilagen begleiten und erläutern das gefchriebene Wort und erhöhen den Wert fowie die praktifche Verwendbarkeit des prächtigen Buches, welches jedermann eine unerfchöpfliche Quelle der Belehrung darbietet. Dem Induftriellen wie dem Kaufmann, dem Lehrer und dem Künftler wird es un= entbehrlich fein. Insbefondere fei es auch als Gefchenkwerk für die heranwachfende Jugend empfohlen, für welche es keinen befferen Lefe= und Belehrungsftoff gibt.

Verlag von Otto Spamer in Leipzig.

4000 Kilometer im Ballon

Von

Herbert Silberer

Mit 28 photographischen Aufnahmen vom Ballon aus

Preis geheftet M. **4.50**, in eleg. Einband M. **6.—**

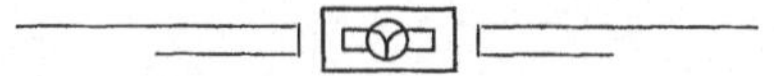

Nicht bald ein Gebiet menschlicher Tätigkeit ist in den letzten zehn Jahren so in den Vordergrund getreten und hat so sehr das allgemeine Interesse des Publikums wachgerufen als die Luftschiffahrt. Wird der Mensch je im stande sein, zu fliegen? Das heißt, wird es jemals eine Flugmaschine oder einen lenkbaren Ballon geben, mit dem man ganz nach Willkür bei jedem Winde nach allen Richtungen den Luftozean wird durchsegeln können? Diese Frage beschäftigt heute Millionen von Geistern.

Um so größerem Interesse wird das hier angezeigte Buch eines deutschen Autors begegnen, der nur seine eigenen Luftfahrten beschreibt — tatsächlich die erste deutsche Sammlung von Fahrtbeschreibungen eines Luftreisenden, der innerhalb weniger Sommer über viertausend Kilometer im Ballon zurückgelegt hat. Der junge Luftreisende hat schon eine ganze Reihe von sehr beachtenswerten Höchstleistungen auf seinem Gebiete geschaffen. So ist er der erste und bis jetzt einzige Luftschiffer, dem es gelungen ist, von Wien aus im Ballon die Nordsee zu erreichen. Seine Fahrt von Wien nach Cuxhaven — 828 Kilometer in 14 Stunden! — bildet einen glänzenden Rekord. Er war der erste und bis nun der einzige, dem es gelang, mit einem nur 1200 Kubikmeter fassenden Ballon mit Leuchtgasfüllung 23 1/2 Stunden in den Lüften zu bleiben, und noch höher darf seine erst heuer vollbrachte Leistung veranschlagt werden, in einem nur 800 Kilometer fassenden Ballon über neunzehn Stunden ganz allein zu fahren.

Alle diese Fahrten verzeichnet der Autor des reich illustrierten Werkes „4000 **Kilometer im Ballon**“, Herbert Silberer vom Wiener Aero-Klub. Das Werk enthält die ausführlichen Schilderungen aller der hochinteressanten Fahrten des jungen Amateur-Aeronauten, Schilderungen in jener natürlichen Frische, welche nur der unmittelbare Eindruck des Selbsterlebten hervorbringt.

Das Buch erhält noch bedeutend erhöhten Wert durch zahlreiche vorzüglich ausgeführte Wiedergaben photographischer Aufnahmen vom Ballon aus, welche der Verfasser bei seinen verschiedenen Fahrten gemacht hat, und welche nicht allein sehr schöne Landschafts-bilder von oben, sondern auch höchst interessante und lehrreiche Ansichten des Wolkenmeeres, der Erde durch die Wolken von oben etc. etc. umfassen.

Verlag von Otto Spamer in Leipzig.